37376

RAPPORT

DU JURY CENTRAL

SUR LES PRODUITS

DE L'INDUSTRIE FRANÇAISE

EN 1834.

SE VEND

A LA LIBRAIRIE DE Mme Ve HUZARD,

RUE DE L'ÉPERON, N° 7.

RAPPORT
DU JURY CENTRAL

SUR LES PRODUITS

DE L'INDUSTRIE FRANÇAISE

EXPOSÉS EN 1834,

PAR LE BARON CHARLES DUPIN,

MEMBRE DE L'INSTITUT,

RAPPORTEUR GÉNÉRAL ET VICE PRÉSIDENT DU JURY CENTRAL.

TOME TROISIÈME.
DEUXIÈME PARTIE DU RAPPORT.

PARIS.
IMPRIMERIE ROYALE.

M DCCC XXXVI.

RAPPORT
DU JURY CENTRAL

SUR LES PRODUITS

DE L'INDUSTRIE FRANÇAISE

EN 1834.

CHAPITRE XXI.
ARTS MÉTALLURGIQUES.

Nous abordons une des parties les plus considérables de l'industrie nationale. L'extraction des minerais, la production des métaux et leur mise en œuvre, soit par les arts utiles, soit par les beaux-arts, occupent une vaste partie de la population. D'après les comptes officiels que publie chaque année le ministre de la guerre, on voit que, sur cent jeunes gens de vingt ans examinés pour le tirage du recrutement: 1° quatre sont généralement employés dans les professions ayant pour base la production et la mise en œuvre du fer; 2° quatre autres sont employés aux arts et métiers qui s'occupent des carrières, des mines et de la mise en œuvre des pierres, des marbres, etc. On doit supposer que la même proportion se retrouve à tous les âges propres au travail. Voilà donc pour chacune

II.

1

de ces classes un million trois cent mille habitants de tout
âge et de tout sexe, dont la subsistance est assurée. On
doit regretter qu'aucun document statistique officiel ne
permette d'évaluer le travail fourni par la mise en œuvre
d'autres métaux que le fer. Nous y suppléerons par l'é-
numération des matières premières.

RÉSUMÉ GÉNÉRAL DES MÉTAUX LIVRÉS AUX TRAVAUX DES ARTS
ET AUX CONSOMMATIONS.

Métaux divers...	tirés des mines de France.	1,369,168^f
	tirés de l'étranger.......	44,919,664
Fonte, fer, acier..	tirés des mines de France.	85,955,254
	tirés de l'étranger.......	4,047,246
	TOTAL........	136,191,332^f

Telle est la vaste base qui fournit des matières premières à presque tous les travaux de l'industrie. Ce
n'est pas trop s'avancer en assurant qu'on doit plus que
tripler la valeur de ces métaux pour les apprécier sous
toutes les formes, si variées, qui les amènent à l'usage
immédiat du consommateur, depuis l'épingle jusqu'au
chronomètre, depuis le clou jusqu'à la machine à vapeur, et depuis la marmite de bronze jusqu'à la statue
équestre. C'est le perfectionnement des arts ayant les
métaux pour matières premières, que nous allons suivre
et récompenser.

SECTION PREMIÈRE.

PLOMB.

Suivant les relevés les plus exacts, l'extraction du
plomb des mines de France ne s'élève annuellement
qu'à 400,000 kilogrammes, tandis que la consomma-

tion du plomb brut étranger surpasse 12,200,000 kilog. Ainsi la production nationale ne suffit pas au vingt-cinquième de nos besoins annuels : on ne saurait donc trop encourager l'exploitation de nos mines de plomb.

MÉDAILLE D'ARGENT.

M. le comte DE PONTGIBAUD, à Pontgibaud (Puy-de-Dôme).

Médaille d'argent.

M. le comte de Pontgibaud a créé, en 1828, par ses seules ressources et sans le secours d'aucun asssocié, *l'exploitation de ses mines de plomb argentifère,* au voisinage de la ville de Pontgibaud. Son entreprise est d'autant plus remarquable, qu'il l'a réalisée à l'instant même où la plupart des usines célèbres de France et d'Allemagne étaient obligées de suspendre leurs travaux, par l'effet de la concurrence vraiment accablante des mines d'Adra, en Espagne, les plus riches de l'univers.

Les fonderies ont quatre fourneaux : un fourneau à réverbère pour le grillage du minerai; un fourneau pour la fusion des matières grillées, afin d'en extraire le plomb d'œuvre; un fourneau de coupelle, pour séparer l'argent du plomb, qu'on transforme en litharge, et dont une partie est revivifiée dans un fourneau écossais.

Six ans ont été nécessaires pour fonder et compléter cet établissement, qui maintenant occupe 200 ouvriers dans les ateliers, et trois fois autant à l'extérieur. Il est conduit avec sagesse et discernement; la mine est parfaitement exploitée; les travaux de la fonderie sont également bien dirigés. Le jury décerne la médaille d'argent à M. le comte de Pontgibaud.

1.

RAPPEL DE MÉDAILLE DE BRONZE.

M. HAMARD, à Paris, rue des Prouvaires, n° 10.

La fabrique de M. Hamard est située rue de Bercy, n° 10 ; ses travaux s'exécutent au moyen d'une machine à vapeur. Le produit annuel de ses ventes est d'un million de francs. Il tire d'Allemagne ses matières premières. La table de plomb laminé qu'il a présentée est fort bien travaillée. Il mérite le rappel de la médaille de bronze qu'obtint en 1819 son prédécesseur, M. Boucher.

MÉDAILLES DE BRONZE.

MM. VOISIN et compagnie, à Paris, rue Neuve-Saint-Augustin, n° 32.

Ils ont exposé du plomb, coulé en table par des moyens perfectionnés. Ils emploient annuellement sept à huit mille kilogrammes de ce métal. Leur usine est alimentée par les vieux plombs français et étrangers. Ils vendent leurs produits à 25 pour cent au-dessous des plombs laminés ordinaires. Le jury décerne la médaille de bronze à MM. Voisin et compagnie.

SOCIÉTÉ ROYALE des mines de plomb de Villefort et Vialas, à Paris, rue Jacob, n° 11.

La société présente, comme produit de ses mines, un saumon de plomb, de la céruse et du minerai. Ses fabrications s'élèvent à 50,000 kilogrammes par an : son usine possède une chute d'eau pour moteur. Cette société reçoit la médaille de bronze.

MENTIONS HONORABLES.

M. DAVID aîné, à Nantes (Loire-Infé-rieure).

Il possède des ateliers considérables et très-occupés, dans lesquels il coule et lamine le plomb suivant toutes les dimensions et jusqu'à des largeurs de 2 mètres 33 centimètres. Il étire des tuyaux sans soudure; il lamine de minces feuilles de plomb pour envelopper les poudres, le tabac, etc. Il faut cinquante de ces feuilles pour peser un kilogramme. M. David, que nous citerons au sujet du laminage de l'étain, mérite la médaille de bronze.

MM. VRIGNAULT et DÉTROYAT, à Lorient (Morbihan).

MM. Vrignault et Détroyat, frappés du peu de durée et des inconvénients qui résultent de la ligature des arbustes avec le fil de fer, le laiton ou l'osier, ont tenté de remplacer ces matières par des fils en plomb : leurs essais ont réussi parfaitement. Ils exposent des fils de plomb qui peuvent être substitués à toutes les autres matières dans la ligature des arbustes, et qui méritent à la fois la préférence pour la durée et pour l'économie. Le jury accorde une mention honorable à MM. Vrignault et Détroyat.

M. CAVAILLER (Antoine), à Marseille, (Bouches-du-Rhône).

Plomb de chasse avec alliage arsenical, tuyaux de plomb, plomb coulé en planche, étains en verges, clous en bronze pour doublage de navire, robinet en alliage. On doit à M. Cavailler des améliorations dans l'alliage de l'arsenic avec le plomb, pour fabriquer la grenaille; il a

II.

. 1

Mentions
honorables. rendu la fonte du plomb de chasse moins insalubre, et
réduit le prix de main-d'œuvre à 2 francs les cent kilogrammes. Tels sont ses titres à la mention honorable.

CITATION FAVORABLE.

Citation
favorable. ## M. MALIZARD, à Paris, rue du Faubourg-Saint-Denis, n° 105.

Baignoire et pompe-borne bien exécutées.

SECTION II.

CUIVRE.

Notre consommation de cuivre surpasse annuellement
6,000,000 kilogrammes, tandis que les usines de France
n'en fournissent guère que 200,000 à 250,000 kilogrammes; tout le reste nous est vendu par l'étranger.

Nos grandes usines à cuivre continuent à soutenir
leur réputation. Elles ont porté la mise en œuvre de ce
métal au plus haut degré de perfection, pour le réduire
en planches laminées ou martelées, en fonds de chaudières, plats ou sphériques, en feuilles à doublage, en
barres, en fils, en objets de toutes espèces. Les progrès, la prospérité de ces usines-modèles ont déterminé
la création de nouvelles fonderies, qui, par leurs produits
exposés, nous annoncent qu'à leur tour elles obtiendront
de semblables succès.

RAPPEL DE MÉDAILLES D'OR.

Rappel
de médailles
d'or. ## FONDERIE DE ROMILLY (Eure).

Cet établissement, fondé le premier en France, est

l'un des plus considérables dans son genre. Il emploie de 200 à 250 ouvriers dans ses ateliers, et met annuellement en œuvre de seize à dix-huit cent mille kilog. de cuivre rouge, de cuivre jaune et de zinc. Il n'a pas pour seul mérite le grand développement de ses entreprises. Il perfectionne constamment ses fabrications afin de soutenir la redoutable concurrence que lui font des manufactures fondées beaucoup plus récemment; il a dû pour cela renouveler tout son système de machines. On admire surtout la grande roue hydraulique en fer, construite par M. Ferry, d'après le système de M. Poncelet.

Parmi les produits de Romilly qui figurent à l'exposition, nous avons plus particulièrement remarqué :

1° Une planche de cuivre ayant :

longueur...................................... 4ᵐ30
largeur....................................... 1 93
poids, 398 kilog.;

2° Fond de cuve ayant :

diamètre.................................... 2ᵐ01
flèche ou profondeur...................... 0 73
poids, 195 kilog.

A ces pièces principales était joint un bel assortiment de feuilles de laiton, de barreaux et de clous en cuivre, etc. Tous ces produits, dont l'exécution ne laisse rien à désirer, méritent un nouveau rappel de la médaille d'or, accordée dès 1819 à la fabrique de Romilly, et confirmée une première fois en 1823.

MM. FRÈREJEAN DE PONT-LÉVÊQUE, à Vienne (Isère).

Ces habiles fabricants soutiennent dignement la concurrence avec les plus célèbres fonderies du centre et du nord de la France. Ils ont accru beaucoup leur usine depuis la dernière exposition. Non-seulement ils mettent en œuvre le cuivre et ses alliages avec un rare talent; ils exploitent avec succès une mine de cuivre sulfuré, à Lunas, département de l'Hérault : ils en retirent 33 p. 0/0 de cuivre noir; et, de celui-ci, 80 p. 0/0 de cuivre rosette. Ils ont offert à l'exposition :

1° Une feuille de cuivre ayant :

longueur.......................... 6ᵐ670
largeur........................... 2 800
épaisseur......................... 0 003
poids, 334 kilog.;

2° Deux coupes ou baquets en cuivre ayant :

diamètre.......................... 1ᵐ61
profondeur........................ 1 80
poids, 196 kilog.

L'usine que MM. Frèrejean possèdent à Pont-Lévéque reçoit le mouvement de 14 roues hydrauliques, lesquelles transmettent une force équivalente à celle de 160 chevaux.

Ces fabricants sont très-dignes du rappel de la médaille d'or qu'ils ont obtenue lors de l'exposition de 1827.

NOUVELLE MÉDAILLE D'OR (D'ENSEMBLE).

SOCIÉTÉ ANONYME D'IMPHY, à Imphy (Nièvre).

L'établissement d'Imphy, qui présente aujourd'hui le plus bel ensemble de travaux métallurgiques, s'est fait remarquer par une exposition de planches en cuivre rouge et en cuivre jaune, de lames, de fils, de clous en cuivre, depuis les moindres dimensions jusqu'aux plus considérables. Parmi ces produits on a distingué particulièrement :

Nouvelle
médaille
d'or.

1° Une planche de cuivre ayant :

longueur............................ 3^m450

largeur............................. 2 200

épaisseur.......................... 0 007

poids, 483 kilog. ;

2° Fond de chaudière embouti au martinet, ayant :

diamètre... .... 1^m98

flèche ou profondeur.................. 0 75

poids, 337 kilog. ;

3° Feuille de cuivre pour fond plat de chaudière, ayant :

diamètre......................... 2^m35

poids, 170 kilog. ;

4° Tige de piston pour machine à vapeur, ayant :

longueur............................ 3^m14

diamètre.......................... 0 12

poids, 316 kilog. ;

5° Une barre carrée n'ayant que 5 millimètres d'équarrissage, sur une longueur de 110 mètres 56 centimètres;

6° Une botte de petit rond, cuivre rouge, de 5 millimètres de diamètre, *fait au laminoir:* partout ailleurs on confectionne à la filière les cuivres de cet échantillon. On a vaincu pour la première fois, ici, l'extrême difficulté de les obtenir avec le laminoir;

7° Enfin la plus riche variété de feuilles pour doublage, de barres, de clous, etc.

Le superbe établissement qui présentait cette collection de produits a reçu la médaille d'or dès l'exposition de 1819; il a mérité le rappel de cette récompense aux deux expositions subséquentes.

Depuis 1827, les travaux ont été considérablement étendus et perfectionnés.

Aujourd'hui la fabrique d'Imphy possède 18 trains de laminoirs, 48 fours à réverbère, 5 feux d'affinerie pour la fabrication du fer au charbon de bois, 3 gros marteaux, 5 martinets à cuivre, 4 fenderies, 2 étameries pour fer-blanc, une clouterie de cuivre, une clouterie de fer, etc.

Ce grand ensemble d'ateliers sert à mettre en œuvre 1,200,000 kilogrammes de cuivre, année moyenne; et 150,000 kilogrammes de cuivre jaune ou laiton. Ces produits sont livrés, sous toutes les formes et dans toutes les dimensions, à la marine militaire, à la marine marchande, à l'industrie manufacturière.

.. Parmi les commandes faites pour les besoins de la marine royale, il faut citer d'abord les caisses en cuivre adoptées dans ces derniers temps afin de conserver les poudres à bord des bâtiments de guerre : c'est Imphy qui les a fabriquées.

Jusqu'à ce jour, en Allemagne, en Belgique et même en Angleterre, on n'a pu parvenir, attendu la volatilité du zinc, à fabriquer le cuivre jaune autrement que dans des creusets. M. Adolphe Guérin, directeur des travaux d'Imphy, produit cette fabrication dans un four à réverbère construit sur des principes qu'il a découverts et dont voici les avantages : 1.º Dans le meilleur four à creuset, on ne peut, par 24 heures, produire plus de 600 kilogrammes de cuivre jaune; le four à réverbère d'Imphy fournit, dans le même temps et avec moins de déchets, 3,000 kilogrammes de cet alliage: 2.º Ces 3,000 kilogrammes ne consomment pas plus de combustible que n'en exigeaient les 600 kilogrammes fabriqués dans un four à creuset.

Pour doubler la carène des vaisseaux, on a fait une belle application du bronze au lieu de cuivre laminé.

C'est le principal titre de l'établissement d'Imphy, parmi ses progrès récents. (V. sect. VI de ce chap., p. 23.)

Nous expliquerons le reste de ses fabrications lorsque nous parlerons du fer, de l'acier, de la tôle et du fer-blanc.

Les détails dans lesquels nous venons d'entrer démontrent pleinement que l'admirable usine d'Imphy mérite plus que jamais une nouvelle médaille d'or, accordée à l'ensemble de ses produits.

Nouvelle médaille d'or.

MÉDAILLES D'ARGENT.

M. le baron D'ARLINCOURT, à Tierceville, près Gisors (Eure), et à Sérifontaine (Oise).

Médailles d'argent.

Il a présenté des planches de cuivre et de zinc laminé d'une fabrication parfaite, et dans les plus grandes dimensions. Il produit par an 1,500,000 kilog. de zinc laminé; 101,000 kil. de laiton en plaques; 100,000 kil. de laiton laminé. Sa principale usine possède 1 four à réverbère, 6 fours à recuire, 2 forges de serrurerie et 2 laminoirs auxquels deux roues hydrauliques donnent la force motrice. Le jury décerne la médaille d'argent à M. le baron d'Arlincourt.

M. MESMIN aîné, à Fromelennes (Ardennes).

Possesseur d'une vaste fabrique, ce savant manufacturier, ancien officier d'artillerie, met annuellement en œuvre 300,000 kilogrammes de cuivre et de zinc, qu'il réduit en planches, en feuilles laminées ou battues, en fonds de chaudières, en planches et en fil de cuivre allié, dit *tombac*, en feuilles et en fil de laiton; il emploie 80 ouvriers. Son usine, très-complète, comprend 1 four-

Médailles
d'argent.

neau pour le zinc; 1 four à réverbère pour le cuivre; 6 fourneaux à vent, chacun de 8 creusets; 8 fours à recuire; 2 laminoirs; 12 bancs à tirer; 5 bobines et 6 marteaux.

On a distingué, parmi ses produits offerts à l'exposition, des cahiers de feuilles de laiton et de cuivre demi-rouge, dit *tombac*.

1° Cahier de 87 feuilles de laiton, *poids* . . .   2ᵏ 0ʰ
Idem 54 feuilles de laiton, *poids*   1   2
2° Cahier de 105 feuilles de zinc laminé.
Idem 48 feuilles de zinc laminé. *Poids total* . .   5ᵏ 4ʰ

Le jury déclare M. Mesmin digne de la médaille d'argent.

MÉDAILLES DE BRONZE.

Médailles
de bronze.

M. REVEILLAC, à Paris, rue de la Roquette, n° 2.

C'est à M. Reveillac que l'on doit la belle usine d'Essonne (Seine-et-Oise), établissement dans lequel il fabrique des feuilles de cuivre rouge et de cuivre jaune ayant les plus grandes dimensions, pour la couverture des monuments publics. On couvre en ce moment l'église de la Madeleine avec des produits de sa manufacture. Il tient en activité 4 fours à réverbère, et lamine annuellement 125,000 kilog. de cuivre. Le jury lui décerne la médaille de bronze.

M. BOBILLIER (Pierre), à Les-Gras (Doubs).

Il a soumis à l'exposition des planches de cuivre, de très-grands fonds de chaudières (*diamètre* 1ᵐ, 18, *flèche* 76 centimètres), des bassines et des tuyères en cuivre d'une bonne confection. Il fait travailler 3 fournaises, et

2 ourdons chacun de deux martinets. Le jury donne à Médailles de bronze. M. Bobilier la médaille de bronze.

MENTION HONORABLE.

M. PILET, à Neaufles-sur-Rille (Eure). Mention honorable.

Sa fonderie de cuivre a présenté des produits variés et bien faits, qui méritent une mention honorable.

CITATION FAVORABLE.

MM. GUERIN et CARTIER, à Paris, rue des Cinq-Diamants, n° 20. Citation favorable.

Cuivre affiné et travail du cuivre fort bien entendu.

TUBES DE CUIVRE, CUIVRE ÉTIRÉ.

MÉDAILLE DE BRONZE.

MM. GRONDART et GESLIN, à Paris, rue Jean-Robert, n° 17. Médaille de bronze.

MM. Grondart et Geslin ont exposé des tubes de cuivre et de fer pour l'architecture et l'ameublement; ils emploient les cuivres de Romilly et les tôles des Vosges. La précision et la solidité de leurs fabrications méritent la médaille de bronze.

MENTIONS HONORABLES.

M. GESLIN (Benjamin), à Paris, rue Saint-Martin, n° 98. Mentions honorables.

Tubes de tôle recouverts en cuivre, pour rampes d'es-

calier, pour devantures de boutique, lits de voyage, etc.
Cette invention met à la portée des moindres fortunes,
des ornements qui réunissent l'éclat à la propreté.

M. LACARRIÈRE (Auguste), à Paris, rue Sainte-Élisabeth, n° 3.

Châssis pour fenêtres et devantures de boutiques, en
cuivre étiré au laminoir ou à la filière.

CITATION FAVORABLE.

M. ROGER, à Paris, place du Panthéon.

Moulures en cuivre pour devantures de boutique,
tubes en cuivre, aciers étirés de toute forme et d'une
grande précision. M. Roger est chargé de la confection
des châssis en cuivre pour couvrir les modèles du *Musée
maritime ;* il mérite d'être cité favorablement.

QUINCAILLERIE DE CUIVRE.

MÉDAILLE D'ARGENT.

MM. GARDON père et fils, à Mâcon (Saône-et-Loire).

La fabrique de quincaillerie en cuivre de Mâcon est
entièrement due à MM. Gardon, qui l'ont commencée, il
y a près de quarante années, avec un seul artisan. Elle
compte aujourd'hui plus de 100 ouvriers dans l'intérieur
des ateliers, et trois fois autant à l'extérieur.

Les produits consistent en objets d'un usage habituel

pour toutes les classes de familles : fontaines, baignoires, bassins, chaudières, poëlons, lampes, chandeliers, etc.

L'établissement ne connaît aucun chômage, qu'il y ait ou non des commandes. Dans les temps de disette, et durant les invasions, MM. Gardon n'ont jamais renvoyé leurs travailleurs et les ont soutenus avec leurs seules ressources.

Cette fabrique, unique en son genre, est devenue comme un établissement modèle ; elle a formé d'excellents ouvriers, des contre-maîtres et des maîtres, qui tour à tour ont établi des fabriques semblables, à Lière, à Saint-Étienne et même à Mâcon, qu· · · · · aujourd'hui plusieurs ateliers du même genre.

Le produit des ventes annuelles s'élève à plus de 300,000 francs. Cependant, depuis vingt ans, les prix ont graduellement baissé d'environ vingt pour cent. MM. Gardon père et fils fabriquent pour la France, la Suisse, l'Allemagne, la Belgique, etc. Le jury leur décerne la médaille d'argent.

CHAUDRONNERIE DE CUIVRE.

MENTIONS HONORABLES.

M. EGROT, à Paris, rue du Faubourg-Saint-Martin, n° 268.

Chaudronnerie en cuivre, alambics très-bien exécutés.

M. CASSÉ fils, à Paris, rue de la Chaussée-d'Antin, n° 46.

Chaudronnerie d'un travail excellent. Les ateliers de

M. Cassé fils sont considérables; il n'emploie pas de machines.

M. LABBOYE, à Paris, rue du Caire, n° 17.

Chaudronnerie d'une exécution remarquable.

M. BINTOL (François), à Paris, rue Neuve-Saint-Martin, n° 5.

Objets de chaudronnerie bien faits.

CHAUDRONNERIE DE CUIVRE BRONZÉ.

MÉDAILLE DE BRONZE.

MM. PARQUIN et PAUWELS, à Paris, rue Popincourt, n° 74.

MM. Parquin et Pauwels ont établi une fabrication très-étendue et très-variée de cuivres bronzés. Ils confectionnent, avec autant de goût que de solidité, des fontaines, des baignoires, des boules, des flambeaux, des réchauds, etc. Le jury leur décerne la médaille de bronze.

MENTION HONORABLE.

M. VINKEN, à Paris, rue Saint-Honoré, n° 315.

Bonne fabrication de chaudronnerie en cuivre bronzé, bouilloires et fontaines à thé, bien exécutées.

SECTION III.

LAITON.

—

ÉPINGLES.

—

RAPPEL DE MÉDAILLE D'ARGENT.

MM. FOUQUET frères, à Rugles (Eure).

Rappel
de médaille
d'argent.

Leur grande manufacture est établie depuis vingt ans. Ils font travailler plus de 4,000 personnes, soit à l'extérieur, soit dans l'intérieur de leurs ateliers.

Ils confectionnent toutes les espèces d'épingles; ils ont récemment introduit la fabrication, par mécanique, de l'épingle à tête plate d'invention anglaise : c'était la seule qu'on n'eût point encore imitée en France.

Cette manufacture, assure-t-on, rivalise actuellement avec l'industrie anglaise, sur les marchés de l'Europe, ainsi qu'en-Amérique.

MM. Fouquet, outre leur fabrique d'épingles à Rugles, ont établi : 1° une fonderie de cuivre à Neaufle près cette ville; 2° une usine pour le laminage du zinc, à Saint-Laurent du Tencement, au-dessus de Bernay (Eure); 3° une tréfilerie pour les fils de fer et de laiton, dans tous les numéros; 4° une clouterie à la mécanique.

Les usines pour le cuivre et le zinc présentent quatre fours à manche, un four à réverbère, une chaudière de fonte pour le zinc, une forge de serrurerie; elles produisent par an 50,000 k. de zinc laminé et 29,400 k. de fil de laiton et d'épingles.

Le jury rappelle à MM. Fouquet, pour l'ensemble de leurs travaux, la médaille d'argent qu'ils ont obtenue en 1827.

SECTION IV.

ZINC.

Depuis peu d'années, la consommation du zinc en France a fait des progrès d'une étonnante rapidité. Nous en donnerons une idée par le tableau suivant des quantités de zinc étranger, admis pour être employé dans nos ateliers.

ANNÉES.	KILOGRAMMES DE ZINC.
1824	907,548
1827	1,293,205
1830	1,654,782
1833	5,840,888

Le zinc sert maintenant à des usages aussi nombreux que variés. L'application la plus importante est celle qu'on en a fait depuis peu d'années, pour remplacer le cuivre et le plomb dans la couverture des édifices. Il est difficile de prévoir où s'arrêtera la consommation de ce métal. Malgré cet avenir qui devrait stimuler les grandes entreprises métallurgiques, nous n'avons jusqu'à ce jour qu'une seule mine en exploitation; c'est celle de Clairac et Robiac, département du Gard. Cependant le sol français recèle de riches filons de zinc, très-puissants et d'une facile extraction.

I. MINE ET FONDERIE DE ZINC.

MÉDAILLE DE BRONZE.

Médaille de bronze. **Mine et fonderie de CLAIRAC et de ROBIAC (Gard).**

Les concessionnaires ont exposé des échantillons de minerai brut, de minerai grillé, et du zinc qu'ils en retirent. Une telle exploitation mérite d'être encouragée; le jury la récompense par la médaille de bronze.

II. USINES À ZINC. — LAMINAGE.

RAPPEL DE MÉDAILLE D'ARGENT.

M. MOSSELMANN, à Valcanville (Manche).

Cette usine a longtemps été la seule où l'on traitât le zinc. Elle soutient dignement sa réputation, et mérite le rappel de la médaille d'argent qu'elle reçut en 1823.

MENTIONS HONORABLES.

Il y a quatorze ans, le laminage du zinc n'existait pas en France, et le quart des quantités de ce métal importé l'était sous forme de feuilles. Aujourd'hui nous suffisons à des besoins plus que décuplés dans ce laps de temps. Le laminage du zinc est actuellement pour nos manufactures une industrie importante, qu'exploitent avec succès plusieurs grands établissements, parmi lesquels nous devons citer les suivants :

La fonderie d'Imphy (Nièvre).

La fonderie de Romilly (Eure).

La fonderie de MM. Frèrejean, à Pont-l'Évêque (Isère).

La fonderie de M. le baron d'Arlincourt, à Sérifontaine (Oise).

La fonderie de M. Mesmin aîné, à Fromelennes (Ardennes).

La fonderie de MM. Paul Fouquet et compagnie, à Saint-Laurent (Eure).

Ces fonderies ont présenté de beaux produits en zinc laminé.

III. ZINC OUVRÉ; EMPLOI DU ZINC.

L'emploi du zinc pour les gouttières, les auvents et les couvertures, a pris depuis quelques années une grande extension. Cependant nous sommes loin d'approuver tous les modèles de couvertures en zinc, présentés à l'exposition. La plupart des inventeurs n'ont su prévenir, dans l'emploi de ce métal, ni les effets de la capillarité qui fait refluer les eaux de pluie dans l'intérieur des combles, ni les effets de la dilatation qui fait éprouver au zinc des mouvements presque journaliers.

MÉDAILLE DE BRONZE.

Médaille de bronze. **M. BOBE, à Paris, rue Royale-Saint-Honoré, n° 18.**

Le double reproche que nous venons d'adresser à la plupart des systèmes de couverture présentés à l'exposition ne s'applique nullement à celui qu'exécute M. Bobe. Les combinaisons adoptées par cet artiste habile réunissent toutes les conditions qu'on peut désirer dans ce genre de structure: conditions qui, mal remplies par d'autres personnes, répandaient le préjugé le plus défavorable contre les toits de zinc. Il a récemment couvert les hangars de M. Langlois, rue des Marais, sur une étendue de 300 mètres carrés, et le château de la Croffière près Vertus, département de La Marne, sur une étendue de 800 mètres carrés. Le jury décerne à M. Bobe la médaille de bronze.

MENTIONS HONORABLES.

M. LAMY (Henry), à Paris, rue de la Vannerie, n° 67.

Fabrication d'ustensiles en zinc, baignoires d'une belle exécution.

M. NÉAU, à Paris, quai de Valmy, n° 3.

Ustensiles en zinc et baignoires, également bien confectionnés.

CITATIONS FAVORABLES.

M. FRINDAL (Nicolas), à Paris, rue du Rocher, n° 32 *bis*.

Couvertures en zinc.

M. SEYFFERT, à Paris, rue Tiquetonne, n° 11.

Couvertures en zinc.

M. DODEMAN, à Paris, rue de Londres, n° 34.

Couvertures en zinc.

M. BIETTE, a Paris, rue d'Orléans, n° 4.

Couvertures en zinc.

M. RENAULDOT, à Paris, rue du Bac, n° 36.

Couvertures en zinc; objets divers du même métal.

SECTION V.

ÉTAIN.

La France est obligée d'acheter à l'étranger tout l'étain qu'elle consomme, parce qu'elle ne possède aucune exploitation de ce métal. Il sert à l'étamage du fer et surtout du cuivre, à l'étamage des glaces, à la fabrication des ustensiles de ménage, etc.

Le progrès de notre industrie a considérablement augmenté les quantités d'étain consommées en France depuis un petit nombre d'années ; en voici la preuve.

ANNÉES.	ÉTAIN CONSOMMÉ.
1821	622,842 kilogr.
1827	1,099,592
1833	1,523,900

FONDERIE ET LAMINAGE DE L'ÉTAIN.

MENTIONS HONORABLES.

Mentions honorables.

MANUFACTURE ROYALE DE SAINT-GOBIN (Aisne).

La manufacture royale de Saint-Gobain, honorée d'une récompense du premier ordre pour sa fabrication de glaces, offrait à l'exposition une feuille d'étain ayant :

longueur................................... 4^m,114
largeur.................................... 2 ,420

Ce beau produit a mérité que le jury le mentionnât spécialement, et dans les termes les plus approbatifs.

M. David aîné, à Nantes (Loire-Inférieure).

Il a présenté des feuilles d'étain très-bien laminées, pour l'étamage et les chocolatiers.

M. Cavailler, à Marseille (Bouches-du-Rhône).

Déjà mentionné honorablement pour ses travaux en plomberie, il mérite la même distinction pour son habileté dans le travail de l'étain.

CITATION FAVORABLE.

M. Sange, à Paris, rue Montmorency, n° 84.

Belles feuilles d'étain pour glaces.

SECTION VI.

FONTE ET LAMINAGE DU BRONZE.

MÉDAILLE D'OR (D'ENSEMBLE).

Société anonyme d'Imphy (Nièvre).

C'est à M. Adolphe Guérin, directeur des travaux de la Société anonyme d'Imphy, que la France est redevable d'un bon laminage du bronze, et pour le doublage des navires et pour les planches à graver.

Ce laminage présentait des difficultés si grandes que d'autres établissements fort célèbres, auxquels M. Francfort, inventeur du doublage en bronze, s'était d'abord adressé, furent obligés d'y renoncer, après des tentatives longues et sans succès.

La Société anonyme d'Imphy, plus persévérante dans ses sacrifices, ou mieux secondée par son directeur de travaux et par l'inventeur, a complétement résolu ce difficile problème.

La marine royale a fait faire avec soin des expériences pour comparer le nouveau doublage en bronze avec l'ancien doublage en cuivre rouge : la durée du nouveau sera plus que double de la durée de l'ancien.

Le même avantage de durée s'applique à l'emploi du bronze au lieu de cuivre pour les planches à graver ; ces planches conserveront aux traits des gravures, pour un plus grand nombre d'exemplaires, la pureté, la force et la délicatesse.

Les feuilles de bronze d'Imphy, soumises à l'inspection du jury central, ont été trouvées parfaites, leurs dimensions bien uniformes, leurs surfaces sans défauts, et leur homogénéité complète : ces feuilles sont composées de 91 parties de cuivre et de 9 parties d'étain.

Le jury central en décernant une nouvelle médaille d'or à l'établissement d'Imphy, pour l'ensemble de ses travaux, a pris surtout en considération la nouvelle industrie du laminage du bronze, dont il a doté la France.

MÉDAILLE D'ARGENT (D'ENSEMBLE).

MM. INGÉ et SOYEZ, à Paris, rue des Trois-Bornes, n° 28.

Ces artistes possèdent une grande et belle fonderie

dont les travaux annuels produisent 200,000 francs. Elle sert à couler des statues monumentales et sera récompensée dans la section des beaux-arts.

Médaille d'argent (d'ensemble).

CLOCHES, SONNETTES ET GRELOTS.

RAPPEL DE MÉDAILLE DE BRONZE.

M. HILDEBRAND, à Paris, rue Saint-Martin, n° 202.

Rappel de médaille de bronze.

M. Hildebrand a présenté des cloches, des sonnettes, des timbres et des cymbales. Sa fabrication s'élève à 60,000 francs par année; ses produits se vendent non-seulement en France mais à l'étranger.

Le Jury confirme à M. Hildebrand la médaille de bronze qu'il reçut en 1823 et qui fut rappelée en 1827.

MÉDAILLE DE BRONZE.

M. OSMOND, à Paris, boulevart Saint-Denis, n° 14.

Médaille de bronze.

En 1827 il obtint la mention honorable. Les sonnettes, les grelots, les timbres et les carillons qu'il a présentés à l'exposition, sont parfaitement exécutés. Le jury lui décerne la médaille de bronze.

MENTION HONORABLE.

M. DUBOIS (Robert), au Puy (Haute-Loire).

Mention honorable.

Sonnettes, grelots, timbres d'horloge.

SECTION VII.

MANGANÈSE.

Il n'existe en France que cinq mines de manganèse, qui produisent annuellement 10,548 kilogrammes de ce métal à l'état d'oxyde. Les besoins de notre industrie surpassent à tel point cette faible ressource, que l'importation de la même substance, pour la seule année 1833, s'est élevée à 336,369 fr. On voit par là combien il est à désirer qu'on perfectionne et qu'on développe l'exploitation de nos mines de manganèse.

CITATIONS FAVORABLES.

M. NISSOU, à Saint-Martin de Fressengeas (Dordogne).

La Manganèse de la Dordogne est depuis longtemps connue dans le commerce sous le nom de pierre de Périgueux. C'est depuis 1817 seulement que l'exploitation de cette substance est faite avec régularité. M. Nissou peut être regardé comme ayant introduit cette industrie dans son département. Les mines du Suquet produisent annuellement 120,000 kilogrammes de manganèse pulvérisée, vendue sur les lieux 10 fr. les 100 kilog. Vingt ouvriers sont habituellement employés à ces travaux.

M. DELANOUE, à Sousseyrond (Dordogne).

M. Delanoue expose un bocal de Manganèse pulvérisée, provenant de la concession de Millac de Nontron. Cette mine n'est en activité que depuis une année; mais, comme elle est contigüe aux mines du Suquet, on doit croire que ses produits ne seront pas inférieurs à ceux de cette dernière mine.

SECTION VIII.

PRODUCTION DE LA FONTE, DU FER, DE L'ACIER, ETC.

La production et les transformations du fer offrent à proprement parler la seule grande richesse métallurgique exploitée en France. Il est d'une haute importance de montrer comment le secours du travail développe cette richesse. Les faits qui vont nous servir de base sont puisés dans le compte rendu des travaux surveillés par les ingénieurs des mines en 1834.

TRAVAUX DE L'ANNÉE MINÉRALOGIQUE 1833 À 1834.

Prix des minerais bruts au sortir de la mine...	3,606,308ᶠ
Plus-value donnée par { le grillage.........	136,536
le lavage.........	1,551,673
le transport........	4,075,097
Valeur créée par la production de la fonte....	32,437,551
Valeur créée par des secondes fusions de la fonte......................	3,564,382
Valeur créée par la production et les transformations du fer..................	36,724,539
Valeur créée par la production de l'affinage et les transformations de l'acier...........	5,156,039
	87,252,125

Telle est donc l'admirable puissance du travail, que

moins d'un million, valeur représentative du minerai non tiré de la terre, par ses transformations successives en fonte, en fer, en acier, produit une valeur qui surpasse 87 millions. Mais là ne se borne pas la puissance productive de l'industrie. Pour fabriquer ces 87 millions de fonte, de fer et d'acier, il n'a guère fallu plus de 60,000 ouvriers effectifs de toutes professions.

Les états officiels de recensement militaire, publiés par le ministre de la guerre à l'occasion du recrutement, révèlent ce fait important et déjà cité : les arts dont le fer est la principale matière première, emploient les quatre centièmes de la population. Voilà, par conséquent, au lieu de 60,000 personnes, 1,320,000 individus (y compris les femmes et les enfants), nourris par les arts qui produisent ou mettent en œuvre principalement la fonte, le fer et l'acier. On ne peut pas évaluer leur travail à moins de trois cents millions de francs. C'est le million de minerai multiplié par trois cents.

Ces considérations suffisent pour montrer quelle haute importance les hommes d'état doivent attacher à la production ainsi qu'au travail du fer, en France.

§ 1er.

PRODUIT DE LA FONTE PAR LE SOUFFLAGE À L'AIR CHAUD.

MÉDAILLE D'OR.

Médaille d'or.

M. TAYLOR (Charles), à Beaugrenelle (Seine).

M. Taylor (Charles), ingénieur civil, s'est occupé spécialement d'établir, dans nos usines à fer, les appareils nécessaires à l'emploie de l'air chaud, pour la soufflerie des hauts fourneaux. Cette grande et récente **Médaille d'or.** innovation doit produire des résultats d'une haute importance, lorsqu'elle sera généralement appréciée et mise en pratique. Plus le combustible est coûteux en France, plus nous trouvons d'avantage à l'emploi de méthodes qui puissent en diminuer la consommation. Tel est en premier lieu le caractère de la substitution de l'air chaud à l'air froid, dans la soufflerie des hauts fourneaux. Quoique avec une moindre dépense de combustible, on élève généralement, et surtout moins inégalement, la température dans l'intérieur des fourneaux. Cela permet de diminuer la quantité de castine nécessaire pour déterminer la fusion du métal. Ce métal, ainsi qu'on vient de le dire, moins inégalement échauffé, coule en fonte de qualité plus uniforme et beaucoup plus propre à tous les travaux ultérieurs de moulerie. Enfin, l'injection de l'air chaud dans le haut-fourneau nécessite une moindre force motrice que l'injection de l'air froid.

Pour avoir contribué très-activement à propager une méthode si féconde en résultats précieux, le jury décerne la médaille d'or à M. Charles Taylor.

§ II.

MOULERIE EN FONTE DE FER.

Nous regrettons que M. Dumas, qui s'est distingué parmi les plus habiles fabricants, par ses belles fontes moulées, n'ait pas présenté ses produits en temps utile, afin d'être admis par le jury départemental de la Seine. M. Dumas a surpassé ce qu'on a fait de plus exquis en bijouterie prussienne, ainsi que nous l'expliquerons chapitre XXIV.

Le jury témoigne les mêmes regrets à l'égard de M. Chaix.

RAPPEL DE MÉDAILLE D'ARGENT
(D'ENSEMBLE).

MM. Fouquet frères, à Rugles (Eure).

MM. Fouquet ont obtenu, pour leur fabrication d'épingles, le rappel de la médaille d'argent. Ils méritent d'être cités de nouveau pour leur fonte de fer : ils ont exposé des roues d'angle dentées fort remarquables.

NOUVELLES MÉDAILLES D'ARGENT.

M. Trémeau - Soulmé, à Vandenesse (Nièvre).

Il présente, en fonte *de première fusion* : 1° un grand buste de Napoléon ; 2° un buste de lord Biron ; 3° un buste de M. Dupin ainé ; 4° trois petites statues de Napoléon, dont une sur piédestal ; 5° des plaques à bas-reliefs avec inscriptions ; 6° des médailles ; 7° des supports de chemin de fer ; 8° des projectiles. Tous ces produits sont remarquables pour leur belle exécution. La fonderie de Vandenesse a perfectionné surtout la moulerie des petits objets exécutés en fonte de première fusion. Par des épreuves comparatives, on a démontré la bonté de ses projectiles, justement appréciés dans l'artillerie de terre.

L'usine dirigée par M. Trémeau comprend 6 patouillets, 2 hauts fourneaux à charbon de bois, 1 fourneau à la Wilkinson, 2 ateliers de moulage, une batterie de boulets, une mazerie ordinaire, une chaufferie pour le vieux fer, etc. La production annuelle de l'établissement est d'un million de kilog. fonte de première fusion ; 150 mille kil. fonte de seconde fusion, et 30 mille kil. de fer provenant soit de vieilles ferrailles, soit de fonte mazée.

Indépendamment de cette grande usine, M. Trémeau-Soulmé dirige deux hauts fourneaux situés, le premier à Chevres et le second à Limanton. Le jury décerne une médaille d'argent à cet habile manufacturier.

Mme veuve DIETRICH et fils, à Nieder-bronn (Bas-Rhin).

Fonte : statues, bustes, médaillons, animaux, pro-jectiles, roues dentées à double ou simple engrenage, de toutes les grandeurs et de tous les poids jusqu'à 500 kilog.; *fers ordinaires et martinés*, essieux ordi-naires estampés, socs de charrue platinés, oreilles de charrue façonnées. Toutes ces pièces sont de fabrication courante et telles qu'on les livre au commerce. Les pro-jectiles sont très-remarquables; ils ont mérité les éloges des inspecteurs d'artillerie. En 1833, les arsenaux de la guerre ont reçu 456 mille kilog. de ces projectiles.

La belle usine de Mme Dietrich comprend 24 lavoirs à bras, 1 four de grillage, 4 hauts-fourneaux au charbon de bois, 4 bocards à crasse, 3 ateliers de moulage, une batterie de boulets, 11 affineries au charbon de bois, 4 feux de martinet, 1 feu de fonderie, une machine à fondre, 1 spatard, une chaufferie et un laminoir de tôlerie. Les produits de l'usine, en 1833, ont été de 1,080,200 k. de fonte moulée, 426 mille k. de fer en barres et d'essieux, 422,090 k. de fer martiné, 55 mille k. de vergines et 75 mille k. de cercles; les seuls lavoirs à bras emploient 111 ouvriers, et les autres travaux 191.

Mme veuve Dietrich et son fils, par la perfection de leurs produits, ont élevé leur usine à la même hauteur que la fonderie de Vandenesse, et méritent au même titre la médaille d'argent.

SECTION IX.

FER.

Le progrès général de l'industrie française exige un emploi du fer qui s'accroît avec une régularité pour ainsi dire géométrique, à raison d'à peu près trois et demi pour cent par année. D'après cette progression, la quantité de fer consommée en France double en vingt années.

ANNÉE moyennes.	QUANTITÉS produites.	IMPORTATIONS.	RAPPORTS.
1818 à 1820	79,000,000	12,360,133	100 : 15 ½
1831 à 1833	133,870,700	6,553,719	100 : 5

Ainsi, depuis l'exposition de 1819, afin de suffire aux besoins de la consommation française, les fers étrangers, au lieu d'empiéter sur la production des fers nationaux, dans la proportion de seize pour cent, n'empiètent plus que dans la proportion de cinq pour cent.

Pendant les seize années accomplies depuis 1819, des progrès immenses ont été faits dans presque toutes les fabrications du fer. En exhaussant les hauts-fourneaux, on les a rendus susceptibles de produire, dans un temps donné, plus de fer avec une moindre quantité de combustible.

· Grâce à l'emploi de la houille, soit isolée (méthode anglaise), soit combinée avec le charbon de bois (méthode champenoise), on a considérablement accru la fabrication du fer, qu'on a rendue plus économique.

On a complété ces moyens par l'usage des laminoirs pour remplacer les martinets, et corroyer le fer par voie d'étirage.

Aujourd'hui la France compte dans ses établissements, propres à fabriquer le fer :

	OUVRIERS.	FEUX ET ATELIERS.
1° Avec le bois...............	4,204	815
2° Avec le bois et la houille....	890	160
3° Avec la Houille et le coke....	1,055	155

Valeur créée par la transformation de la fonte en fer 29,312,449 fr.

Élaboration du gros fer........	3,287	1,556

Valeur créée 7,472,095 fr.

Nous avons pensé qu'il fallait présenter ces résultats pour donner une juste idée de l'importance qu'a prise la fabrication spéciale du fer [1].

RAPPEL DE LA MÉDAILLE D'OR.

MM. BOIGUES et fils, à Fourchambault (Nièvre).

Rappel
de
la médaille
d'or.

Un magnifique établissement fut créé par MM. Boigues et fils, en 1821, à Fourchambault, sur les bords de la Loire, à une lieue et demie de Nevers. Il se présentent avec des accroissements et des améliorations remarquables. L'ensemble des usines qui s'y rattachent offre aujourd'hui : 1° dix hauts-fourneaux, dont cinq dans le département de la Nièvre et cinq dans celui du Cher; cinq forges et deux martinets. On y compte toute l'année plus de 2,000 ouvriers, et jusqu'à 3,000 en certaines saisons. Sur les 10 hauts-fourneaux, 3 marchent sans interruption; ils produisent par an 10,000,000 de kilogrammes de fonte, à l'aide d'une machine à vapeur appliquée à la soufflerie.

La fabrication annuelle du fer, dans l'usine de Four-

[1] Sur quatre-vingt-six départements soixante-quatorze concourent à ces travaux métallurgiques.

II.

chambault, varie entre 5 et 6,000,000 de kilogrammes de tous échantillons; elle consomme 180,000 hectolitres de houille. Par le moyen d'une nouvelle machine à vapeur de 30 chevaux, que l'on monte en ce moment, MM. Boigues vont porter à 8,000,000 de kilogrammes la quantité de fer qu'ils produiront annuellement.

MM. Boigues n'ont pas seulement augmenté les quantités fabriquées : la qualité de leurs fers et de leur fonte est pareillement améliorée. Tel est surtout le résultat qu'ils ont obtenu par l'application de l'air chaud à la soufflerie de leurs hauts-fourneaux. Ils ont obtenu des fontes éminemment propres à la moulerie : la qualité supérieure de ces fontes permet de diminuer la quantité de matière, sans que les objets fabriqués aient moins de force et de durée; elle permet de fabriquer des plaques de fonte à grandes dimensions, assez minces pour qu'on puisse, avec MM. Boigues, leur donner le nom *de tôle de fonte.* Ces feuilles sont élastiques ; on les obtient de première fusion. On a l'espoir de les employer avantageusement à la couverture de bâtiments dont la charpente serait en fer.

L'étirage du fer au moyen des laminoirs a produit, dans l'usine de Fourchambault, des résultats très-remarquables. On a pu voir, à l'exposition, des fers étirés de toutes dimensions, depuis 11 centimètres jusqu'à 3 $\frac{1}{2}$ millimètres d'équarrissage. Les fers les plus forts servent pour des essieux de grosses voitures et de diligences, de wagons et de machines locomotives sur les chemins de fer, etc. Les plus petits fers, et nulle autre usine de France n'en fabrique d'aussi petits avec le laminoir, servent pour les ateliers de tirerie, dans les fabriques de L'Aigle.

C'est à l'usine de Fourchambault que sont étirés

les fers de qualités supérieures employés par la marine royale, dans ses beaux ateliers de Guérigny, pour la confection des chaînes-câbles destinés aux bâtiments de guerre.

Les fers étirés peuvent recevoir les formes les plus variées par un habile emploi des laminoirs : c'est ce qu'on a pu voir en examinant les barres de fer qu'ont exposées MM. Boigues : 1° barres de fer préparées pour ferrer les talons de bottes; 2° barres de fer à nervures pour serres chaudes, galeries vitrées, etc.; 3° barres à doubles nervures, devant servir de banc aux machines à filer; 4° barres angulaires pour les cornières des chaudières de machines à vapeur, en tôle, etc.

Citons un dernier titre en l'honneur de MM. Boigues, et ce n'est pas un des moindres aux yeux du jury central : ils sont fondateurs d'une école d'enseignement mutuel, qu'ils ont courageusement défendue sous la restauration, et qu'ils défraient, afin de procurer une instruction gratuite à tous les enfants de leurs ouvriers. C'est le plus noble bienfait et le plus fructueux, non-seulement pour les familles, mais pour le manufacturier.

Tous ces travaux, la grandeur des résultats et les modèles qu'ils offrent aux exploitations françaises de la même industrie, méritent à tous égards un nouveau rappel de la médaille d'or accordée à MM. Boigues dès 1823, et confirmée une première fois en 1827.

Parmi les artistes dont nous aurons à citer les travaux récompensés par le don de la croix d'honneur, nous trouvons M. Achille Dufaud, directeur des usines de Fourchambault; son nom ne peut pas être oublié lorsqu'on parle de l'établissement qu'il contribue à maintenir au premier rang.

MÉDAILLES D'OR.

COMPAGNIE des fonderies et forges d'Alais (Gard).

L'établissement des mines, fonderies et forges d'Alais doit comprendre 6 hauts-fourneaux, une forge à l'anglaise pour fabriquer annuellement 10 à 12 millions de kilog. de fer, et tous les ateliers nécessaires à ce genre de travail. Un capital de 6 millions est formé pour cet établissement, dont les travaux de création sont près d'être finis.

Des six fourneaux quatre vont être mis en activité, deux sont en roulement depuis plusieurs années.

La grande forge est montée, elle est en pleine activité.

Les fontes fabriquées forment un approvisionnement de plusieurs millions de kilogrammes, indépendamment de toutes celles qu'on a livrées au commerce ou mises en œuvre dans la construction de l'usine. Ces fontes, d'une qualité remarquable, ont obtenu d'être reçues au concours pour les travaux de la marine royale dans l'arsenal de Toulon.

Déjà 500,000 kilogrammes de fer, variés d'échantillon et de qualité, ont été fabriqués et livrés aux consommateurs; ils ont honorablement soutenu la concurrence avec les autres fers produits à la houille.

Le jury décerne une médaille d'or à la compagnie des fonderies et forges d'Alais.

M. Émile MARTIN, à Fourchambault (Nièvre).

M. Émile Martin, ancien élève de l'école polytechnique, est un de nos plus savants et de nos plus habiles praticiens pour la mise en œuvre de la fonte et du fer. Il s'est occupé particulièrement à perfectionner les procédés de moulage, à proportionner les parties, à combiner l'ajustage de la fonte et du fer dans leurs principaux usages, à les substituer au bois ainsi qu'à d'autres matériaux, dans les constructions d'édifices et de machines. Médailles d'or.

Il a monté les machines de la grande usine à fer de Decazeville; il s'est occupé du perfectionnement des hauts-fourneaux et de leur travail. Il a mis en usage un nouveau procédé de fondage de canons en fer, et fait, par ordre du ministre de la guerre, des affûts de ce métal pour les canons. Il a confectionné dans ses ateliers, avec une rare perfection, les lits en fer des élèves de l'école polytechnique, au prix de 45 francs; tandis qu'on demandait 60 francs pour les fabriquer à Paris. Il a confectionné les deux grandes presses hydrauliques pour les arsenaux maritimes de Rochefort et de Cherbourg. On lui doit la construction des ponts-aquéducs et les aquéducs-siphons en fonte de fer, pour les canaux de grande navigation. Il a fait le chemin de fer économique et mobile du Bec-d'Allier, lequel a procuré plus de 80,000 francs d'économie et des bénéfices considérables dans les travaux de terrassement. Il a, l'un des premiers en France, étudié l'emploi du fer en barres dans les ponts suspendus; il en a construit plusieurs. Enfin, on lui doit la belle confection des arches à voussoirs en fonte du pont, si justement admiré, du Carousel; pont exécuté sur les plans et sous la direction de M. Polonceau.

Le jury décerne à M. Émile Martin la médaille d'or.

MÉDAILLES D'ARGENT.

M. Paignon (Charles) et compagnie, à Bizy (Nièvre). Médailles d'argent.

L'usine de Bizy se compose d'un haut-fourneau et de

deux petites forges Elles produit 5 à 600,000 kilo-grammes année commune. Les deux forges fabriquent ensemble 75 à 80 mille kilogrammes d'acier à terre, qu'on expédie en majeure partie dans les départements qui avoisinent la Loire, dans le Puy-de-Dôme et le Cantal. Les fontes de Bizy sont très-propres aux travaux de mouleries : elles sont fort douces; on les lime, on les burine avec facilité.

Cette usine obtint en 1823, sous le nom de Bizy, une médaille de bronze. M. Paignon, fermier actuel, a beaucoup agrandi l'établissement. Les produits qu'il obtient sont d'une qualité supérieure. Il a fourni la fonte nécessaire au magnifique pont du Carrousel. Le jury lui décerne la médaille d'argent.

M. GIROUD père, à Allevard (Isère).

Les forges et fonderies d'Allevard sont depuis long-temps estimées pour la supériorité de leurs fers. Cette usine produit une fonte employée à confectionner les canons de la marine royale. Sa production annuelle est de 5 à 600,000 kilogrammes.

M. Giroud possède aussi le haut-fourneau de Pinsot, dont les fontes alimentent les aciéries du département de l'Isère. Il fournit annuellement 400,000 kilogrammes, au prix de 30 francs les cent kilogrammes, rendus à Grenoble.

Dès 1833 le haut-fourneau d'Allevard avait reçu la soufflerie par l'air chaud; celui de Pinsot la reçoit maintenant.

M. Giroud, possesseur de ces beaux établissements, est digne de la médaille d'argent.

M. Durand, à Riouperoux et à Fourvoierie (Isère).

Médaille d'argent.

Les forges de Fourvoierie appartenaient aux Chartreux ; elles cessèrent de travailler par suite de la révolution. Reconstruites par M. Durand, elles sont en activité depuis trois ans, et se composent de trois feux dits *courtois,* de martinets, de fours à réverbère alimentés par la flamme perdue des affineries, etc.

On affine dans ces forges les fontes de l'Isère mêlées aux fontes du commerce de la Franche-Comté ou de la Bourgogne.

Les échantillons envoyés à l'exposition par M. Durand sont composés d'un mélange des fontes de Riouperoux, obtenues par le soufflage à l'air chaud, et de Saint-Hugon (Isère), mélange dans lequel Riouperoux domine. Ces fontes sont produites au charbon de bois.

La contexture fibreuse de ces fers les rend très-tenaces ; ils supportent 54 à 55 kilogrammes de tension par millimètre carré, tandis que ceux de la Bourgogne et de la Haute-Saône se rompent sous une tension de 43 kilogrammes. Depuis 1833, l'usine de M. Durand fabrique annuellement 400,000 kilogrammes de fers divers. Ses prix sont de 60 francs les 100 kilogrammes, rendus à Grenoble. M. Durand fournit ses produits à l'arsenal de cette ville, ainsi qu'à la marine royale de Toulon. Le jury lui décerne la médaille d'argent.

M. Babonneau (Alexandre), à Nantes (Loire-Inférieure).

Les fers de cet établissement, remarquables pour leur

Médailles
d'argent.
qualité, sont très-recherchés dans le service de la marine. M. Babonneau reçoit la médaille d'argent pour l'ensemble de ses travaux. (Voyez chapitre XXVI.)

RAPPEL DE MÉDAILLES DE BRONZE.

Rappel
de médailles
de bronze.
M. GIGNOUX èt compagnie, à Sauveterre et à Cuzorn (Lot-et-Garonne).

Chacune des usines de Sauveterre et de Cuzorn se compose d'un haut-fourneau, de deux feux d'affinerie et d'un martinet.

Les produits en fonte de Sauveterre sont d'une bonne qualité; les projectiles doivent être cités pour leur forme et leur exécution. Le jury rappelle à M. Gignoux la médaille de bronze décernée en 1827.

M. MUEL-DOUBLAT, à Abainville (Meuse).

Les forges anglo-françaises d'Abainville présentent deux hauts-fourneaux, avec les fours et les laminoirs nécessaires à la fabrication annuelle d'environ 2,000,000 de kilogrammes de fers variés d'échantillon. L'établissement emploie 120 ouvriers, qui travaillent alternativement par moitié, la nuit et le jour; ils sont logés et chauffés au compte du maître des forges.

Les fers de M. Muel-Doublat soutiennent la concurrence avec les fers de Comté et de Berri, pour le nerf et la fabrication; ils coûtent moins cher; on les emploie très-bien pour la serrurerie et pour la carrosserie, qui consomment d'ordinaire les fers repassés du Berri. Ils sont de même avantageusement mis en œuvre pour le cerclage des tonneaux.

Le jury rappelle à M. Muel-Doublat la médaille de bronze qu'il obtint en 1827.

MÉDAILLES DE BRONZE.

MM. PIERSON et THOMAS, à Jean-d'Heures (Meuse).

Les forges et fonderies de Jean-d'Heures appartiennent à M. le maréchal duc de Reggio; elles comprennent un haut-fourneau, deux fours à pudler, quatre feux de forges et un martinet. On y fabrique annuellement un million de kilogrammes de fers martelés, dont les deux tiers environ s'envoient à Paris, et l'autre tiers dans les départements. Cette production exige la consommation de 1,500,000 kilogrammes de houille, sans compter le charbon de bois. Les fers martelés se vendent 380 francs les 1,040 kilogrammes, rendus franco à Saint-Dizier, port d'embarquement sur la Marne. Tous ces fers sont d'une qualité remarquable et leurs formes très-régulières.

Le jury central accorde la médaille de bronze à MM. Pierson et Thomas.

M. le baron DU TAYA, à l'Hermitage (Côtes-du-Nord).

Cet établissement, récent encore, est d'une grande importance : il emploie 150 ouvriers, et fabrique, par année un million de kilogrammes de fer. Ses produits sont d'une bonté remarquable, surtout ses fontes de première et de seconde fusion. M. le baron du Taya mérite de recevoir la médaille de bronze.

MM. Stehelin et Hubert, à Willers et Bitchwiller (Bas-Rhin).

Ces deux usines présentent, 1° une forge de trois feux d'affinage avec trois martinets : on y fabrique toute espèce de fers fins, et plus particulièrement pour les manufactures d'armes ; 2° un haut-fourneau qui produit des fontes grises de première qualité, destinées à la seconde fusion ; 3° des ateliers pour fonderie de seconde fusion, pour tôlerie, pour construction de grosses machines, moteurs hydrauliques, machines à vapeur, etc. Ce bel ensemble d'établissements, avec les mines qui l'alimentent, occupe de 400 à 500 ouvriers. Il est digne de recevoir la médaille de bronze.

M. Champy, à Grand-Fontaine (Vosges).

L'origine de cet établissement remonte au quinzième siècle ; il comprend aujourd'hui deux hauts-fourneaux, cinq feux de forges, deux martinets, un laminoir et une clouterie mécanique. Ses produits sont très-remarquables, surtout les tôles à grandes dimensions, pour chaudières à vapeur. Il occupe en tout 700 ouvriers. Ses produits annuels sont de 600 à 650 mille francs. M. Champy, pour l'ensemble de ses travaux, mérite la médaille de bronze..

M. Ladrey, à Cigogne (Nièvre).

M. Ladrey dirige à la fois les forges et le haut-fourneau de Cigogne (canton de Saint-Benin-d'Azy). Ses fontes et ses fers jouissent depuis longtemps d'une haute réputation. Il a soumis à l'exposition deux essieux pour voitures de commerce, avec fusées ou bras estampés au martinet; l'un qui pesait 25 kilogrammes et l'autre 75; tous deux fort bien confectionnés. Le jury décerne la médaille de bronze à M. Ladrey.

MM. FESTUGIÈRE frères, commune de Tayac (Dordogne).

Ils sont possesseurs d'un des plus grands et des plus beaux systèmes d'usines à fer qu'on puisse trouver dans le midi de la France.

Ils ont introduit dans leurs établissements l'affinage à la houille. En exhaussant leurs hauts-fourneaux, ils ont obtenu les mêmes effets avec une moindre dépense de combustible. Ils font marcher de front :

Quatre hauts-fourneaux;

Cinq ateliers de moulage;

Deux bancs de forerie et deux tours mus par l'eau;

Une batterie à boulets et un four à chauffer;

Deux affineries à charbon de bois, avec leur marteau;

Trois fours à pudler et deux à chauffer,

Trois trains de laminoirs à barreaux, comprenant dix paires de cylindres.

Ces ateliers occupent 120 ouvriers et 379 pour les travaux extérieurs. Les produits annuels sont de 1,400,000 kilogrammes de fonte brute ou moulée de première fusion, et 800,000 kilogrammes de fer en barres affiné par la houille.

Dans la seule usine que MM. Festugières possèdent à Eyries les moteurs hydrauliques ont une force totale

**Médailles
de bronze.** de 50 chevaux. Les plus belles pièces des mécanismes ont été coulées et ajustées sur les lieux mêmes.

En considérant que les procédés introduits dans la Dordogne, par MM. Festugières, étaient depuis plusieurs années pratiqués dans le nord de la France, le jury n'a cru pouvoir leur décerner qu'une medaille de bronze : ils en sont extrêmement dignes.

MENTIONS HONORABLES.

**Mentions
honorables.** ## MM. THOURY et compagnie, à Beau-Grenelle (Seine).

MM. Thoury et compagnie se sont proposé de produire des fers de qualités supérieures à des prix modérés, en faisant uniquement usage de vieilles férailles. Ils employent pour l'étirage des barres l'action d'une machine à vapeur ayant la force de 36 chevaux : ils font travailler de 50 à 60 ouvriers. Le temps trop peu considérable depuis lequel cet établissement a pris ce grand et bel essor n'a pas permis de donner à MM. Thoury et compagnie la récompense élevée qu'ils obtiendront certainement à la première exposition, s'ils continuent avec le même succès.

M. DEPRACONTAL, à Brion (Manche).

La fonderie de Brion est une des premières où l'on ait combiné l'emploi du coke et de l'air chaud; elle a produit, en 1833, en fonte moulée très-estimée, 27,480 k. et 550 kilog. de fer : elle mérite une mention honorable.

M. le comte D'OSMOND, à Bigny (Cher).

La fabrication des fers de Bigny est très-estimée. On l'a récemment augmentée d'une tréfilerie. Le jury décerne la mention honorable à M. le comte d'Osmond.

M. le comte DE BRISSAC, à Pontkallec
(Morbihan).

Bonne fabrication de fers forgés en barres, ronds. Des échantillons de ces barres, éprouvées pour la construction des ponts suspendus, figuraient à l'exposition. Ces produits méritent la mention honorable.

CITATIONS FAVORABLES.

Les produits des fabricants dont les noms suivent doivent d'être cités pour leurs bonnes qualités.

M. BLONDY, à Dussac (Dordogne).

MM. BLANCHET frères, à Saint-Gervais (Isère).

M. NILLUS, au Havre (Seine-Inférieure).

M. VIAL aîné, à Renage (Isère).

M. LECOIGNEUX et compagnie, à Belabre (Indre).

M. BORDE dit LANGOUMOIS, à Riberac (Dordogne).

M. DESPRET fils, à Anor (Nord).

SECTION X.

ACIER.

La fabrication de l'acier a fait de grands progrès en France depuis quelques années; mais beaucoup plus sous le rapport de la qualité que sous celui de la quantité. C'est ce que démontrent les données suivantes :

	1827.	1833.
Production de l'acier	5,485,300	6,264,900
Importation	697,000	802,978
TOTAUX	6,182,300	7,067,878

Ces données démontrent que l'emploi de l'acier en France, de 1827 à 1833, n'a pas fait des progrès aussi rapides que l'emploi du fer. L'accroissement annuel de l'acier n'est que de $2\frac{1}{4}$ pour cent, tandis que celui du fer est de $3\frac{1}{3}$.

RAPPEL DE MÉDAILLES D'OR.

Rappel
de médailles
d'or.

M RUFFIÉ père, à Foix (Ariége).

Les établissements de M. Ruffié sont situés à peu de distance de Foix. Ils présentent, 1° trois feux de forge à la catalane, avec des martinets pour la fabrication et le parage des fers ; 2° deux fours à cémentation, avec six martinets pour la fabrication et l'étirage de l'acier ; 3° des ateliers pour faire les limes ; 4° une usine à trois feux, avec cinq marteaux pour la fabrication des faux.

M. Ruffié convertit en acier ou en faux la totalité des fers qui proviennent de ses forges. Ses produits obtinrent en 1819 la médaille d'argent, en 1823 la médaille d'or. Il a fait d'heureux efforts pour ajouter à la bonté de ses aciers, qui sont aujourd'hui très-recherchés sur tous les marchés du royaume ; en améliorant ses produits, il a trouvé le moyen d'en diminuer les prix. Ses fabrications emploient 60,000 kilogrammes de charbon de bois, 2,000,000 de kilogrammes de houille, et 950,000 kilogrammes de fer provenant de ses forges situées dans l'Ariége. Il emploie 72 ouvriers.

Ses produits annuels sont 500,000 kilogrammes d'acier, de qualités variées, au prix moyen de 1 fr. 20 c. le kilogramme; et 23,000 faux à 2 fr. 25 c. l'une.

Le jury voulant récompenser les efforts constants de M. Ruffié pour améliorer ses produits rappelle de nouveau la médaille d'or qu'il obtint en 1823, et qui fut rappelée une première fois en 1827.

MM. Monmouceau frères, à Orléans (Loiret).

L'établissement de MM. Monmouceau frères date d'environ trente ans; l'ancienne raison de commerce était Monmouceau père et fils. M. Monmouceau a cédé son établissement à ses fils; ceux-ci continuent la fabrication, qu'ils ont beaucoup augmentée, et dont ils soutiennent dignement la haute réputation.

Ils tirent leurs fers de Suède et le convertissent en acier, à Orléans, dans leur four à cémentation. Ils possèdent aux Traines (Nièvre) un martinet pour étirer et corroyer l'acier de cémentation. Ils emploient maintenant plus de 100 ouvriers à fabriquer des limes : elles sont achetées par la marine royale, pour les arsenaux de Lorient, de Saint-Servan, et pour le chantier de construction d'Indret, près de Nantes. MM. Monmouceau reçurent dès 1819 une médaille d'or, rappelée successivement en 1823 et en 1827. Ils méritent de nouveau le rappel de cette médaille.

M. LECLERC (Pierre - Armand), à la Bérardière (Loire).

La fabrique d'acier de la Bérardière, située près de Saint-Étienne, fournit des aciers étirés à la fabrication d'armes pour le gouvernement. Parmi ces aciers se trouvent les qualités dites *deux-colonnes*, *deux-éperons*, *double-marteaux*, spécialement produites par l'usine de M. Leclerc, et très-recherchées dans les arts.

Ce sont les aciers fondus que ce fabricant a le plus perfectionnés. Il les étire d'une manière remarquable, surtout dans les petites dimensions, qui descendent jusqu'à six millimètres sur trois d'équarrissage. Les consommateurs éclairés placent les aciers de la Bérardière au niveau des aciers anglais : ils préfèrent même les aciers français dits *aciers doux*, si précieux pour leur grande ténacité, due surtout au mélange de nos aciers naturels avec les aciers cémentés.

Déjà M. Leclerc a reçu la médaille d'or aux expositions de 1819, 1823 et 1827. Depuis la dernière époque il a notablement amélioré ses produits, surtout à l'égard des aciers fondus. Il continue de mériter la récompense du premier ordre.

MM. JACKSON frères, à Assailly (Loire).

MM. Jackson frères apportèrent dans notre patrie la fabrication des aciers fondus; ils les ont continuellement améliorés en prenant part eux-mêmes, comme chefs d'ouvriers, aux travaux de leur établissement. La protection toute spéciale que le Gouvernement eut la sagesse de leur accorder, dès l'origine de leur fabrication, a porté

ses fruits; elle a doté durablement la France d'une nouvelle branche d'industrie.

MM. Jackson frères ont soumis à l'exposition un
morceau d'acier composé de deux lingots massés et sou-
dés ensemble; cet échantillon prouve une *soudabilité*
parfaite, malgré les difficultés que présente cette opération faite avec de l'acier fondu. Les mêmes fabricants
ont exposé de plus un gros lingot d'acier fondu, pesant
423 kilog. C'est une des plus fortes pièces qu'on ait
encore fabriquées. MM. Jackson obtinrent la médaille
d'or en 1823. Depuis cette époque, ils ont eu le mérite
d'introduire leurs procédés de cémentation dans la grande
usine du Saut-du-Tarn; le jury leur accorde le rappel
de la récompense du premier ordre.

M. DEQUENNE fils, à Raveau (Nièvre).

M. Dequenne a présenté cinq beaux échantillons
d'acier cémenté pour ressorts de voiture, pour limes,
pour outils d'art, pour coutellerie fine, etc., depuis
102 francs jusqu'à 200 francs les cent kilogrammes,
suivant les grosseurs et les usages. L'établissement comprend deux petites forges situées sur la rivière de
Mesves, branche de Raveau. Le propriétaire fait servir
à la fabrication de ses aciers des fers de Suède et des
aciers communs dits *aciers à terre*, que lui fournissent
les forges du pays. La plus grande partie de ses produits,
destinés pour Paris et pour Orléans, sert principalement
à la fabrication des limes. Le jury central accorde à
M. Dequenne fils le rappel de la médaille d'or, décernée
à son père, en 1819. Le fils, en créant un nouvel établissement dont les produits ne laissent rien à désirer,
mérite cette haute récompense. Pour lui ce rappel est
un héritage noblement conquis.

II.

M. DE SAINT-BRIS, à Amboise (Indre-et-Loire).

La fabrique de M. de Saint-Bris occupe 200 ouvriers, hommes, femmes et enfants. Elle tire annuellement, de la Suède et des forges de la Haute-Saône, environ 150,000 kilogrammes de fers, qui sont convertis en acier par la cémentation.

Il fabrique annuellement 6,000 carreaux, 150,000 paquets de limes, façon d'Allemagne, et 40,000 douzaines de limes de toutes dimensions. Le jury confirme à M. de Saint-Bris la médaille d'or qu'il obtint pour ses limes en 1819, et qui fut rappelée en 1827.

M. COULAUX et compagnie, à Molsheim (Bas-Rhin).

Les superbes établissements de M. Coulaux sont trop connus pour qu'il soit aujourd'hui besoin d'en reproduire la description. Les aciers qu'on y fabrique continuent, ainsi que la quincaillerie que ces aciers servent à produire, à être comptés parmi ceux de première qualité par les consommateurs. Grâce à cette qualité, jointe au bon marché, de tels produits peuvent rivaliser avec ceux de l'étranger. Le jury confirme à M. Coulaux la médaille d'or qu'il a reçue en 1823.

NOUVELLE MÉDAILLE D'OR.

M. TALABOT et compagnie, à Saint-Juéry, Saut-du-Tarn, près Alby (Tarn).

A une lieue au-dessus d'Alby, le Tarn entier se pré-

Nouvelle
médaille
d'or.

cipite d'une hauteur considérable. C'est en aval de cette chute, sur la rive droite du Tarn, qu'on a fondé la magnifique usine que dirige aujourd'hui M. Talabot; elle a pour moteur une dérivation de la rivière, au moyen d'un aqueduc taillé dans le roc, et conduisant à l'usine 12 mètres cubes d'eau par seconde. Pour défendre les établissements contre les inondations lors des crues de la rivière, on a construit un mur d'enceinte ayant :

Hauteur. . . . . 12 mètres.
Épaisseur à la base. 7
Épaisseur au sommet. 1 1/2

Trois cents ouvriers peuvent être logés dans un vaste corps de bâtiments, construit exprès pour cette destination.

Dans un édifice particulier on a placé deux grands fours à cémentation; l'un pouvant recevoir 100,000 kilogrammes de fer, l'autre 150,000. Ces deux fourneaux peuvent donner annuellement 1,500,000 kilogrammes d'acier.

Une autre série d'ateliers sert à convertir l'acier en faux et en ressorts de voiture. Il a fallu longtemps poinçonner les ressorts aux marques d'Allemagne pour qu'on crût à leur bonté : maintenant le commerce admet la supériorité des ressorts fabriqués au Sant-du-Tarn dont il réclame la marque spéciale.

Pour éviter de morceler ce qui concerne la même usine, et de lui retirer ainsi tout l'intérêt qu'elle inspire par son ensemble, nous achèverons ici sa description en ce qui concerne la fabrication des faux et des ressorts.

Pour fabriquer une faux, on entremêle 15 lames, les unes de fer, les autres d'acier; on corroie le tout en le faisant chauffer et passer au martinet. Les barres ainsi produites sont taillées en portions auxquelles on donne le volume et le poids précis d'une faux, par une méthode hydrostatique ingénieuse. On n'a plus ensuite qu'à passer chaque pièce au fourneau, puis au martinet, pour lui donner la forme de la faux.

Il y a quelques années les ateliers étaient établis déjà pour faire agir un laminoir propre à réduire l'acier en barres de dimensions convenables et 21 marteaux destinés au travail des faux. On pouvait alors fabriquer 1,200,000 kilogrammes d'acier livrable au commerce, 300,000 faux et 150,000 paquets de limes de 7/4, 6/4 et 1/2 kilogramme.

Dans l'origine tous les travaux étaient faits avec des ouvriers allemands tirés du pays de Berg. Aujourd'hui tous les ouvriers sont Français; la plupart ont été des enfants sans ressources, recueillis par charité dans les rues de Toulouse.

Dans les grands ateliers de cette ville, établis les premiers au Basacle, on fabrique les faux, les ressorts et les limes, suivant le même système de travail qu'au Saut-du-Tarn.

Les ateliers de Toulouse, et subséquemment ceux du Saut-du-Tarn, ont obtenu sous les noms de MM. Garrigou, Sans et compagnie, pour les aciers, la mention honorable en 1819, et la médaille d'or pour les faux; en 1823 la médaille d'or pour l'ensemble des produits, aciers, limes et faux; en 1827, la confirmation de cette médaille pour les faux seulement, sous les noms de Garrigou, Massenet et compagnie. M. Massenet fut le premier directeur de l'usine du Saut-du-Tarn.

Les agrandissements et les progrès de fabrication qu'offrent ces deux établissements, les plus beaux que possède le midi de la France, méritent à tous égards une nouvelle médaille d'or accordée à cet ensemble de travaux et de succès.

RAPPEL DE MÉDAILLES D'ARGENT.

M. HUE, à l'Aigle (Orne).

Fabriques d'acier de première qualité, pour les filières qu'exige l'étirage du fil de fer et de laiton. Ces filières sont placées au premier rang par les manufacturiers et les chefs d'atelier qui les emploient; elles jouissent dans le commerce d'une juste préférence. M. Hue mérite le rappel de la médaille d'argent qu'il obtint en 1827.

M. SIR HENRY, à Paris, place de l'École-de-Médecine, n° 6.

C'est à Bougival qu'est située l'usine où M. Sir Henry prépare les aciers fondus, coulés et damassés dont il se sert pour exécuter les instruments de chirurgie et les objets de coutellerie auxquels il doit sa juste réputation. Il obtint, en 1827, pour ses instruments de chirurgie et ses objets de coutellerie, une médaille d'argent, dont nous étendons aujourd'hui le rappel à la préparation des aciers.

MM. ABAT, MORLIÈRE et DUPEYRON, à Pamiers (Ariége).

Cette fabrique, établie dès 1819, consiste en 2 fourneaux de cémentation et une usine, où l'on compte 7 feux, 7 martinets et 2 machines soufflantes à caisse mobile, pour cémenter le fer, forger l'acier obtenu, puis en fabriquer des faux, des limes et des outils de taillanderie. Ces habiles fabricants sont parvenus à faire des cémentations vives ou douces à volonté; ils savent obtenir ces deux résultats dans une même fournée; ils ont l'art de cémenter jusqu'à des enclumes. Ils emploient par an 500,000 kilogrammes de fer, et fabriquent 350,000 kilogrammes d'aciers de diverses qualités, au prix moyen de 1 franc 20 centimes le kilogramme.

Le jury confirme à MM. Abat, Morlière et Dupeyron la médaille d'argent décernée en 1823, et rappelée en 1827.

MÉDAILLE D'ARGENT (D'ENSEMBLE).

M. de GUAITA et compagnie, à Zornhoff, près Saverne (Bas-Rhin).

La fabrique de Zornhoff, fondée en 1825, obtint dès 1827 une médaille de bronze pour ses nombreux et beaux assortiments d'outils. Dès cette époque elle occupait déjà 220 ouvriers et 42 feux de forge. Elle a de plus aujourd'hui des laminoirs et des aiguiseries nouvelles; elle emploie 250 ouvriers à fabriquer les instruments tranchants et les scies de toutes espèces. M. de Guaita fond, raffine et corroie 60,000 kilogrammes d'acier, et met de plus en œuvre 80,000 kilogrammes d'aciers achetés dans les Vosges.

Pour récompenser M. de Guaita, le jury central accorde une médaille d'argent à l'ensemble de ses travaux.

MÉDAILLES DE BRONZE.

M. Schmidborn et compagnie, à Saralbe (Moselle).

La fabrique de Saralbe ne fait que des aciers fins dont le moindre prix est de 180 francs les cent kilogrammes, et le plus haut 260 francs pour la même quantité. Ces aciers excellents sont recherchés pour la coutellerie fine; ils se vendent dans tout le centre, dans l'est, le nord et l'ouest de la France, à partir d'une ligne tirée de Bordeaux sur Limoges, Clermont-Ferrand, Lyon et Strasbourg. La qualité remarquable des aciers de M. Schmidborn et compagnie justifie la médaille de bronze que le jury décerne à ce fabricant.

M. Blanchet, à Saint-Gervais (Isère).

Le département de l'Isère fournit annuellement 1,200,000 kilogrammes d'acier, d'une qualité qui motive le prix élevé de ces produits, à Paris, dans les manufactures royales d'armes et dans les fabriques de quincaillerie. Trois fabricants de ce département ont mérité des récompenses.

M. Blanchet a présenté, 1° des aciers corroyés suivant la méthode allemande, et martelés pour ressorts de voitures; 2° de l'acier naturel de première fusion, également pour ressorts de voiture; 3° de l'acier façon de Hongrie; 4° de l'acier pour faire des limes; 5° de l'acier à broches pour les filatures. Tous ces produits, de très-bonne qualité, méritent la médaille de bronze.

M. Gourju, à Rives (Isère).

Acier façon de Hongrie, remplaçant avec avantage les

aciers provenant de ce pays; aciers pour ressorts, étirés au martinet; aciers martinets carrés, pour les broches des filatures : ils sont très-estimés dans le commerce. Le jury donne à M. Gourju la médaille de bronze.

M. Vial fils aîné, à Renage (Isère).

M. Vial fabrique des aciers de bonne qualité pour instruments d'agriculture, aux prix de 70 à 90 francs les 50 kilogrammes. La comparaison de ces prix et de cette qualité motive la recompense d'une médaille de bronze, accordée à ce fabricant.

M. Frichou de Brye, à Saint-Etienne (Loire).

Par le procédé de fabrication de M. Frichou de Brye, la cémentation du fer et la fusion s'opèrent dans le même appareil. C'est la première fois que la transformation immédiate du fer en acier fondu devient l'objet d'une fabrication suivie. Par ce procédé on tire parti dés limailles de fer que donne le forage des canons de fusil; il devra s'ensuivre une économie notable dans la production de l'acier fondu dont on a distingué l'excellente qualité. Le jury décerne la médaille de bronze à M. Frichou de Brye.

M. Courot-Bigé, à Corbelin (Nièvre).

Aciers corroyés et étirés, de bonnes qualités courantes. Les prix des aciers de M. Courot-Bigé sont variés comme les usages de cette matière, qu'il vend depuis 55 fr. jusqu'à 150 fr. les cent kilogrammes. M. Courot-Bigé est digne de la médaille de bronze.

M. COUROT (Gustave), à la Doué, commune de Saint-Aubin (Nièvre).

M. Gustave Courot confectionne, dans les forges de la Doué, des aciers à terre qu'on a toujours recherchés pour leur bonne qualité. Ce jeune manufacturier s'efforce d'améliorer ses fabrications, depuis trois ans qu'il est devenu fermier de l'usine. Son établissement occupe 50 à 60 ouvriers; les aciers se vendent 50 francs les 100 kilogrammes, rendus à la Charité-sur-Loire. M. Courot mérite, surtout par le bon marché de ses produits, d'obtenir la médaille de bronze.

MENTIONS HONORABLES.

M. GOURJON DE LA PLANCHE, à Nevers (Nièvre).

Acier cémenté en fer du Nivernais, limes de bonne qualité.

M. MEUNIER, à Paris, rue de la Vannerie, n° 23.

Acier ramolli de bonne qualité.

CITATION FAVORABLE.

M. BICHON, à Saint-Étienne (Loire).

Aciers divers.

SECTION XI.

TÔLE ET FERS NOIRS.

Les tôles françaises exposées en 1834, par leur force,

leur égalité, leur beauté, ne laissent rien à désirer. Déjà nos fabriques produisent annuellement pour 7,000,000 de fr. en tôle de fer, et pour 350,000 fr. francs en tôle d'acier.

Les exposants ont rivalisé pour les grandes dimensions des feuilles de tôle qu'ils ont présentées.

RAPPEL DE MÉDAILLE D'OR.

Rappel de médaille d'or.

SOCIÉTÉ ANONYME des usines de Pont-Saint-Ours (Nièvre).

Après trois années d'inactivité complète, le bel ensemble des usines de Pont-Saint-Ours fut acquis, en 1833, par une société anonyme; celle-ci l'exploite avec un succès qui mérite de nouveau la récompense du premier ordre obtenue dès 1823, et rappelée en 1827, pour l'ensemble des produits de cet établissement

Les usines de Pont-Saint-Ours se composent: 1°, d'une grosse forge avec deux feux, deux ourdons de marteaux, un martinet, avec fours à réverbère pour le puddlage; 2° et 3°, deux grandes tôleries avec étameries de fer-blanc : dans l'une d'elles fut établie, dès 1818, le premier laminoir appliqué en France à la production des tôles, qui se faisaient précédemment au martinet.

L'établissement a déjà repris toute son activité. Les tôles et les fers noirs qu'il a présentés à l'exposition ne laissent rien à désirer.

On évalue de 8 à 900,000 kilogrammes la production annuelle de tôle et de fer-blanc dans les usines de Pont-Saint-Ours; ce travail emploie 200 à 250 ouvriers. Paris, le centre de la France et les ports de mer, consomment ses produits.

MÉDAILLE D'OR (D'ENSEMBLE).

SOCIÉTÉ ANONYME d'Imphy, à Imphy (Nièvre).

Elle expose une feuille de tôle de 2ᵐ,60 sur 2ᵐ,16, pesant 276 kilog., et des feuilles de tôle fine qui ont l'épaisseur et la flexibilité d'une feuille de papier. Rappelons ici la confection des grandes caisses à eau pour les vaisseaux de la marine royale; caisses en majeure partie fabriquées dans les ateliers d'Imphy.

MÉDAILLE DE BRONZE (D'ENSEMBLE).

M. CHAMPY, à Grand-Fontaines (Vosges).

Nous avons déjà relaté la nature et la grandeur des établissements de M. Champy. Ce manufacturier a soumis à l'exposition une très-belle feuille de tôle ayant pour dimensions :

Longueur...	2ᵐ 95ᶜ
Largeur.	1 28 $\frac{1}{2}$
Épaisseur.	12 $\frac{1}{2}$ᵐᵐ

Poids 362 $\frac{1}{2}$ kilog.

Les tôles de M. Champy sont très-dignes de la médaille de bronze.

SECTION XII.

FERS ÉTAMÉS ET FERS-BLANCS.

Nous avons à signaler l'heureux accroissement de l'usage des fers étamés pour remplacer les ustensiles cu-

linaires en cuivre. Ce progrès est d'autant plus remarquable qu'il a lieu simultanément avec la consommation
croissante des fers-blancs.

Depuis la paix de 1814, la France a fait les plus
grands efforts pour accroître et perfectionner la production du fer-blanc : ses succès ne laissent aujourd'hui rien
à désirer.

ANNÉES.	IMPORTATIONS.	EXPORTATIONS.	DROITS PERÇUS à l'entrée.
1820........	419,232^k	12,334^k	0^f 77^c
1825........	132,472	4,375	"
1830........	64,765	4,756	"
1833........	15,291	9,276	0 77

Ainsi, dans le court espace de treize ans, l'importation des fers-blancs étrangers est diminuée dans le
rapport de 100 à 3 $\frac{2}{5}$, par le seul effet des progrès de
l'industrie nationale; puisqu'en 1820 et 1833 le droit
d'entrée est le même, 77 centimes par kilogramme.

En 1833 la production annuelle des fers-blancs français était de 2,531,900 kilogrammes, qui présentaient
une valeur de 2,651,719 francs. Les principaux départements, pour la fabrique du fer-blanc, sont : la Nièvre,
la Moselle, le Doubs, les Vosges, la Haute-Saône et
l'Oise.

--- ◦ ---

RAPPEL DE MÉDAILLES D'OR.

MM. Japy frères, à Beaucourt (Haut-Rhin).

De nombreux et malheureux exemples ont démontré
les dangers des casserolles en cuivre : MM. Japy frères,
depuis 1826, fabriquent des casserolles et d'autres us-

tensiles de fer étamé. Cette industrie prospère ; elle est d'une haute importance et fournit environ 15,000 pièces par mois. MM. Japy, par le grand et bel ensemble de leurs travaux, méritent un nouveau rappel de la médaille d'or qu'ils ont obtenue en 1823, et qui leur fut rappelée en 1827.

MM. DE BUYER, à la Chaudeau (Haute-Saône).

MM. de Buyer fabriquent au laminoir les tôles qui servent à confectionner leurs fers-blancs, dont ils livrent au commerce annuellement 9 à 10,000 caisses. Ils soutiennent dignement la renommée de leur fabrication. Le jury leur confirme la médaille d'or qu'ils obtinrent en 1827.

SOCIÉTÉ ANONYME de Pont-Saint-Ours (Nièvre).

La société anonyme de Pont-Saint-Ours a présenté seulement une caisse de fers-blancs ternes. C'était spécialement pour les fers-blancs que cette usine avait reçu la médaille d'or, que le jury de 1834 rappelle pour l'ensemble des produits de la société anonyme.

SOCIÉTÉ ANONYME d'Imphy (Nièvre).

Cette société, si fréquemment rappelée dans ce chapitre, a présenté des fers-blancs qui soutiennent la haute réputation de l'établissement. Dès 1827 la médaille d'or accordée aux usines d'Imphy s'appliquait également à la fabrication des tôles, des fers-blancs, etc. A cette époque, Imphy produisait déjà 10,000 caisses de fers-blancs par année.

RAPPEL DE MÉDAILLE D'ARGENT.

M. le baron FALATIEU, à Bains (Vosges).

La fabrication annuelle de M. le baron Falatieu n'est pas moindre de 14,600 caisses de 150 feuilles, à 37 fr. 50 cent. la caisse. Ses fers-blancs sont estimés à juste titre; ils méritèrent et reçurent, en 1823, la médaille d'argent : ils sont toujours dignes de cette récompense.

MÉDAILLES DE BRONZE.

M. VARLET, à Thionville (Moselle).

M. Varlet a présenté de nombreux ustensiles en fer battu, étamé, sans soudure; nous avons distingué sa gamelle de campagne pour le soldat. Tous ces objets sont à très-bas prix et bien confectionnés. L'utilité populaire de semblables travaux mérite la médaille de bronze.

MM. BOUCHOT et DAPPLES, à Ouilles (Doubs).

MM. Bouchot et Dapples possèdent un vaste établissement pour tous les travaux de production du fer: forges et feux d'affinerie, laminoirs pour l'étirage des barres et la confection des tôles, avec une roue motrice hydraulique de la force de 100 chevaux; de plus une étamerie, un four à réverbère et deux fourneaux à la Wilkinson, pour la fonte de seconde fusion. La production annuelle est de 400,000 kilogrammes de fer en barres, 10,000 kilogrammes de fer en verges, 50,000 kilogrammes de cercles, 100,000 kilogrammes de tôle, et 14,000 caisses de fer-blanc. Il faut pour ces travaux 1,000,000 de kilogrammes de charbon de bois, et 2,200,000 kilogrammes de houille. Le jury donne à MM. Bouchot et Dapples la médaille de bronze pour leurs fers-blancs, qui soutiennent le parallèle avec les beaux fers-blancs anglais.

MENTION HONORABLE.

M. PICARD (Barnabé), à Paris, rue Frépillon, n° 22.

Ferblanterie bien confectionnée.

SECTION XIII.

TRÉFILERIE D'ACIER, DE FER, DE CUIVRE, DE LAITON.

Les fils métalliques présentés à l'exposition prouvent la supériorité des procédés, la qualité des métaux et la bonté des filières avec lesquelles on les obtient. La valeur des produits de la tréfilerie est de six millions et demi à sept millions de francs.

RAPPEL DE MÉDAILLES D'OR.

M. MOUCHEL fils, à l'Aigle (Orne).

M. Mouchel a présenté les objets suivants à l'exposition de 1834, pour donner au public une idée des perfectionnements que lui doit l'art de la tréfilerie :

1° Un instrument à numéroter les poinçons ;

2.° Un tableau sur cuivre-laiton, rendant sensible aux yeux l'art du tréfilage ;

3° Un autre tableau présentant les moyens mathématiques de construire les jauges, poinçons et filières ;

4° Quatre planches de laiton, de grande, moyenne et petite dimension ;

5° Deux rubans de laiton, ayant chacun 13 mètres de long ;

6° Une botte de fil de laiton noir, à l'usage du commerce d'épingles ;

7° Une ruche contenant des fils de fer à laminer, pour les peignes de métier à tisser; des fils de laiton pour le même usage; des fils en cuivre rosette, ou en laiton, de toutes grosseurs, de toutes proportions d'alliage et de tous numéros, pouvant satisfaire aux besoins les plus variés de nos arts ;

8° Une ruche de fils de fer, à carde et à carcasse, pour fleurs artificielles, jusqu'au n° 42 ;

9° Une ruche contenant des fils pour toiles métalliques, d'un apprêt égal à celui des Anglais ;

10° Une ruche renfermant des élastiques ;

11° Un tableau rédigé par le dessinateur de l'école polytechnique, représentant un régulateur que M. Mouchel applique depuis dix ans à sa fabrique de fil de fer à cardes.

Au premier rang des manufacturiers qui ont fait faire de grands et nombreux progrès à tous les genres de tréfilerie, en acier, en laiton, en cuivre, soit étamé,

soit argenté, l'on a depuis longtemps placé MM. Mouchel père et fils. Dès 1806, ils obtenaient la médaille d'argent. En 1819, M. Mouchel fils recevait,
pour la tréfilerie, la première médaille d'or, due à la
perfection de ses produits ainsi qu'à l'étendue de ses travaux, qui, dès cette époque, occupaient 300 ouvriers.
Cette médaille fut deux fois rappelée, dans les termes
les plus flatteurs, en 1823 et 1827. Aujourd'hui, les
résultats obtenus par M. Mouchel sont très-supérieurs à
ceux pour lesquels ces récompenses avaient été précédemment accordées. En conséquence, et pour la quatrième
fois, le jury central juge M. Mouchel de plus en plus
digne de la médaille d'or. Le Roi, pour ajouter à ce
quadruple suffrage, a décoré ce manufacturier avec
l'étoile de la Légion d'honneur.

M. le baron FALATIEU, à Bains (Vosges).

M. le baron Falatieu, déjà récompensé par la médaille
d'argent, pour ses fers-blancs, possède un très-bel ensemble d'usines, pour la production du fer et ses transformations diverses. Sa tréfilerie est surtout remarquable;
elle fut établie dès 1789; les principaux moteurs sont
des roues hydrauliques. Les fers employés dans cette
usine proviennent de la Forge du moulin au bois, possé-
dée par M. le baron Falatieu; 41 ouvriers travaillent
à la tréfilerie, et leur salaire s'élève de 9 fr. à 90 fr.
par mois. Elle produit annuellement 359,000 kilogrammes de fils de fer en numéros assortis, qui se consomment en France. Le jury central accorde le rappel
de la médaille d'or que M. le baron Falatieu reçut en
1827.

RAPPEL DE MEDAILLES D'ARGENT.

MM. FOUQUET frères, à Rugles (Eure).

MM. Fouquet exercent, dans les environs de Rugles, un grand ensemble d'industrie. Ils emploient *quatre mille* ouvriers à des travaux de tréfilerie, soit en fer, soit en laiton, à des travaux de clouterie, de moulerie, etc. MM. Fouquet ne se distinguent pas seulement par l'abondance et la variété de leurs fabrications; le commerce apprécie la bonne qualité de leurs produits. Dès 1827, ces manufacturiers avaient été jugés dignes de la médaille d'argent : le jury de 1834 leur confirme cette récompense.

M. MIGNARD-BILLINGE, à Belleville, boulevart de la Chopinette.

M. Mignard-Billinge présente une belle collection de fils de laiton et de fils d'acier fondu, étirés à la filière. Il avait obtenu la médaille d'argent en 1827; le jury le juge digne du rappel de cette récompense.

M. COLLIAU et compagnie, usine de Toutes-Voies, commune de Gouvieux, (Oise).

L'usine de Gouvieux ne fut établie qu'en 1824; dès 1827 elle obtint la médaille d'argent. Depuis cette époque, M. Colliau, tout en perfectionnant ses procédés, a considérablement réduit ses prix. Sa manufacture, située au confluent de la Nonette et de l'Oise, a pour moteur une roue hydraulique de la force de 20 chevaux ; l'atelier d'étirage présente deux fours à réchauffer et deux paires de cylindres étireurs.

M. Colliau fabrique annuellement 4,500 kilogrammes de fils à clous d'épingles ; 50,000 kilogrammes de fils dits *limoges,* propres aux peignes de tissage, aux aiguilles à bas, aux fils d'archal de toutes sortes ; 9,000 kilogrammes pour toiles métalliques ; 46,000 kilogrammes de fils superfins, pour la confection des cardes mécaniques : cent ouvriers sont employés à ces travaux. M. Colliau, par la variété, la bonté de ses fils, et la réduction des prix, mérite le rappel de la médaille d'argent.

MM. MOURET et VELLOREILLE, à Chenecy (Doubs).

MM. Mouret et Velloreille possèdent une des usines les plus importantes du département du Doubs. Ils produisent annuellement 450,000 kilog. de fer en barre ; ils étirent 1,000,000 de kilog. de fer, soit en verge, soit en fils de toutes dimensions, qu'ils expédient à Paris, à l'Aigle, et dans tout le midi du royaume Ils ont présenté de très-beaux fils de fer *étamés ;* cet étamage donne aux fils une plus grande valeur, sans en élever beaucoup le prix : il en résultera pour l'industrie des applications nouvelles et nombreuses. Ils employent 85 ouvriers qui suffisent au travail de 4 affineries au charbon de bois, de 2 chaufferies de tirerie, d'un équipage de tirerie, de 3 chaufferies de tréfilerie et de 40 bobines. Le jury rappelle à MM. Mouret et Velloreille la médaille d'argent qu'ils obtinrent en 1823, et qui fut rappelée une première fois en 1827.

5.

MÉDAILLE D'ARGENT.

M. BERNARD-FLEURY, à l'Aigle (Orne).

M. Bernard-Fleury fabrique des fils de fer de tous les numéros, pour clouterie d'épingles, pour aiguilles à coudre, et pour toiles métalliques; ses produits sont d'une belle qualité. C'est par lui que la ville de l'Aigle a reconquis la fabrication de la grosse trétilerie de fer : cette fabrication avait cessé par suite des frais considérables qu'entraînait le transport des fers de Franche-Comté, qui seuls étaient employés à ces sortes de fils de fer. M. Bernard-Fleury a trouvé le moyen de faire servir avantageusement à cet usage les fers de forges beaucoup plus voisines, et d'éviter ainsi des frais de transport ruineux. Dans l'année métallurgique 1833 à 1834, il a fabriqué 50,000 kilog. de fil à cardes et 190,000 kilog. de fil à clous, en employant 22 ouvriers, une chaufferie de trétilerie et 20 bobines. Le jury décerne à M. Bernard-Fleury la médaille d'argent.

CHAPITRE XXII.

OUTILS, INSTRUMENTS, OBJETS DIVERS EN FER ET EN ACIER.

SECTION PREMIÈRE.

FAUX.

Vers 1816, on ne fabriquait en France que 72,000 faux par année. Aujourd'hui cette fabrication s'élève à près de 300,000.; c'est la moitié de la consommation annuelle.

L'importation des faux étrangères a dû naturellement diminuer, en présence d'un tel accroissement.

IMPORTATION DES FAUX ADMISES À LA CONSOMMATION.

ANNÉES.	POIDS TOTAL.
1818	352,094^k
1820	320,624
1830	266,654
1833	236,659

On peut évaluer le poids d'une faux de moyenne grandeur à trois quarts de kilogramme. Cette donnée permettra de calculer approximativement le nombre de ces instruments tirés de l'étranger, depuis 1818.

RAPPEL DE MÉDAILLE D'OR
(D'ENSEMBLE).

M. RUFFIÉ, à Foix (Ariége).

M. Ruffié, déjà cité pour ses aciers, obtint pour ses faux un rappel honorable, en 1827. C'est à lui que le département de l'Ariége doit ce nouveau genre d'industrie, conquête heureuse faite sur l'étranger. Les faux de M. Ruffié le disputent pour l'apparence et la bonté, non-seulement avec celles dites d'*Allemagne*, mais encore avec celles de Styrie et de Carinthie : c'est un vrai service que ce fabricant rend à notre industrie. Le jury confirme de nouveau la médaille d'or, accordée en 1823, à M. Ruffié, puis rappelée en 1827, pour l'ensemble de ses produits.

MÉDAILLE D'OR (D'ENSEMBLE).

M. TALABOT (Léon) et compagnie, à Toulouse (Haute-Garonne).

M. Talabot, déjà cité pour sa fabrique d'aciers du Saut-du-Tarn, près Alby, possède ses principaux ateliers de faux et de limes, à Toulouse, dans l'usine du Basacle. La seule fabrication des faux emploie annuellement 100 à 110,000 kilogr. d'aciers corroyés, vifs et malléables, de 100 à 120 fr. les 100 kil.; et d'acier fondu, de 190 à 200 fr. les 100 kil. Il fait travailler 286 ouvriers.

M. Talabot fabrique par an, et dans toutes les dimensions, 140 à 150,000 faux très-bien faites et d'une bonne qualité. Les faux en acier fondu, dont le nombre s'élève à 6,000 environ, forment un produit sans con-

currence de la part de l'étranger : un son clair, ar-
gentin, les fait aisément distinguer des faux dites *or-*
dinaires. Les difficultés à vaincre et l'excellence de
leur fabrication, *d'une seule pièce,* les mettent bien
au-dessus des faux de même espèce, *à dos rapportés.*
M. Talabot reçoit une nouvelle médaille d'or pour l'ensemble de ses produits.

Médaille
d'or
(d'ensemble).

RAPPEL DE MÉDAILLES DE BRONZE.

M. Bobilier (Célestin) et frères , à la Grand-Combe (Doubs).

Rappel
de médailles
de bronze.

Cette fabrique se compose de 4 feux et 5 martinets;
elle produit chaque année 8,000 faux ou faucilles, ainsi
qu'un grand nombre d'instruments aratoires. Les faux
trouvent leur emploi dans les départements voisins, la
Suisse et la Savoie. M. Célestin Bobilier obtint la médaille de bronze en 1827 : le jury le trouve toujours
digne de cette récompense.

M. Nicod (Pierre-François), à Les-Gras (Doubs).

M. Nicod présente quatre faux très-bien confectionnées : il produit annuellement 7,000 faux ou faucilles,
qui se consomment, soit en France, soit en Suisse.
M. Nicod, mentionné honorablement en 1823, reçut la
médaille de bronze en 1827 : le jury lui confirme cette
dernière récompense.

M. Bouffons, à Sauxillange (Puy - de - Dôme).

M. Bouffons confectionne 2,000 scies, 4,000 faux et

300 faucilles par an, au prix de 1 fr. 60 cent.; ces faux sont de bonne qualité. L'usine reçoit l'impulsion d'un moteur hydraulique. Dès 1823, M. Bouffons obtint la médaille de bronze, rappelée en 1827 : elle l'est de nouveau par le jury central.

MÉDAILLES DE BRONZE.

M. BOBILIER (Isidore-Frédéric), à Les-Gras (Doubs).

Forge et martinet pour la fabrication de faux et d'instruments aratoires. M. Bobilier confectionne annuellement 6,000 faux ou faucilles de divers modèles, avec six ouvriers : il mérite la médaille de bronze.

M. NICOD (Claude-François), à Maison-du-Bois (Doubs).

Ses faux sont bien confectionnées : il en fabrique 8,000 par année, sans compter beaucoup d'outils et d'instruments aratoires. Le jury décerne à M. Nicod la médaille de bronze.

MENTION HONORABLE.

MM. PEKELY, GRENOUILLE et CONSTANTIN, à Ardente-Saint-Martin (Indre).

Faux et pelles en fer, d'une bonne confection.

SECTION II.

LIMES ET RÀPES.

Vingt-cinq fabricants ont présenté des limes et des râpes à l'exposition de 1834. Cette fabrication, pour laquelle nous étions tributaires de l'étranger il y a quelques années, a pris chez nous un grand développement. Aussi, malgré l'accroissement considérable des besoins de nos ateliers, l'importation des limes communes est sensiblement diminuée depuis 1825; mais l'importation des limes fines s'est accrue. La valeur totale des limes et râpes importées en 1833 était de 813,079 fr., et la production des limes françaises était évaluée à 1,719,976 fr. Par conséquent, si l'industrie nationale faisait de plus grands progrès, elle pourrait immédiatement tiercer sa fabrication de limes. Ce résultat s'obtiendrait surtout par une production à plus bas prix des *limes communes.* C'est de ce côté qu'il faut redoubler d'efforts, ainsi que le démontre le tableau suivant :

LIMES IMPORTÉES EN 1833.

	POIDS.	VALEURS.
1° Limes et râpes à grosses tailles.	247,670^k	619,175^f
2° Limes intermédiaires.........	33,980	135,920
3° Limes fines.................	14,496	57,984

RAPPEL DE MÉDAILLES D'OR.

M. DE SAINT-BRIS, à Amboise (Indre-et-Loire).

Rappel de médailles d'or.

M. de Saint-Bris obtint, dès 1819, l'étoile de la Légion d'honneur et la médaille d'or, rappelée en 1823 et 1827 : il est toujours digne de cette haute récompense.

Il fabrique avec perfection toutes les espèces de limes nécessaires aux arts et aux métiers ; il approvisionne les arsenaux de la guerre et de la marine, ainsi que la plupart des grands établissements du royaume. Le nombre de ses correspondants en France s'élève à 1,500 ; il occupe une grande partie de la population ouvrière d'Amboise. Ses produits s'élèvent annuellement à 6,000 carreaux, 100,000 paquets de limes façon d'Allemagne et 30,000 douzaines de limes de toutes dimensions : il emploie 182 ouvriers. La seule indication de ces nombres démontre la juste confiance du consommateur, et justifie notre suffrage.

M. RÉMOND, à Versailles (Seine - et - Oise).

Les limes de M. Rémond sont d'une qualité supérieure ; elles rivalisent avec les meilleures limes anglaises. Il n'emploie que de l'acier français, qu'il tire de Saint-Étienne. Ses limes sont recherchées dans les ports de mer, et soutiennent la concurrence avec les meilleures fabriques étrangères. Il en confectionne annuellement 5,000 douzaines. Il a formé lui-même ses ouvriers, en choisissant de préférence des orphelins adolescents et sans ressources. En 1823, M. Rémond obtint la médaille d'or. Le jury, considérant l'amélioration de ses produits depuis cette époque, rappelle en sa faveur la même récompense.

MM. MUSSEAU et ROITIN, à Paris, faubourg Saint-Antoine, n° 103.

M. Musseau reçut la médaille d'argent en 1823, et

la médaille d'or en 1827, pour l'excellente confection
de ses limes : avec 15 ouvriers il en fabrique 60 douzaines par semaine. L'acier employé par M. Musseau est
français, et ses ventes se font en France dans les prix
les plus variés. Par la bonté parfaite de ses fabrications,
il continue à mériter la récompense du premier ordre.

Rappel
de médailles
d'or.

M. Coulaux aîné et compagnie, à Mols-heim (Bas-Rhin).

Médaille
(d'ensemble).

Les limes et les râpes exposées par M. Coulaux ont
été distinguées; la production annuelle est de 3,500
douzaines de limes bâtardes et 1,400 douzaines de limes
empaillées; elles concourent à mériter le rappel de la
médaille d'or, pour l'ensemble des fabrications de ce
manufacturier.

NOUVELLE MÉDAILLE D'OR
(D'ENSEMBLE).

M. Talabot (Léon), à Toulouse (Haute-Garonne).

Nouvelle
médaille
d'or
(d'ensemble).

Déjà cité pour ses aciers et pour ses faux, M. Talabot
se place au premier rang des fabricants de limes. Il a
présenté l'assortiment le plus varié, le plus complet
et le plus remarquable. Il livre annuellement au commerce 120,000 paquets de limes dites d'*Allemagne*,
2,000 carreaux, 25,000 douzaines de limes façon anglaise, acier ordinaire et acier fondu. M. Talabot,
employant pour ses limes l'acier fait dans ses propres
usines, peut livrer ses produits à meilleur marché, quoiqu'ayant des qualités supérieures : ce qui lui permet de

Nouvelle
médaille
d'or
(d'ensemble).

soutenir la concurrence avec les produits étrangers. Le jury décerne à M. Léon Talabot une médaille d'or pour l'ensemble de ses produits.

— ◦•◦ —

RAPPEL DE MÉDAILLES D'ARGENT.

Rappel
de médailles
d'argent.

MM. GÉRARD et MIELOT, à Brevannes (Haute-Marne).

La fabrique de Brevannes a fait de très-grands progrès sous l'habile direction de MM. Dessoye et Paintendre, qui reçurent en 1827 une médaille d'argent. Depuis cette époque MM. Gérard et Mielot firent l'acquisition de cet établissement. Ils occupent aujourd'hui 60 ouvriers et livrent au commerce 12,000 douzaines de limes à l'anglaise, et 1,200 paquets de limes communes, valant 52,000 francs. Les qualités remarquables de ces produits méritent le rappel de la médaille d'argent.

Médaille
d'ensemble.

MM. ABAT, MORLIÈRE et DUPEYRON, à Pamiers (Ariége).

Déjà récompensés pour leur fabrique d'acier. Leurs limes sont devenues, comme leurs aciers, encore meilleures depuis la dernière exposition. Ils produisent par an 20,000 paquets de limes et 200 carreaux. Le jury déclare MM. Abat, Morlière et Dupeyron, par l'ensemble de leurs produits, toujours dignes de la médaille d'argent qui leur fut décernée en 1823, et rappelée en 1827.

— ◦•◦ —

RAPPEL DE MÉDAILLE DE BRONZE.

M. RUPIL, à Paris, rue des Bourguignons, n° 23.

Il fabrique annuellement 16,000 douzaines de limes d'acier fondu, douces et demi-douces, qui soutiennent une réputation justement acquise : il emploie 40 ouvriers, qui gagnent de 4 à 5 fr. par jour. Le jury rappelle à M. Pupil la médaille de bronze qu'il reçut en 1827.

MÉDAILLES DE BRONZE.

Mme MAILLARD-SALINS et fils, à Valentigny (Doubs).

Même après la mort de M. Salins, fondateur de cette belle usine, sa veuve et ses enfants l'ont continuée sous la raison de commerce de M. Salins, pour conserver l'héritage de renommée laissé par cet habile manufacturier. La fabrique occupe de 60 à 70 ouvriers ; ses produits continuent d'être d'une qualité remarquable, et proportionnellement à bon marché : ce qui leur permet d'en exporter. Le jury confirme aux nouveaux propriétaires la médaille de bronze méritée en 1823 par M. Salins.

MM. BÉRANGER et PETIT, à Orléans (Loiret).

Leur établissement ne date que du 1er janvier 1833 ; il emploie déjà 87 ouvriers : il en occuperait 100, si MM. Béranger et Petit pouvaient les former plus vite.

Médailles de bronze. Ils produisent 18,000 douzaines de limes façon anglaise et 6,300 douzaines de râpes fines, 27,400 paquets de limes et râpes communes et 1,200 carreaux. La bonté de leurs produits en justifie la vogue. Ils méritent la médaille de bronze.

M. GOURJON DE LA PLANCHE, à Nevers (Nièvre).

Toutes les limes que M. Gourjon a présentées sont faites avec le fer du Nivernais, cémenté suivant un procédé propre à ce fabricant. Ses limes, comparées à celles qu'on fait en fer de Suède, ont obtenu l'avantage. Dès à présent M. Gourjon est jugé digne de la médaille de bronze.

Médaille (d'ensemble). ## MM. FRICHU DE BRYE et compagnie, à Saint-Étienne (Loire).

Nous ne citons ici M. Frichu qu'afin de rappeler deux très-belles limes faites avec ses aciers, pour en démontrer la bonté par cet exemple. Les aciers de M. Frichu de Brye, ainsi que nous l'avons expliqué précédemment, ont mérité la médaille de bronze.

MENTIONS HONORABLES.

Mentions honorables. ## M. RAYOT, à Montbéliard (Doubs).

M. Rayot, ancien élève de Châlons, emploie 25 ouvriers à confectionner, par année, 4,500 douzaines de limes faites en acier de France. L'établissement ne date que de 1832 et jouit déjà d'une réputation étendue.

M. FROID (Jacques-François), à Paris, rue de la Fidélité, n° 26.

Limes de tous les numéros, fort bien fabriquées.

M. AMBRUSTER, à Paris, rue Frépillon, passage de la Marmite.

Limes et râpes de bonne qualité et bien confectionnées.

CITATIONS FAVORABLES.

MM. SOUDRY et BERQUIOT, à Saint-Etienne (Loire).

Fabrique de limes faites en acier français de Jackson.

M. DUMONT, à Paris, rue de la Santé, n° 12.

Limes de bonne qualité.

SECTION III.

SCIES ET RESSORTS.

La fabrication des scies est une branche importante d'industrie qui commence à se répandre en France, à tel point que, depuis 1827, leur importation s'est réduite de 40,000 à 50,000 fr.; leur exportation, au contraire, s'est élevée de 12 à 20,000 francs. Parmi les nouvelles espèces de scies fabriquées dans les ateliers français, on doit surtout signaler les *scies circulaires*, si favorables à l'économie, à la rapidité, à la précision des travaux de menuiserie et même de charpente.

RAPPEL DE MÉDAILLE D'OR (D'ENSEMBLE).

MM. COULAUX et compagnie, à Mols-heim (Bas-Rhin).

M. Couleaux, déjà cité pour ses aciers et ses limes, a présenté des scies très-variées de grandeur, des ressorts et des outils de toute espèce et d'une excellente qualité. La curiosité publique était vivement excitée par un res-sort ou bande d'acier raffiné, laminé et poli, dont la longueur était de 140 mètres : c'est ce qu'on peut appeler des ressorts indéfinis. Le jury rappelle à M. Coulaux, pour l'ensemble de ses produits, la médaille d'or qu'il obtint en 1819, et qui fut rapelée en 1823 et 1827.

MÉDAILLE D'ARGENT (D'ENSEMBLE).

M. DE GUAITA et compagnie, à Zornhoff (Bas-Rhin).

M. de Guaita, déjà récompensé pour ses aciers, pré-sente une nombreuse collection d'outils d'une qualité remarquable. Ses ressorts sont très-beaux. Ses scies se font distinguer par la diversité de leurs configurations; il y en a 55 variétés qui diffèrent les unes des autres, soit par la forme, soit par les dimensions : toutes sont très-bien confectionnées et de bonne qualité. Le jury décerne à M. de Guaita la médaille d'argent pour l'en-semble de ses produits.

MÉDAILLES DE BRONZE.

Mme MAILLARD, SALINS et compagnie, à Valentigny (Doubs).

L'usine fondée par M. Salins, déjà citée pour ses limes, mérite en même temps une récompense pour ses scies circulaires variées d'espèce et de dimensions. Le jury, comme nous l'avons annoncé déjà, décerne à cet établissement la ▓▓▓▓▓ de bronze pour l'ensemble de ses produits.

M. MONGIN aîné, à Paris, rue des Juifs, n° 4.

Scies très-recherchées pour les travaux d'ébénisterie et ressorts pour bandages, bien confectionnés. M. Mongin mérite la médaille de bronze.

M. BARTH, à Paris, rue du Faubourg-Saint-Martin, n° 126.

Il expose des ressorts pour voitures et pour d'autres usages, fort bien confectionnés et d'une qualité remarquable. Le jury lui décerne une médaille de bronze.

MENTIONS HONORABLES.

M. MONTAUDON, à Paris, rue du Monceau-Saint-Gervais, n° 8.

Ressorts bien conditionnés; il en fabrique 15 à 20,000 paires par an, dont une partie est exportée à l'étranger.

II.

6

M. Thomann, à Besançon (Doubs).

M. Thomann, ouvrier intelligent, qui dirige avec succès un atelier pour ferrements et ressorts de voitures, est inventeur d'un ressort propre à remplacer les ressorts à torsion des voitures; celui qu'il présente tient le chargement dans une position horizontale, quelle que soit la place occupée par le fardeau : il peut supporter un poids de 400 kilogrammes.

École des arts, et ateliers du prince de Chimay, à Menars.

Cette école sera citée convenablement pour l'ensemble de ses travaux, au chapitre des instruments aratoires; elle a présenté des ressorts pour suspension de voitures fort bien confectionnés et d'une bonne qualité.

SECTION IV.

AIGUILLES.

Il n'y a pas encore quinze ans, il n'existait pas une seule manufacture d'aiguilles en France. Cette fabrication ne date guère pour nous que de 1820, mais elle a fait de rapides progrès et pris de très-grands développements. Néanmoins nous tirons encore annuellement de l'étranger pour plus de 1,500,000 francs d'aiguilles.

MÉDAILLE D'ARGENT (D'ENSEMBLE).

M. Bernard Fleury, à l'Aigle (Orne).

Nous avons déjà cité les premiers titres de M. Ber-

nard Fleury (aciers); sa fabrication d'aiguilles et d'a-
grafes concourt à l'ensemble de productions honorées
d'une médaille d'argent.

Médaille
d'argent
(d'ensemble).

MÉDAILLES DE BRONZE.

MM. Rossignol frères, à Laigle (Orne).

Médailles
de bronze.

Avant 1820, plusieurs essais infructueux avaient été
faits pour introduire en France la confection des aiguilles.
MM. Rossignol frères furent plus heureux; déjà possesseurs d'une fabrique d'épingles, ils y joignirent celle des
aiguilles. Pendant les trois ou quatre premières années,
ils eurent de grands sacrifices à faire. Enfin, par leur
persévérance, ils sont parvenus à produire des aiguilles,
inférieures sans doute à ce que l'Angleterre offre de
plus parfait, mais déjà très-remarquables; elles donnent
lieu d'espérer que bientôt nous égalerons nos rivaux
dans ce genre d'industrie. Le jury, tout en recommandant
de nouveaux efforts à MM. Rossignol frères, leur décerne
la médaille de bronze.

M. Pelletier, à Amboise (Indre-et-Loire).

C'est après beaucoup d'essais et de grands sacrifices
que M. Pelletier put parvenir à fabriquer des aiguilles
qu'il expose en 1834. Il n'a rien épargné pour atteindre
son but, et ses efforts sont couronnés par le succès. Le
jury, considérant la persévérance et les résultats des
travaux de M. Pelletier, lui décerne la même récompense qu'à ses concurrents de l'Aigle.

SECTION V.

ALÈNES.

Notre pays commence à s'affranchir du tribut qu'il payait autrefois à l'Angleterre ainsi qu'à l'Allemagne, au sujet des alènes que ces deux contrées nous fournissaient. Nous égalons nos rivaux pour la qualité des produits; il reste à les égaler pour le bon marché.

RAPPEL DE MÉDAILLE D'ARGENT.

MM. MARIE-BOILVIN frères, à Badonviller (Meurthe).

En 1812, Melle Marie Boilvin a, la première, introduit en France la fabrication des alènes, dans ses ateliers de Badonviller. MM. Marie-Boilvin emploient beaucoup d'ouvriers, et peuvent fabriquer par an 1,500,000 alènes. Les alènes pour cordonniers se vendent de 17 à 20 fr. le mille, et 2 francs de plus pour les alènes fines *à poli anglais*. Les alènes à petits points, dites *anglaises*, coûtent 30 francs le mille; enfin les alènes droites et rondes, dites *poinçons de bureau*, coûtent 50 francs le mille. Le jury, pour la troisième fois, rappelle à MM. Marie-Boilvin frères, la médaille d'argent qu'ils ont obtenue dès 1819.

RAPPEL DE MÉDAILLE DE BRONZE.

M. THIRION, à Norroy, mairie de Saint-Sauveur (Meurthe).

La fabrique d'alènes de M. Thirion fut établie en

1822 ; elle produit annuellement 1,000,000 d'alènes, qui sont vendues en France. M. Thirion obtint en 1823 la médaille de bronze, confirmée en 1827 ; il est toujours digne de la même récompense.

Rappel
de médaille
de bronze.

MÉDAILLE DE BRONZE.

M. LETIXERAND, à Vescaincourt (Vosges).

Médaille
de bronze.

La fabrique d'alènes de M. Letixerand est la seule que possède le département des Vosges ; elle y fut transportée de Badonviller (Meurthe) par cet habile industriel, il y a vingt ans à peu près. La production annuelle de l'établissement est de 800,000 alènes d'une bonne exécution. Le jury décerne à M. Letixerand une médaille de bronze.

SECTION VI.

TISSUS ET TOILES MÉTALLIQUES.

La fabrication des toiles métalliques, primitivement bornée à l'usage des grilles et des cribles, acquiert chaque jour un plus grand développement par les nombreuses applications qu'on fait de ces tissus dans toutes les manufactures. Les progrès de cette fabrication sont la conséquence de ceux même qu'a faits l'art de la tréfilerie.

RAPPEL DE MÉDAILLE D'OR.

M. ROSWAG (Augustin), à Schelestadt (Bas-Rhin).

Rappel
de médaille
d'or.

M. Roswag continue d'occuper le premier rang parmi

les fabricants de tissus métalliques. Ses toiles ont une longueur pour ainsi dire illimitée ; leur largeur varie depuis 3 décimètres jusqu'à 2 mètres ; elles servent principalement à la confection des diverses espèces de papiers, on en fait des tamis, des blutoirs, etc. M. Roswag expose une toile sans fin pour la fabrication du papier à la mécanique ; le tissu contient 448 mailles par centimètre carré : la toile a 8 mètres de longueur, sur une largeur d'un mètre et demi.

C'est depuis la dernière exposition que M. Roswag a construit les machines propres à confectionner les toiles sans fin pour la fabrication des papiers à la mécanique : les perfectionnements qu'il a découverts ont rendu cette toile plus régulière et plus solide.

En 1827, le tissu le plus fin exposé par M. Roswag ne contenait que 3,436 mailles par centimètre carré : il présente un autre tissu dans lequel on en compte 4,915 pour la même superficie ; c'est à très-peu près 70 fils à chaque côté.

Le jury, considérant que M. Roswag fait toujours de nouveaux efforts pour améliorer sa fabrication, le déclare de nouveau digne du rappel de la médaille d'or qu'il reçut en 1823, et qui fut rappelée une première fois en 1827.

———————————◆———————————

RAPPEL DE MÉDAILLES D'ARGENT.

M. SAINT-PAUL, à Paris, rue des Filles-du-Calvaire, n° 11.

Ce fabricant continue, par la beauté et la bonté de

ses toiles métalliques, à mériter l'estime des consommateurs : il est digne d'un nouveau rappel de la médaille d'argent qu'il obtint en 1823, et qui fut rappelée en 1827.

M. GAILLARD, à Paris, rue Saint-Denis, n° 228.

La fabrique de M. Gaillard est établie à la Petite-Villette ; il continue de rivaliser avec M. Saint-Paul pour ses fabrications. C'est de l'Aigle que M. Gaillard tire les fils de laiton et les fils de fer qu'il emploie à la confection de ses tissus. Le jury le trouve toujours digne de la médaille d'argent qu'il obtint en 1819, et qui fut rappelée en 1823, puis en 1827.

MENTIONS HONORABLES.

M. DOUCHEMONT, à Paris, rue de Tracy, n° 6.

Toiles métalliques bien fabriquées; ses prix sont modérés : il a des toiles de 75 cent. à 6 francs le pied, 7 fr. à 55 fr. le mètre carré.

M. LEBLOND, à Bordeaux (Gironde).

On a distingué sa toile métallique sans fin, ayant 1 mètre 43 centimètres de largeur, et destinée à la fabrication du papier mécanique.

CITATIONS FAVORABLES.

M. FONTENELLE, à Avon (Seine-et-Marne).

Cribles métalliques.

M. PORTAL-FORGET, à Reims (Marne).

Toiles métalliques à l'usage des brasseries.

MM. DELAAGE frères, à Saint-Michel (Charente).

Sept échantillons de toile métallique, tous bien exécutés.

SECTION VII.

CLOUTERIE.

RAPPEL DE MÉDAILLE D'ARGENT (D'ENSEMBLE).

MM. FOUQUET, à Rugles (Eure).

MM. Fouquet, à Rugles, déjà récompensés pour l'ensemble de leurs produits, dirigent un vaste système de travaux, parmi lesquels figure, pour des valeurs considérables, leur fabrication de clous d'épingle et de clous.

MÉDAILLES DE BRONZE.

M. MAGNIÈRE, à Wassy (Haute-Marne).

M. Magnière mérite la médaille de bronze, pour la bonté des produits et la modération de prix, qui caractérisent ses fabriques de boulons, de rivets et de clous variés de formes et de grandeur.

M. Colliau et compagnie, à Toutevoye, commune de Gouvieux (Oise).

Médailles de bronze.

La fabrique de M. Colliau, qui produit annuellement 45,000 kilogrammes de clous d'épingle, bien fabriqués, obtient la médaille de bronze.

- - - - - - -

MENTIONS HONORABLES.

M. Lemire, aux forges de Clairvaux (Jura).

Mentions honorables.

M. Lemire fabrique ses clous à la mécanique; il peut par ce moyen employer un grand nombre de personnes qui n'ont besoin d'aucun apprentissage, et qui mettent à profit le temps que l'agriculture leur laisse libre. Ses clous mécaniques sont très-bien confectionnés; ils se vendent à bas prix et méritent d'être mentionnés honorablement.

- - - - - - -

CITATIONS FAVORABLES

MM. Maurin, Brenot et Meillonas, à Dijon (Côte-d'Or).

Citations favorables.

Pointes de Paris perfectionnées.

M. Laporte et compagnie, à Meyrueis, arrondissement de Florac (Lozère).

Pointes, clous, vis, aiguilles à tricoter.

M. Petrement, à Paris, cour du Commerce, n° 24.

Rivets en fer et en cuivre faits à la machine; il en fabrique 30 à 40 kilogrammes par jour.

SECTION VIII.

SERRURERIE DE PRÉCISION.

La serrurerie à combinaisons savantes offre des progrès remarquables depuis la dernière exposition.

RAPPEL DE MÉDAILLES D'ARGENT.

M. Huret, à Paris, rue Castiglione, n° 3.

M. Huret, dont la réputation est si bien établie pour la serrurerie de précision, expose des coffres-forts et des serrures d'une exécution très-perfectionnée, et susceptibles d'une grande variété de combinaisons. Le jury trouve toujours cet artiste digne de la médaille d'argent qu'il obtint en 1819 et qui fut rappelée aux expositions suivantes.

M. Robin, à Paris, rue Coq-Héron, n° 5.

Serrures de combinaison parfaitement exécutées.

MÉDAILLE D'ARGENT.

M. PAULIN-DÉSORMEAUX, à Paris, rue Saint-Jacques, n° 148.

Médaille d'argent.

M. Désormeaux a présenté divers produits de tail-landerie et de serrurerie d'une parfaite exécution; cet habile artiste est l'auteur de divers manuels ou traités théoriques et pratiques, qu'il a publiés, sur les arts et manufactures. Le jury, considérant les services que M. Paulin-Désormeaux a rendus à l'industrie, tant par ses travaux que par ses écrits, lui décerne la médaille d'argent.

RAPPEL DE MÉDAILLE DE BRONZE.

M. LEPAUL, à Paris, rue de la Paix, n° 2.

Rappel de médaille de bronze.

M. Lepaul a présenté des caisses en forme de secré-taire, des serrures, des cadenas, etc., d'un travail très-fin et d'un ensemble remarquable. Le jury rappelle à M. Lepaul la médaille de bronze qu'il a reçue en 1827.

MÉDAILLES DE BRONZE.

M. FICHET (Alexandre), à Paris, rue Rameau, n° 5.

Médailles de bronze.

La fabrique de M. Fichet est établie à Trépilly, près de Meaux, où il emploie quarante ouvriers; sa fabri-cation s'élève à 100,000 francs par année. Il expose

des coffres-forts et plusieurs autres objets de serrurerie
très-bien confectionnés : le jury le déclare digne de la
médaille de bronze.

M. GRANGOIR, à Paris, rue Mouffetard, n° 307.

M. Grangoir a présenté des portes de coffre et des
serrures d'une grande perfection et d'un beau fini ; ses
coffres se vendent de 300 francs à 1,000 francs et ses
serrures de 40 à 800 francs : les produits de M. Grangoir se consomment en France. Le jury décerne la médaille de bronze à cet artiste.

M. HUET, à Paris, rue Saint-Martin, n° 37.

Serrures et verrous d'une combinaison très-remarquable, d'une bonne et belle exécution et d'un travail
très-soigné. La fabrique de M. Huet est toute nouvelle
et mérite la médaille de bronze.

MENTIONS HONORABLES.

M. GODEAU, à Paris, rue de Grétry, n° 1.

Coffres-forts bien confectionnés.

M. CLÉMENT, à Paris, rue de la Chaussée-d'Antin, n° 35.

Serrures de sûreté de 12 à 80 francs.

M. TOUSSAINT, à Paris, rue Saint-Nicolas d'Antin, n° 49.

Serrures, armoires et coffres-forts, bien exécutés.

M. STERLIN et compagnie, à Woincourt Mentions honorables.
(Somme).

Quatorze mille serrures, produites chaque année par ce fabricant, sont vendues à Paris et dans les départements.

M. REGNIER, à Paris, rue des Mathurins-Saint-Jacques, n° 10.

Objets de serrurerie et de mécanique.

CITATIONS FAVORABLES.

M. RINGÉ, à Paris, rue d'Angoulême du Citations favorables.
Roule, n° 31.

Serrures bien confectionnées.

M. BARBOU, à Paris, rue Montmartre, n° 48.

Pièces de serrurerie.

M. SPENDLER (Auguste) et compagnie, à Planche-les-Mines (Haute-Saône).

Objets de serrurerie et de quincaillerie.

M. LEQUIN, à Paris, cour de la Sainte-Chapelle, n° 1.

Serrures et mesures linéaires.

M. LEFEBURE, à Paris, rue Dauphine, n° 41.

Serrures dites *becs-de-canne*.

M. CARON, à Saint-Valery (Somme).

Serrures diverses.

M. HUDDE, à Villers-le-Bel (Seine-et-Oise).

Serrures.

- - -

SERRURERIE DE QUINCAILLERIE.

Le public a vu avec intérêt les nouvelles espagnolettes présentées à l'exposition. Elles sont tellement appréciées que les exposants ne peuvent plus suffire aux commandes.

- - -

MENTIONS HONORABLES.

M. FERAGUS, à Paris, rue Saint-Georges, n° 37.

Espagnolettes dites *crémones*.

M. LAURENT, à Paris, rue d'Antin, n° 6.

Espagnolettes dites *à crémaillère*.

M. PERRIN, à Paris, rue des Ménétriers, n° 4.

Espagnolettes *à crémaillère*.

- - -

CITATION FAVORABLE.

M. BOUTTÉ, à Paris, rue Saint-Honoré, n° 274.

Fabrique d'espagnolettes et d'objets de serrurerie.

SECTION IX.

QUINCAILLERIE DE FER.

La fabrication de notre quincaillerie s'est améliorée dans toutes ses parties, par suite des perfectionnements qu'a reçus le travail des métaux.

En 1827, l'importation de la quincaillerie, pour les outils de fer et d'acier, coûtait à la France 2,612,763 fr.; tandis qu'elle n'a coûté que 1,896,221 fr. en 1832. Nous pouvons espérer de voir cette dépense diminuer encore.

CISAILLES.

La fabrication des cisailles, confondue longtemps avec celle de la taillanderie, est maintenant une branche d'industrie particulière dont plusieurs fabricants s'occupent avec succès.

MENTION HONORABLE.

M. BAINÉE (Pierre-Louis), à Paris; rue des Boulangers-Saint-Victor, n° 22.

Ses cisailles sont d'une parfaite exécution. Il fait

aussi des lits en fer : le total de ses fabrications s'élève à 90,000 francs par an. Le prix de ses lits descend très-bas ; ce prix varie de 200 francs à 30 francs.

CITATIONS FAVORABLES.

I. M. Jounault (Julien), à Paris, rue Michel-le-Comte, n° 35 ;

II. M. Gouet, à Courbevoye (Seine),
Cisailles d'une bonne exécution.

ÉCROUS A LA MÉCANIQUE.

Les écrous faits à la mécanique ont fixé l'attention du jury. Leur fabrication a pris tout à coup un très-grand développement ; elle mérite d'être encouragée.

MÉDAILLES DE BRONZE.

M. Janin-Béatrix, à Bréard (Ain).

L'établissement de M. Janin-Béatrix est très-nouveau. L'on y fabrique des écrous à la mécanique d'une seule chaude, et sans qu'il soit nécessaire de repasser les pièces au feu. La modicité des prix fait le mérite des produits de M. Janin-Béatrix. Le jury lui décerne la médaille de bronze.

M. Magnière, à Wassy (Haute-Marne).

C'est l'usine de M. Magnière qui fournit les boulons à écrous pour l'artillerie. L'on emploie à cette fabrication

72,000 kilogrammes de fonte dite *de roche*, première qualité, fer fabriqué dans le département de la Haute-Marne. La modicité du prix ajoute au mérite des produits de M. Magnière. Le jury lui décerne la médaille de bronze.

Médailles de bronze.

M. Tassaud, à Paris, rue de Charonne, n° 25.

M. Tassaud dirige avec talent un grand atelier de filetage de vis, d'écrous, d'emporte-pièces et de machines à fendre les engrenages; il mérite la médaille de bronze.

MENTIONS HONORABLES.

M. Pourchasse, à Paris, place Dauphine, n° 15.

Mentions honorables.

Vis faites au tour, et très-bien confectionnées : il en fabrique pour 180,000 francs par an.

M. Bord, dit Langoumois, à Riberac, (Dordogne).

Écrou pour presse ou pressoir dont les filets, en fer forgé, sont incrustés dans un cylindre de fonte; ces filets seront beaucoup plus durables que s'ils étaient en fonte. M. Bord fabrique des filets d'une forte saillie, autour desquels il fait couler une enveloppe en fonte qui empiète sur une grande partie de leur relief; mais la fonte moulée sur l'espèce de noyau de fer que forme le filet est nécessairement trempée et rendue cassante, ce qui doit nuire beaucoup à la solidité de l'écrou. C'est une difficulté dont il reste à triompher.

II.

7

INSTRUMENTS ET OUTILS.

Plus de cinquante fabricants ont exposé des outils et des instruments à l'usage des diverses professions; cette industrie a pris un beau développement depuis la dernière exposition.

RAPPEL DE MEDAILLES D'OR (D'ENSEMBLE).

Rappel de médailles d'or (d'ensemble).

MM. JAPY frères, à Beaucourt (Haut-Rhin).

Cette grande fabrique déjà citée se distingue aussi pour les outils, les vis à bois et les instruments de toute espèce qu'elle confectionne, et qui contribuent à mériter le rappel de la médaille d'or pour l'ensemble de ses produits. (Voyez de plus amples détails, chapitre XXXI.)

M. COULAUX et compagnie, à Molsheim (Bas-Rhin).

Les outils de toute espèce exposés par M. Coulaux sont dignes du rappel de la haute récompense accordée à l'ensemble de ses produits.

MÉDAILLES D'ARGENT.

Médailles d'argent (d'ensemble).

ÉCOLE ROYALE des arts et métiers de Châlons (Marne).

Cette école obtint en 1819 une médaille d'or pour l'ensemble de ses produits; elle fut mentionnée

honorablement en 1823 et 1827. Elle reçoit aujour-
d'hui la médaille d'argent pour ses outils de toute
espèce et pour ses autres travaux. (Voyez chap. XXVI).

Médailles d'argent (d'ensemble).

M. DE GUAITA (Antoine) et compagnie, à Zornhoff (Bas-Rhin).

M. de Guaita, déjà récompensé (page 80), expose les
produits de sa grande fabrique d'outils de toute espèce :
leur très-bonne exécution les place parmi les titres qui
justifient sa médaille d'argent.

MM. POULIGNOT père et fils aîné, à Mon-técheroux (Doubs).

Médaille d'argent.

Cette fabrique emploie ordinairement de 40 à 50 ouvriers pour la confection des outils en fer, en acier
fondu, en cuivre. L'exécution de ces outils est très-
bonne; ils sont recherchés en Belgique, en Allemagne
et surtout en Suisse, où la moitié des produits de
M. Poulignot trouve un débouché; l'autre moitié se
place en France. Le jury décerne la médaille d'argent à
M. Poulignot.

RAPPEL DE MÉDAILLES DE BRONZE.

M. DELARUE, à Paris, rue du Monceau-Saint-Gervais, n° 6.

Rappel de médailles de bronze.

M. Delarue obtint en 1827 la médaille de bronze,
pour l'importance de sa fabrication et la bonne confection de ses outils. Ceux qu'il a présentés en 1834
offrent des progrès sensibles; ils justifient le rappel de
la récompense qui lui fut décernée en 1827.

7.

M. Blanchard, à Paris, rue des Gravil-liers, n° 47.

M. Blanchard conserve sa supériorité dans la fabrica-tion des outils à l'usage des selliers. Le jury de 1834 confirme la médaille de bronze qui lui fut décernée pour cet objet, en 1827.

M. Rouffet, à Paris, rue de Perpignan, n° 8.

Tours, outils, instruments de tourneur, mécanismes divers. On lui doit l'exécution d'un pied de grande lu-nette, d'après l'invention de M. Cauchoix, pour l'ob-servatoire de Paris. Il mérite le rappel de la médaille de bronze qu'il obtint en 1827.

MÉDAILLES DE BRONZE (D'ENSEMBLE).

ÉCOLE ROYALE des arts et métiers d'An-gers (Maine-et-Loire).

L'école d'Angers obtint une mention honorable en 1819, la médaille de bronze en 1823, et la mention honorable en 1827 : elle expose aujourd'hui des outils de toute espèce et fort bien fabriqués. Le jury lui dé-cerne la médaille de bronze pour l'ensemble de ses pro-duits.

M. Tassaud, à Paris, rue de Charonne, n° 25.

Il possède un grand atelier de fabrication de vis et

d'écrous faits à la mécanique. Ses emporte-pièces et sa machine à fendre les engrenages sont bien confectionnés et méritent la médaille de bronze.

M. CHAMOUTON, à Paris, rue du Monceau-Saint-Gervais, n° 13.

M. Chamouton expose des outils de forge bien conditionnés. Il emploie 30 ouvriers dans ses ateliers et 40 au dehors ; sa fabrication s'élève à 200,000 francs par an. Le jury lui décerne la médaille de bronze.

M. CAMUS - ROCHON, à Paris, rue du Chaume, n° 7.

Il fabrique des outils en acier fondu, soudé sur fer, d'une très-bonne exécution. Il obtient la médaille de bronze.

MENTIONS HONORABLES.

Les fabricants suivants doivent être mentionnés honorablement pour la bonne confection des divers outils qu'ils ont exposés :

M. LOMBARDOT, à Paris, rue du Petit-Pont, n° 25.

Poinçons et outils pour la gravure.

M. LAFABRÈGUE, à Paris, rue Mondétour, n° 8.

Outils de cordonnerie.

Mentions honorables. M. **LEMARCHAND**, à Paris, rue des Gravilliers, n° 19.

Tours et outils.

MM. **KLEIN** père et fils, à Paris, rue du Faubourg-Saint-Antoine, n° 91.

Outils de menuiserie et d'ébénisterie.

M. **PICHON**, à Saint-Étienne (Loire).

Fleurets et tranchets.

M. **TRAVERS**, à Paris, rue Richer, n° 2.

Outils de jardinage, etc.

M. **COSQUER**, à Quimper (Finistère).

Fabrique de quincaillerie et d'outils de tout genre.

M. **L'ENSEIGNE**, à Paris, rue Saint-Landry, n° 6.

Tournevis, tarauds, alésoirs, fraises, mandrins, etc.

CITATIONS FAVORABLES.

Citations favorables. M. **MAQUETTE**, à Paimpont (Ille-et-Vilaine).

Instruments pour tailler le fer et l'acier.

M. **CARTERAN** (Jean-Baptiste), à Châteauneuf (Finistère).

Outils divers, tourniquets pour la pêche, instruments pour tailler les queues de billard.

MM. Pekeli, Grenouillet et Constan-
tin, à Ardentes-Saint-Martin (Indre).

Pelles en fer et outils.

M. Ratel, à Versailles (Seine-et-Oise).

Instruments de taillanderie pour les colonies.

M. Gérard (Hubert-Joseph), à Paris,
rue Saint-Antoine, n° 195.

Outils d'affûtage.

M. Péchinay, à Paris, rue des Message-
ries, n° 21.

Quincaillerie vernie.

M. Renard, à Paris, rue des Gravilliers,
n° 28.

Outils pour la gravure.

M. Levasseur, à Paris, rue des Ursins,
n° 7.

Outils d'affûtage.

M. Fissot, à Paris, rue des Gravilliers,
n°

Instruments de ramonage.

M. Armand Clerc, à Paris, rue du Buis-
son-Saint-Louis, n° 16.

Tours et découpoirs.

M. BOURGOIN, à Paris, rue des Marmousets, n° 34.

Outils à l'usage des graveurs.

M. CHEVALIER, à Paris, rue Neuve-Saint-Jean, n° 4.

Outils de taillanderie.

M. MARAINE, à Paris, rue Judas, n° 9.

Outils de taillanderie.

M. MONGIN, à Paris, rue des Juifs, n° 11.

Outils de serrurerie, scies et ressorts de bandages.

M. LEBRIAT, à Périgueux (Dordogne).

Emporte-pièces et outils de cordonnier.

M. GARNACHE-CREUILLOT, à Les-Gras (Doubs);

M. GAUTHIER (Ernest), à Les-Gras (Doubs);

M. GLORIOD (François), à Les-Gras (Doubs);

M. GARNACHE-BARTHOD (Lucien), à Les-Gras (Doubs);

M. GARNACHE-BARTHOD (Pierre-Philippe), à Les-Gras (Doubs),

Fabriques d'outils d'horlogerie et de pièces d'assortiment.

MENUE QUINCAILLERIE (objets divers).

MÉDAILLES DE BRONZE.

M. Mathieu DANLOY, à Raucourt (Ardennes).

Médailles
de bronze.

Il fabrique des dés à coudre et des boucles en fer bien confectionnés. Le jury lui décerne la médaille de bronze.

MM. SPINDLER et compagnie, à Plancher-les-Mines (Haute-Saône).

MM. Spindler et compagnie ont exposé 24 cartons d'échantillons de menue quincaillerie ; des serrures à manivelles, un équipage de laiton, un peigne en laiton. Leurs prix sont modérés. Toutes les pièces de leurs serrures se font à la mécanique ; ils en fabriquent 260 à 280,000 par an. Leurs lisses métalliques, ou équipages pour tisserands, remplacent avec avantage les lisses en fil et coton. M. Spindler et compagnie sont parvenus à pouvoir livrer leurs lisses métalliques au même prix que celles en fil de laine, dont la durée est beaucoup plus grande. Le jury décerne à MM. Spindler et compagnie la médaille de bronze.

MENTIONS HONORABLES.

M. RESAL aîné, à Plombières (Vosges).

Mentions
honorables.

C'est depuis 1816 seulement que l'on fabrique à Plombières les ouvrages en fer poli ; cette industrie occupe aujourd'hui 73 ouvriers, qui produisent pour 80,000 francs de marchandises. M. Resal a présenté deux porte-feux, l'un à six bras et à six pièces, l'autre à quatre bras et à cinq pièces ; un garde-cendre et un dévidoir à corbeille. Ces meubles se font remarquer par le fini du travail, par leur éclat et par leur élégance : de tels avantages motivent l'élévation des prix, qui montent à 220 francs pour le premier porte-feu et à 120 francs pour le second, à 200 francs pour le garde-cendre, à 35 francs pour le dévidoir.

M. DELAPORTE, à Paris, rue des Deux-Portes-Saint-Sauveur, n° 18,

Fabrique annuellement 1,000 à 1,200 grosses de dés à coudre bien confectionnés.

MM. BERGAIRE et LANGLOIS, à Darney (Vosges).

Couverts en fer battu de bonne qualité. Fabrication annuelle, 9,000 douzaines.

M. CELLIER-RIGAUD, à Raucourt (Ardennes).

Boucles d'un fini remarquable.

M. BLANCHARD, à Paris, rue des Gravilliers, n° 25.

M. Blanchard a conçu l'heureuse idée de remplacer les rubans des jalousies par des chaînettes bien faites et d'un prix modique (60 centimes le mètre) : c'est par l'emploi des machines qu'il peut donner ses chaînettes à si bon marché.

CITATIONS FAVORABLES.

M. BLAISE, à Signy-le-Petit (Ardennes).

Fers creux en fonte, à repasseuses, pour relever les plis. Ces fers, coulés avec de la fonte de première fusion, sont tournés dans les ateliers de M. Blaise; ils remplacent avec avantage les fers en tôle, qui sont plus chers et qui perdent plus vite la chaleur.

M. GONARD-ROSSE, à Cintray (Eure).

Les produits de ce fabricant sont particulièrement destinés à la cavalerie; ce sont des étrilles, des étriers, des éperons, etc. Ils ont paru bien confectionnés.

M. MATHEY-HUMBERT, à Darney (Vosges).

M. Mathey-Humbert fabrique annuellement 14,000 douzaines complètes de couverts en fer battu, qui se vendent de 4 à 19 francs la douzaine.

QUINCAILLERIE DE FONTE DE FER.

RAPPEL DE MÉDAILLE DE BRONZE.

M. MENTZER (Louis-Xavier), à Paris, rue des Fossés-Saint-Victor, n° 12.

M. Mentzer fond, tourne et polit des mortiers en fonte de fer, pour l'usage de la pharmacie et pour les lapidaires; des colonnes de balance, etc. L'exécution de

Rappel
de médaille
de bronze.
ces objets est très-satisfaisante. Le jury confirme à M. Mentzer la médaille de bronze qu'il obtint dès 1823, et qui fut rappelée en 1827.

MENTIONS HONORABLES.

Mentions
honorables.
M. GOUPIL, à Boussard (Eure-et-Loir).

Ustensiles et vases en fonte, etc., d'une belle exécution.

M. CHAMEROY, à Paris, quai de la Mégisserie, n° 28.

Divers objets de quincaillerie en fonte, bien confectionnés.

CITATIONS FAVORABLES.

Les fabricants qui suivent ont exposé des fourneaux de cuisine, en fonte, dignes d'être cités favorablement:

Citations
favorables.
MM. GUYON frères, à Dôle (Jura).

M. MONNIER-JOBERT, à Fourneau-Baudin (Jura).

FERS CREUX.

La fabrication des fers creux, industrie toute récente, a rapidement pris un très-grand essor, à raison des avantages que présentent les tubes pour l'architecture et l'ameublement, qui en font aujourd'hui un très-grand usage, à raison de leur légèreté et de leur économie.

MÉDAILLE D'ARGENT.

MM. GANDILLOT frères et Roy, à Paris, rue Bellefond, n° 32.

Les ateliers de MM. Gandillot frères et Roy sont établis à Paris et à Besançon. Ils exposent un nombreux assortiment d'articles en fer creux, propres à l'ornement des édifices ainsi qu'à l'ameublement; grilles, balcons, rampes d'escalier, etc.; lits, couchettes, canapés, etc.; meubles de jardin, tuyaux de conduite pour le gaz et les liquides. Tous ces objets, d'une industrie nouvelle, sont exécutés avec beaucoup de précision et de goût. La fabrication toujours croissante de MM. Gandillot frères et Roy s'élève actuellement à 100,000 fr. par année. Le jury leur décerne la médaille d'argent.

MÉDAILLE DE BRONZE.

MM. GRONDART et GESLIN, à Paris, rue Jean-Robert, n° 17.

MM. Grondart et Geslin ont exposé des tubes et des moulures en cuivre ou revêtus en cuivre, établis avec le plus grand soin et fort bien fabriqués. Ils méritent la médaille de bronze.

MENTIONS HONORABLES.

M. GESLIN (Benjamin), à Paris, rue Saint-Martin, n° 98.

Tubes de tôle doublés en cuivre poli, pour les rampes

d'escalier; châssis, lits de voyage, pouvant se démonter et se placer dans un porte-manteau.

M. LACARRIÈRE (Auguste), à Paris, rue Sainte-Élisabeth, n° 3.

Cuivres tirés au banc, pour châssis de fenêtres et devantures de boutiques; moulures, ornements d'une exécution très-soignée.

SECTION X.

LITS EN FER.

Cette industrie encore nouvelle a fait de rapides progrès depuis la dernière exposition : les lits sont mieux construits, mais beaucoup sont encore surchargés d'ornements d'un mauvais goût.

MÉDAILLES D'OR (D'ENSEMBLE).

MM. PIHET frères, à Paris, avenue Parmentier, n° 3.

Dans le chapitre XXVIII, relatif aux machines, nous présenterons d'amples développements sur les magnifiques ateliers de MM. Pihet; nous devons les citer ici pour la fabrication des lits en fer. Vers le commencement de 1826, ils entreprenaient d'en construire 30,000 pour le ministre de la guerre; en 1830, ils construisirent 3,000 lits d'ambulance pour l'armée qui devait conquérir Alger; en 1831 ils entreprirent une nouvelle fabrication de 60,000 lits en fer pour les diverses garnisons de France et d'Afrique. Ils ont inventé des mécaniques ingénieuses et simples pour exécuter ces travaux avec beaucoup d'économie. Il n'est pas d'artistes en France qui travaillent plus habilement le fer, sous toutes ses formes, que ne le font MM. Pihet, qui sont de nouveau réunis. Leur industrie mérite la récompense du premier ordre.

Médailles d'or (d'ensemble).

M. MARTIN (Emile) et compagnie, à Fourchambault (Nièvre).

M. Martin, comme nous l'avons annoncé (page 36), reçoit la médaille d'or pour l'ensemble de ses travaux. Ses lits en fer, avec roulettes et fond en fer plat élastique, sont bien calculés dans leur proportions, pour réunir la solidité, la légèreté, l'économie; l'exécution en est parfaite. Ceux qu'il a construits pour les élèves de l'école polytechnique ont été livrés au prix de 45 francs.

MÉDAILLE D'ARGENT (D'ENSEMBLE).

MM. GANDILLOT frères et ROY, à Paris, rue Bellefond, n° 32.

Médaille d'argent (d'ensemble).

Les lits de ces fabricants sont fort bien exécutés. MM. Gandillot frères et Roy obtiennent la médaille d'argent pour l'ensemble de leurs produits. (Voyez *Fers creux*).

MENTIONS HONORABLES.

M. DESOUCHES, à Paris, rue Bourbon-Villeneuve, n° 43.

Mentions honorables.

M. Desouches a présenté des lits ployants en fer d'un

Mentions
honorables. très-bon ajustage : ils coûtent de 60 à 600 francs pièce ; ils se vendent en France et même à l'étranger.

Mme FLEURET et fils, à Paris, passage Saulnier, n° 4.

Lits bien exécutés, fabriqués en fer de roche et de Berry ; prix variés, depuis 50 jusqu'à 500 francs.

CITATION FAVORABLE.

Citations
favorables. ## M. HENRY aîné, à Paris, rue Poissonnière, n° 13.

Lits en fer bien confectionnés.

ÉTAUX ET ENCLUMES.

MÉDAILLES DE BRONZE.

Médailles
de bronze. ## M. MALESPINE, à Saint-Étienne (Loire).

M. Malespine expose, 1° une grosse enclume destinée aux grands travaux de forge des arsenaux maritimes : elle pèse 820 kilogrammes, et coute 4,100 francs. Une telle pièce, remarquable par son volume extraordinaire, offrait des difficultés d'exécution surmontées avec beaucoup d'habileté : l'élasticité et la pureté du son de cette enclume ne laissent rien à désirer ; 2° deux autres enclumes et une bigorne pour forge d'artillerie, fort bien confectionnées ; 3° deux très-bons étaux, dont le plus gros pèse 131 kilogrammes, et l'autre, 43. Le premier à Saint-Étienne M. Malespine a fait prendre une grande extension à la fabrication des enclumes et des étaux : il est très-digne de la médaille de bronze.

M. CHAMOUTON, à Paris, rue du Monceau-Saint-Gervais.

M. Chamouton, déjà récompensé pour ses outils de forge, expose des étaux fort bien confectionnés : il reçoit la médaille de bronze pour l'ensemble de ses travaux.

M. POT, dit POT - DE ...R, à Nevers, (Nièvre).

Ce fabricant a présenté une enclume en fer corroyé avec une table en acier de Rives, pesant 600 kilogr. ; un étau en fer pesant 79 kilogrammes, et un second étau pesant 72 kilogrammes. C'est seulement depuis 1829 que M. Pot a créé ses ateliers pour la confection des enclumes et des étaux. Dès à présent il s'est mis au premier rang pour cette fabrication, par l'importance de ses produits, leur bonne exécution et le bas prix auquel il les livre. M. Pot fait aussi des marteaux, pour petites et grosses forges, depuis 50 jusqu'à 600 kilogrammes. Le jury lui décerne la médaille de bronze.

MM. MARGOZ père et fils, à Paris, rue Ménilmontant, n° 21.

MM. Margoz ont exposé des étaux, des essieux, des arbres de tour, exécutés avec une précision très-satisfaisante : ils méritent la médaille de bronze.

CITATIONS FAVORABLES.

M. BIWER, à Paris, boulevart Beaumarchais, n° 5.

M. Biwer expose un très-bel étau, évalué mille francs.

M. ROUFFET, à Paris, rue de Perpignan, n° 6.

Étaux, tours, meules confectionnés avec soin; ses étaux se vendent de 70 à 900 francs.

M. BERNARD (Charles), à Sedan (Ardennes).

Enclumes, étaux et fléaux de balance, bien exécutés et recherchés des consommateurs.

ESSIEUX.

MÉDAILLE D'OR (D'ENSEMBLE).

MM. BOIGUES et fils, à Fourchambault (Nièvre).

Ces fabricants, déjà récompensés (voyez chap. XXI), ont exposé de beaux essieux pour wagons et machines locomotives, d'une parfaite exécution. Ils ont obtenu la médaille d'or pour l'ensemble de leurs travaux.

MÉDAILLE D'ARGENT (D'ENSEMBLE).

M. DÉTAPE, à Bruniquel (Tarn-et-Garonne).

M. Détape, déjà cité précédemment, expose des essieux de toutes dimensions, bien fabriqués, avec un fer excellent; ces essieux sont employés par la direction d'artillerie de Toulouse. M. Détape reçoit la médaille d'argent pour l'ensemble de ses travaux.

MENTIONS HONORABLES.

M. LADREY, à Cigogne (Nièvre).

Très-bons essieux de commerce, avec fusées, estampés au martinet, de poids variés, depuis 75 jusqu'à 25 kilogrammes.

M. BLONDY, à Dussac (Dordogne).

L'usine de M. Blondy se compose d'un haut-fourneau et de deux feux d'affinerie : elle produit 200,000 kilogr. de fonte brute et de fonte moulée de première fusion. M. Blondy fabrique des barres de fer, des essieux et des clous pour bandes de roues : ces objets sont bien exécutés.

LAMINOIRS ET CYLINDRES.

MÉDAILLES DE BRONZE.

M. TARLAY, à Paris, rue Beaubourg, n° 55.

M. Tarlay présente des rouleaux en acier fondu pour laminoirs, bien coulés et bien tournés. Ce fabricant emploie l'acier fondu anglais pour faire ses rouleaux : il reçoit la médaille de bronze.

M. COADE, à Paris, rue des Brodeurs, n° 9.

Le banc à étirer pour les tréfileries, et les laminoirs

exposés par ce fabricant, sont d'une parfaite exécution : le banc surtout est d'une grande puissance. Le jury donne à M. Coade la médaille de bronze.

M. REGAUT-MICHON, à Nemours (Seine-et-Marne).

Ce fabricant expose des cylindres de laminoirs en acier fondu soudé sur fer ; la soudure est excellente. M. Regaut-Michon reçoit la médaille de bronze.

MENTION HONORABLE.

M. HERLIN, à Woincourt, près Abbeville (Somme).

Déjà cité pour ses serrures, il fabrique des cylindres cannelés bien exécutés : son usine est pourvue de tours à découpoirs, de machines à raboter et de moyens mécaniques ; un manége sert de moteur.

CITATION FAVORABLE.

M. MAQUETTE, directeur des travaux aux forges de Paimpont (Ille-et-Vilaine).

Avec des outils tranchants ordinaires il est très-difficile de terminer à vive arête le fond des entailles à faire dans les cylindres de laminoir pour l'étirage du fer en barres. M. Maquette y supplée par une molette en acier fondu ou en fonte à petit grain, durcie sur les bords. Cette utile innovation permettra de fabriquer, avec le laminoir, du fer carré dont les arêtes seront plus vives.

FILIÈRES ET TOURS À ÉTIRER LES MÉTAUX.

MÉDAILLE D'ARGENT (D'ENSEMBLE).

M. HUE, à l'Aigle (Orne).

Médaille
d'argent
(d'ensemble).

M. Hue, déjà cité pour ses aciers, a présenté de très-bonnes filières pour étirage. M. Hue reçoit le rappel de la médaille d'argent pour l'ensemble de ses produits.

MÉDAILLE DE BRONZE.

M. LESAGE (Pierre-Augustin), à Paris, rue de Ménilmontant, n° 19.

Médaille
de bronze.

Les tours et les filières pour étirer les métaux, exécutés par M. Lesage, sont justement estimés par les manufacturiers qui les emploient. L'habile artiste qui les fabrique mérite la médaille de bronze.

SECTION XI.

COUTELLERIE.

I. COUTELLERIE FINE ET MOYENNE.

La coutellerie française, distinguée pour la bonne qualité de ses lames autant que pour la richesse et la beauté de ses montures, continue à jouir de la réputation qui la fait rechercher de l'étranger. En 1833, la coutellerie française figurait à l'exportation pour 102,211 kilogr., valant 1,226,532 francs. Ce genre d'industrie semble la propriété privilégiée de quelques villes qui s'y livrent spécialement, et qui soutiennent très-bien la concurrence avec les fabricants de la capitale.

RAPPEL DE MÉDAILLES D'ARGENT.

Rappel
de médaille
d'argent
(d'ensemble).

M. Sir HENRY, à Paris, place de l'École-de-Médecine, n° 8.

M. Sir Henry jouit d'une réputation·très-justement acquise pour sa coutellerie fine. Il a présenté des rasoirs coulés en acier fondu, qui sont parfaits. Il obtient le rappel de la médaille d'argent pour l'ensemble de ses produits.

Rappel
de médailles
d'argent.

MM. DUMAS et GIRARD, à Thiers (Puy-de-Dôme).

MM. Dumas et Girard obtinrent en 1823 une médaille d'argent, qui leur fut confirmée en 1827. Ils exposent plusieurs cartes d'échantillons de couteaux et de rasoirs bien fabriqués et d'une très-bonne qualité; ces rasoirs sont fort recherchés dans le Levant. MM. Dumas et Girard sont toujours dignes de la même récompense.

M. GILLET, à Paris, rue de Charenton, n° 43.

Il expose des rasoirs parfaitement exécutés et de bonne qualité. M. Gillet fabrique annuellement 400 douzaines de rasoirs; il emploie 25 ouvriers dans ses ateliers et 12 au dehors, qui gagnent jusqu'à 8 francs par jour. Il vend ses rasoirs de 7 fr. 50 c. à 360 francs la douzaine : ces rasoirs, d'une excellente qualité, sont très-recherchés dans le Levant. Le jury confirme à M. Gillet la médaille d'argent qui lui fut décernée en 1827.

M. CARDEILHAC, à Paris, rue du Roule, n° 4.

Sa coutellerie est d'une fort belle exécution : il fabrique pour cent mille francs par année : il emploie 38 ouvriers, dont le salaire varie de 3 à 8 francs par jour. Ses produits ne s'écoulent pas seulement en France, mais une partie se vend à l'étranger. M. Cardeilhac mérite toujours la médaille d'argent qu'il obtint en 1827.

M. PRADIER, à Poissy (Seine-et-Oise).

Il présente plusieurs ouvrages de coutellerie fabriqués dans ses ateliers de Chàville et dans ceux qu'il dirige à la maison d'arrêt de Poissy. Par une application intelligente de la division du travail à l'art de la coutellerie, M. Pradier a pu produire des objets extrêmement variés de formes, et tous à bon marché, proportion gardée avec leur fini et leur bonté. Dès 1823, M. Pradier obtenait la médaille d'argent : il n'en mérite pas moins le rappel en 1834 qu'en 1827.

M. GAVET et compagnie, à Paris, rue Saint-Honoré, n° 138.

En 1823, M. Gavet obtint une médaille d'argent pour la bonté remarquable de ses produits; en 1827, une nouvelle médaille d'argent lui fut accordée pour l'extension de sa fabrique et l'importance de ses exportations, qui s'étendent jusque dans les colonies britanniques, où les produits de M. Gavet sont parvenus à soutenir la concurrence avec les objets de coutellerie fine qui sortent des fabriques anglaises : les produits de cet industriel conservent la place honorable qu'ils avaient précédemment acquise. Le jury confirme, pour 1834, la médaille d'argent, méritée deux fois par M. Gavet.

MM. Bost-Membrun, oncle et neveu, à Saint-Remy (Puy-de-Dôme).

MM. Bost-Membrun continuent à mériter la récompense qu'ils obtinrent en 1823, pour la bonté de leurs couteaux et la modération de leurs prix, qui descendent jusqu'à 3 fr. 50 c. la douzaine; ce bon marché leur permet de soutenir la concurrence sur les marchés étrangers. Le jury rappelle une nouvelle fois à ces fabricants la médaille d'argent, déjà rappelée en 1827.

RAPPEL DE MÉDAILLES DE BRONZE.

M. Douris-Fumeaux, à Thiers (Puy-de-Dôme).

M. Douris-Fumeaux a présenté 42 couteaux communs très-variés de forme, bien confectionnés, bien polis et d'un bon marché remarquable. Le jury lui confirme la médaille de bronze qu'il a reçue en 1827.

M. Treppoz (Benoît), à Paris, place des Victoires, n° 7.

La coutellerie en acier de Damas que fait M. Treppoz mérite d'être citée pour sa belle exécution. Cet artiste fabrique lui-même l'acier qu'il emploie. Dès 1823, il méritait la médaille de bronze, aujourd'hui rappelée, comme elle le fut en 1827.

M. Frestel, à Saint-Lô (Manche).

M. Frestel est un excellent ouvrier, dont les produits ont été remarqués à toutes les expositions. Sa jardinière, à six lames de rechange, à manche en écaille garni d'or et terminé par un cachet en argent, objet de son invention et de sa façon, est un beau morceau de coutellerie qui donne une juste idée de son talent. Le rasoir à sept lames, que pour cette raison il nomme *semainier*, est aussi remarquable. Les rasoirs exposés sous les n°s 1, 2 et 3, sont également à citer pour leur qualité et pour la modicité de leur prix. Le jury confirme à M. Frestel la médaille de bronze qu'il obtint à la précédente exposition.

M. Vallon, à Paris, galerie Véro-Dodat, n° 24.

Les ateliers de M. Vallon sont établis à Sens, et rue de Grenelle-Saint-Honoré, à Paris; ses rasoirs à cylindre et ses rasoirs *à pompe*, comme il les appelle, sont très-bien confectionnés. Le jury confirme à M. Vallon la médaille de bronze décernée en 1827.

M. Laporte (Dominique), à Paris, rue des Filles-Saint-Thomas, n° 29.

Rasoirs et autres produits de coutellerie fine, en acier français, bien confectionnés et de bonne qualité. M. Laporte mérite le rappel de la médaille de bronze qu'il obtint en 1827.

M. Touron, à Paris, rue Richelieu, n° 108.

M. Touron continue de confectionner avec le même

succès la coutellerie fine : sa fabrication s'élève à
70,000 francs par an ; ses produits se vendent en France
et chez l'étranger. Il continue de mériter la médaille de
bronze qu'il reçut en 1827.

M. ROUSSIN, à Paris, place Maubert, n° 1.

Rasoirs à dos mobile, forces à découper, de très-
bonne qualité. Le jury rappelle à M. Roussin la médaille
qui lui fut donnée lors de la dernière exposition.

MÉDAILLES DE BRONZE.

M. PRADIER-ARBOT, à Thiers (Puy-de-Dôme).

Les rasoirs de M. Pradier-Arbot sont très-soignés. Les
prix en sont généralement modérés ; quelques-uns néanmoins ont paru trop élevés. Cet artiste mérite la médaille de bronze.

M. SABATHIER, à Paris, rue Saint-Honoré, n° 84.

La fabrique de M. Sabathier est située à Thiers
(Puy-de-Dôme). Ses produits annuels, de bonne qualité, s'élèvent à 95,000 fr. Telle est la variété de ses
fabrications que ses assortiments de coutellerie se vendent
de 6 francs à 150 francs la douzaine. Ce fabricant fut
mentionné honorablement en 1827 ; le jury lui décerne
la médaille de bronze.

MENTIONS HONORABLES.

M. VALLON (Pierre), à Paris, passage de l'Opéra, n° 23.

Coutellerie bien exécutée; ventes annuelles de 40 à 50,000 francs.

M. BOITEVIN, à Paris, rue Favart, n° 12.

Nécessaires de coutellerie d'une confection soignée; il emploie un manége pour moteur et 24 ouvriers; les matières qu'il met en œuvre sont l'acier, l'or, l'argent et l'ivoire.

M. ARTHAUD, à Bourbonne (Haute-Marne).

Rasoirs en acier damassé, d'une forme nouvelle et de bonne qualité.

M. RICHET (Charles), à Langres (Haute-Marne).

Le jury du département de la Haute-Marne regrette que les principaux fabricants de Nogent n'aient rien envoyé à l'exposition, par suite des engagements pris avec leurs correspondants de Paris, lesquels exigent que la coutellerie fabriquée pour leur compte porte leur nom. Par cette complaisance, que le jury déplore, les couteliers de Nogent se trouvent hors de concours et frustrés des récompenses que leur industrie mérite. M. Richet présente un couteau à quatre pièces, garni en or, du prix de 30 francs, et une paire de ciseaux qu'il cote 4 francs; ces objets sont très-bien confectionnés ; ils méritent une mention honorable.

M. TIXIER-GOYON, à Thiers (Puy-de-Dôme),

Expose une carte de ciseaux bien fabriqués; la qualité en est bonne et les prix en sont modérés.

M. NAVARON-JURY, à Thiers (Puy-de-Dôme).

Rasoirs dont la fabrication est soignée; les prix en sont assez modérés.

M. BAUZON, à Versailles (Seine-et-Oise).

M. Bauzon expose un sécateur; l'utilité de cet instrument ainsi que son perfectionnement sont reconnus par le jury, qui accorde une mention honorable à M. Bauzon.

M. MASSAT (Jean-Baptiste), à Paris, rue de la Monnaie, n° 7.

Sa vente annuelle s'élève à 40,000 francs par année; ses objets de coutellerie sont bien exécutés. Le même éloge est mérité par les quatre couteliers suivants :

M. DELPORTE (Jean-Joseph), à Paris, rue de Marivaux, n° 4 ;

M. VAUTIER, à Paris, rue Dauphine, n° 40 ;

M. GUIYARDET, à Paris, Vieille-Rue-du-Temple, n° 147;

M. MERICANT, à Paris, quai des Ormes, n° 20.

Mentions honorables.

CITATIONS FAVORABLES.

Le jury cite favorablement les exposants dont les noms suivent, pour la bonne confection des articles de coutellerie qu'ils ont exposés :

M. FOUBERT, à Paris, passage Choiseul, n° 35;

M. DORDET, à Paris, rue des Fossés-Montmartre, n° 9;

M. CABAN jeune, à Paris, rue Saint-Honoré, n° 314;

M. LANNE, à Paris, Vieille-Rue-du-Temple, n° 42;

M. CHAMELAT, à Paris, rue de la Vieille-Boucherie, n° 5;

M. MORIZE, à Paris, rue Saint-Antoine, n° 13.

Citations favorables.

II. COUTELLERIE TRÈS-COMMUNE. — EUSTACHES.

La plupart des écrivains économistes de ce siècle ont cité le jugement de l'illustre Fox sur l'exposition de 1801.

Fox, interrogé par le premier Consul pour savoir ce qu'il admirait le plus dans les produits de l'industrie française, répondit que c'étaient les Eustaches, à raison de leur bon marché. Le jury départemental de Saint-Etienne nous a fait connaître des faits intéressants, au sujet de cette industrie. Nous en déduisons les observations suivantes qui révèlent l'heureux progrès de l'aisance nationale.

Depuis le commencement du siècle actuel, la fabrication des Eustaches ne comprend guères que les qualités dites *petit, très-petit, passe-petit,* et autres, bonnes seulement pour les enfants. Les gros Eustaches pour hommes ne se fabriquent presque plus ; la faible quantité qu'on en fait passe en Espagne, en Portugal et quelque peu dans la Basse-Bretagne. Ils ont été remplacés graduellement par les couteaux de Thiers, mieux confectionnés, plus solides et par conséquent un peu plus chers. Ainsi le paysan qui se contentait, il y a quarante ans d'Eustaches en bois de six liards, s'élève aux couteaux de corne à quatre sous ; il doit en être de même pour les autres objets de consommation populaire ; dans ce genre de besoins, tout marche de front.

Néanmoins la fabrication des Eustaches n'a pas diminué sensiblement. Si les enfans en consomment seuls, ils en consomment beaucoup plus qu'autrefois ; l'augmentation réunie de quantité et de qualité se trouve ainsi transportée dans la consommation des adultes.

Il importe d'apprendre comment le prix de *trois centimes deux tiers* d'un Eustache se répartit entre les branches nombreuses de cette singulière fabrication.

Le manche est en bois. Il arrive tout fait de Saint-Claude dans le Jura ; il coûte un franc la grosse de douze douzaines.

La lame est en acier de Rives, choisi pour cet emploi; elle est successivement étirée, forgée, percée, coupée, marquée, dressée, trempée, réchauffée, replanée, puis aiguisée; c'est-à-dire, ébourrée, éfilée, rognée, polie et enfin ajustée, clouée et rivée. Il y a là *seize* opérations, sans compter celles qui sont relatives au manche et à l'emballage de l'Eustache, qui est successivement empaqueté, ficelé, étiqueté et emballé : le total présente au moins *vingt-huit* opérations faites par une quinzaine d'ouvriers différents.

PRIX DE L'EUSTACHE.

L'acier coûte.	0^f,007^m
Travail de forge.	0 ,006
L'aiguisage.	0 ,006
Le manche.	0 ,007
Le montage.	0 ,004
Emballage, frais généraux, intérêts des capitaux et bénéfices.	0 ,007
TOTAL.	0 ,037

Le manche se fait à vil prix, parce qu'il est fabriqué par les habitants des montagnes, pendant les longues veillées d'hiver. Les manches des couteaux de cuisine se vendent de même à très-bon marché dans Saint-Etienne; ils ne coûtent que six sous la grosse, mais ils sont en bois de sapin du pays. Les autres partie de la fabrication se payent passablement. Le forgeur gagne de 28 à 30 sous par jour; il suit à peu près le prix de la journée pour les autres ouvriers.

MENTION HONORABLE.

MM. RENODIER, père et fils, à Saint-Étienne (Loire).

Couteaux dits Eustaches et couteaux de cuisine communs. Le prix de ces Eustaches varie de *trois centimes deux tiers* à *huit centimes et demi* la pièce; celui des couteaux de cuisine varie *de cinq centimes et demi à huit centimes trois quarts.*

SECTION XII.

INSTRUMENTS DE CHIRURGIE.

La fabrication française des instruments de chirurgie, est aujourd'hui très-perfectionnée. Notre supériorité dans ce genre provient des connaissances acquises par les chefs de cette industrie; ils ont compris que, pour répondre aux besoins de l'art de guérir, ils devaient étudier ces besoins, et suivre pour cela les opérations chirurgicales dans les hôpitaux. Aussi ne peut-on plus confondre leur profession, devenue savante, avec les travaux ordinaires de la coutellerie. Elle intéresse essentiellement la vie humaine. Souvent le succès d'une opération chirurgicale ne dépend pas moins de la forme et de la bonté des instruments, que du talent et de l'habileté du chirurgien. Aujourd'hui l'art de guérir est si parfaitement secondé par les Sir Henry, les Charrière, les Montmirel et les Landray, que nos plus célèbres chirurgiens se partagent sur la préférence qu'on peut donner à ces excellents artistes.

RAPPEL DE MÉDAILLE D'ARGENT
(D'ENSEMBLE).

M. Sir Henry, à Paris, place de l'École-de-Médecine, n° 8.

Il a longtemps fourni seul les hôpitaux ; maintenant il les fournit en concurrence avec M. Charrière. Les instruments de sa fabrique sont très-estimés , très-recherchés, et plusieurs de nos premiers chirurgiens continuent de les préférer à ceux de ce nouvel artiste. M. Sir Henry se distingue surtout par son talent pour travailler l'acier fondu et l'acier coulé qu'il emploie à fabriquer des lames damassées. Ces lames sont d'autant plus remarquables qu'elles jouissent d'une qualité essentielle, l'élasticité, qui manque aux plus beaux damas de l'Orient. Le jury rappelle en faveur de M. Sir Henry la nouvelle médaille d'argent qu'il obtint à l'exposition de 1827.

MÉDAILLE D'ARGENT.

M. Charrière, à Paris, rue de l'École-de-Médecine, n° 7.

De simple ouvrier coutelier, M. Charrière est devenu chef de la plus grande et de la plus importante fabrique d'instruments de chirurgie. Il emploie avec le même succès et concurremment les aciers français et les aciers anglais. Ses instruments jouissent d'une réputation d'excellence et même de supériorité déclarée par plusieurs des premiers chirurgiens de nos hôpitaux. Le jury s'estime heureux d'offrir à M. Charrière, ancien ouvrier, une médaille d'argent.

II.

RAPPEL DE MÉDAILLE DE BRONZE.

M. Greiling, à Paris, quai de la Cité, n° 33.

M. Greiling obtint en 1827 la médaille de bronze, pour la bonne confection de ses instruments de chirurgie. Les instruments qu'il a présentés cette année sont exécutés avec un très-grand soin; ils méritent le rappel de cette distinction.

MÉDAILLES DE BRONZE.

MM. Montmirel et Landray, à Paris, rue du Cloître-Notre-Dame, n° 18.

Ils ont exposé des appareils lithotritiques, des forceps et des couteaux d'amputation, d'une excellente qualité. Le jury central décerne la médaille de bronze à MM. Montmirel et Landray.

M. Bourdeaux aîné, à Montpellier (Hérault).

Forceps à cuillières mobiles, inventés par M. Dugas, professeur à la faculté de médecine de Montpellier; ces instruments, assez compliqués dans le principe, ont été simplifiés. Au lieu de 100 francs qu'ils coûtaient, M. Bourdeaux les fabrique pour 45 francs. Cet artiste a de plus exposé d'autres instruments de chirurgie fort bien exécutés; le jury lui donne la médaille de bronze.

M. Crouzet, à Montpellier (Hérault).

Il présente un bistouri à bouton, pour l'opération de

la hernie, et d'autres instruments fabriqués avec beau-coup d'intelligence, de précision, et d'un prix modéré. M. Crouzet mérite la médaille de bronze.

M. SAMSON, à Paris, rue de l'École-de-Médecine, n° 30.

M. Samson expose des bras mécaniques et des ins-truments de chirurgie très-soignés. Le jury lui décerne la médaille de bronze.

MENTION HONORABLE.

M. FOURNIER DE LEMPDES, à Paris, rue Jacob, n° 11.

Instruments de chirurgie ingénieux.

SECTION XIII.

ARMES À MAIN.

Parmi les industries dont les progrès sont le plus re-marquables, l'exposition de 1834 comptera la fabrication des armes à feu. Tandis que l'administration de la guerre réfléchit encore officiellement sur la convenance d'aban-donner plus ou moins tard ses anciens fusils à pierre pour des armes plus faciles et plus promptes à charger, d'un tir plus sûr et d'une plus ample portée, l'intelligence individuelle des simples citoyens prend largement l'a-vance. L'usage du fusil à piston est devenu familier à tous les chasseurs; et chaque jour cette arme reçoit de nou-veaux perfectionnements.

A cette innovation, qui déjà remonte à quelques an-nées, vient s'ajouter une invention nouvelle qui paraît ne laisser plus rien à souhaiter pour le chargement des fusils par la culasse.

Paris continue de conserver sa supériorité dans la fabrication des armes de luxe : élégance et précision des formes, exécution parfaite, beauté du fini, tels sont les caractères de ses produits.

Les départements se distinguent par la bonté de la matière et la solidité du travail.

MÉDAILLE D'OR.

M. ROBERT, à Paris, rue Coq-Héron, n° 3 *bis*.

Depuis longtemps on s'efforce de chercher le meilleur moyen de charger les fusils par la culasse. On évite par là tous les mouvements nécessaires pour introduire la bourre et la baguette, la remettre dans ses tenons, etc. A ce premier et précieux avantage, l'économie du temps, s'en joint un autre encore plus important; c'est celui de la précision supérieure qu'on peut obtenir, lorsqu'on met dans la chambre pratiquée à la base du canon chargé par la culasse, une balle d'un calibre plus grand que l'âme de cette arme. La compression que doit alors éprouver la balle, pour avancer par l'impulsion de la poudre, procure toute la précision de tir qu'on pourrait attendre de carabines chargées, péniblement et longuement, à balles forcées.

Entre toutes les combinaisons imaginées pour charger les fusils par la culasse, le système de M. Robert est sans comparaison le plus simple et le meilleur, pour les armes de chasse, *et surtout pour les armes de guerre*. Dans ce système, une pièce unique faisant l'office de grand ressort et de marteau, remplace les nombreuses parties des platines ordinaires. Des expériences multipliées ont permis de constater authentiquement la supériorité de cette invention dont l'importance, vitale pour l'armement des troupes, et justement appréciée, mérite la médaille d'or.

* * *

RAPPEL DE MÉDAILLE D'ARGENT.

M. LEPAGE, armurier du Roi, à Paris, rue Richelieu, n° 13.

La collection d'armes de luxe exposée par ce célèbre armurier a paru digne de la réputation qu'il s'est acquise durant un demi-siècle de travaux et de succès. Parmi les armes qu'il a présentées, on a distingué son fusil simple qui tire deux coups dans le même canon, et son fusil double qui tire quatre coups, par le jeu d'un marteau lequel frappe en avant puis en arrière, et fait ainsi partir deux coups consécutifs. M. Lepage présentait aussi de belles armes blanches, des lames de sabre et de poignard, faites avec de l'acier-damas de M. le duc de Luynes. Au moment où le jury de 1834 jugeait M. Lepage plus que jamais digne de la médaille d'argent qu'il avait obtenue en 1827, cet artiste recommandable terminait sa longue carrière, et nous laissait à réunir en son honneur nos éloges et nos regrets.

* * *

RAPPEL DE MÉDAILLE DE BRONZE.

M. DELEBOURSE, armurier à Paris, rue Coquillère, n° 30.

En 1827, M. Delebourse obtint la médaille de

bronze pour ses fusils tournants à double percussion. Les
armes très-bien faites qu'il a présentées en 1834 le
montrent toujours digne de cette récompense. Il obtiendra de plus la mention honorable pour son association
avec d'autres armuriers, comme exécutant des fusils
Lefaucheux.

NOUVELLES MÉDAILLES DE BRONZE.

M. LEFAUCHEUX, armurier, à Paris, rue de la Bourse, n° 10.

Cet armurier s'est proposé de fabriquer des fusils qui
conservent la forme ordinaire et néanmoins se chargent
par la culasse; il a si bien réussi que d'autres armuriers
se sont associés avec lui pour exploiter son invention,
déjà très-goûtée par un grand nombre de bons chasseurs.
Le jury lui décerne la médaille de bronze.

M. LELYON, armurier, à Paris, rue Ri-chelièu, n° 67.

M. Lelyon a présenté des fusils qui se chargent par
la culasse, d'après différents systèmes. Une fermeture
ingénieuse et solide permet de séparer instantanément
le canon du reste de l'arme; on peut alors laver le canon
sans craindre que l'eau soit en contact avec la platine ou
le bois du fusil. M. Lelyon a de plus exposé des pistolets
entre lesquels on a distingué les pistolets à balles forcées,
introduites par la culasse. Toutes ces armes, ingénieusement conçues et parfaitement exécutées, méritent non-
seulement le rappel de la médaille de bronze qu'il a
reçue en 1827, mais une nouvelle médaille de bronze.

M. POTTET, à Paris, rue Neuve-du-Luxembourg, n° 1.

M. Pottet a montré son talent plein de ressources, soit pour inventer soit pour vaincre les difficultés d'exécution, en résolvant ce double problème : en chargeant un fusil par la culasse, enflammer la poudre par le centre de la cartouche. Il peut, à la volonté du chasseur, renfermer complétement dans l'âme du fusil le mécanisme qui produit ces deux effets, ou le laisser en partie visible au dehors. Les armes fabriquées par cet armurier, très-bien exécutées, obtiennent à juste titre la médaille de bronze.

M. PERIN LEPAGE, à Paris, Chaussée-d'Antin, n° 24.

Cet artiste présente aussi des fusils et des pistolets qui se chargent par la culasse, d'après un système de son invention. On a distingué ses platines, où le grand ressort ordinaire est remplacé par un ressort en spirale que renferme un barillet. Les inventions et la belle exécution qui caractérisent les armes que fabrique M. Perin Lepage, le rendent digne de la médaille de bronze.

M. PRÉLAT, à Paris, rue Neuve-des-Petits-Champs, n° 103.

Il a présenté des armes d'une exécution très-satisfaisante. On a remarqué celles qui sont à deux coups, avec une seule platine : les canons, au lieu d'être accolés l'un à côté de l'autre, sont superposés ; en tournant sur un même axe, le second prend la place du premier après le tir de celui-ci. M. Prélat a reçu dès 1815 la mention honorable, et dès 1823 la médaille de bronze ; par ses progrès depuis cette époque, il mérite d'obtenir une nouvelle médaille de bronze.

MM. LECLERC frères, à Paris, rue Saint-Lazare, n° 124.

MM. Leclerc viennent de reprendre l'industrie si longtemps et si habilement exercée par leur père, canonnier très-renommé. Leur début est signalé par des succès. Leurs canons sont remarquables pour le fini de l'exécution; on doit surtout apprécier, quant à la régularité du travail, l'étoffe qu'ils ont employée à faire un canon en damas. Ces artistes méritent la médaille de bronze.

M. BERNARD, à Paris, rue de Grenelle, Gros-Caillou, n° 156.

Il se distingue, parmi les plus habiles de sa profession, dans le travail des canons en damas mêlés de rubans. Le jury central a surtout apprécié, comme perfection de travail, l'égalité du dessin et la régularité suivant laquelle les bandelettes employées à forger le canon sont roulées en sens opposés, pour former les deux canons d'un fusil double.

En 1827, M. Bernard obtint la mention honorable; il est digne aujourd'hui de la médaille de bronze.

MENTIONS HONORABLES.

MM. DELEBOURSE, BAUCHERON, PIRMET, LE FAURE ET DEVISME.

Associés pour l'exploitation du brevet Lefaucheux, ils ont exposé des fusils bien exécutés, d'après l'invention de cet excellent armurier. Ils ont aussi présenté d'autres armes d'une bonne confection.

M. LACOUR, à Paris, rue du Petit-Carreau, n° 32.

Il est auteur d'un affût de canon qui permet de pointer la pièce de droite et de gauche, sans faire mouvoir les roues; effet qu'il obtient par une disposition ingénieuse.

M. RENETTE (Albert), à Paris, rond-point des Champs-Élysées.

Il a présenté des fusils, des canons à rubans de fer et d'acier, des canons en damas, un grand tube en fer forgé pour manomètre à air libre, dans les machines à vapeur à moyenne pression.

On a regretté qu'un artiste honoré jadis par la médaille d'argent n'ait pas fait assez d'efforts pour conserver le rang élevé qu'il avait acquis et qu'il peut reconquérir. Le jury, voulant montrer qu'il ne vote pas en aveugle les rappels de récompense, se borne maintenant à décerner une mention honorable à M. Renette.

MM. PIERROT frères, à Mohon (Ardennes).

Ils ont exposé des canons en damas d'acier à rubans, recommandables pour la régularité des rubans et l'égalité du damas.

M. MERLEY-TIVET, à Saint-Étienne (Loire).

M. MERLEY DUON, à Saint-Etienne (Loire).

Canons doubles en rubans d'acier, d'une bonne exécution et d'une régularité parfaite.

CHAPITRE XXIII.

BRONZES, ORFÉVRERIE, PLAQUÉ.

SECTION PREMIÈRE.

BRONZES.

La mise en œuvre des bronzes, et pour les arts utiles et pour les beaux-arts, est au nombre des fabrications où la France excelle; c'est surtout dans la capitale que fleurit cette brillante et riche industrie. On évalue de seize à vingt millions ses produits annuels. Quoique les étrangers ne puissent rivaliser avec nous dans l'emploi de cette matière, ni pour le bon goût du travail, ni pour la variété, l'élégance des formes, il faut avouer que l'exportation totale des bronzes français est assez peu considérable. Elle ne constitue qu'une partie des trois articles suivants, tirés des comptes officiels du commerce français:

EXPORTATIONS DE 1832.

Ouvrages en cuivre, laiton et bronze:

Dorés	719,790[f]
Argentés	21,978
Autres	844,932
TOTAL	1,586,700

Si l'on excepte un fort petit nombre de grands établissements, l'alliage et la coulée des bronzes sont pratiqués
par une classe spéciale d'artistes, et le travail des bronzes
s'opère dans des ateliers séparés, qui n'appartiennent pas
aux mêmes fabricants. Dans un précédent rapport, on
a très-justement fait remarquer combien il importe d'obtenir des fontes brutes d'un seul jet, assez parfaites pour
n'exiger ensuite qu'une réparation légère. Alors l'artiste
inventeur de l'objet fidèlement coulé retrouve ce qu'il
désire, avant tout, son œuvre de sculpteur telle qu'elle
est sortie de son imagination ; le talent trop souvent dou-
teux du ciseleur, n'est plus d'un secours indispensable
pour pallier en partie des défauts irréparables ; et l'on
peut livrer à prix modérés, des œuvres originales qui
conservent le caractère et la naïveté des modèles.

D'après ces considérations, et pour récompenser à part
l'habileté toujours croissante des fondeurs français, nous
leur consacrons un article spécial, qui précédera celui
des fabricants de bronze.

FONDEURS EN BRONZE.

MÉDAILLES D'ARGENT.

MM. Richard et Quesnel, à Paris, rue des Enfants-Rouges, n° 13.

Médailles
d'argent.

MM. Richard et Quesnel ont présenté des pièces de
fonte brute obtenues par le sable et le procédé de la
cire perdue. Ils ont porté cette industrie presque au dernier degré de perfection désirable. Nous n'avons plus qu'à
souhaiter de voir cette méthode également bien mise en

Médailles d'argent. pratique par tous les ateliers de fonte. MM. Richard et Quesnel, qui figurent pour la première fois à l'exposition, sont très-dignes de la médaille d'argent.

Médaille d'ensemble.
MM. Ingé et Soyer, à Paris, rue des Trois-Bornes, n° 28.

On doit à MM. Ingé et Soyer des produits non moins remarquables par la perfection de la fonte au sable, que par le travail de la ciselure. Sachons leur gré des efforts heureux qu'ils ont faits pour simplifier le travail du ciseleur. Nous signalons particulièrement le groupe de l'Hercule de Canova, la Madeleine du même sculpteur, une réduction du Moïse de Michel-Ange, et des représentations d'animaux que le ciselet et la lime ont à peine touchées. L'importance de ces produits ainsi que leur variété méritent la médaille d'argent.

M. de la Fontaine, à Paris, rue de l'Abbaye, n° 10.

Au milieu de la riche collection de bronzes exposée par ce fabricant, nous citerons en première ligne les surmoulés de figurines antiques et deux superbes candélabres à dimensions grandioses : ces différents ouvrages sont fort remarquables par leur belle exécution et par une imitation parfaite de la patine naturelle. On doit à M. de la Fontaine les chapiteaux corinthiens et les principaux bronzes exécutés pour la nouvelle chambre des députés : il réunit les talents du fondeur au goût pur, à l'imagination de l'artiste. Le jury lui décerne la médaille d'argent.

FABRICANTS DE BRONZES.

Malgré les beaux résultats obtenus par les fondeurs,

la mise en œuvre du bronze n'a fait pour ainsi dire aucun progrès assignable depuis la dernière exposition ; nous sommes affligés de le dire, un trop petit nombre des produits que nous avons examinés sont dignes d'obtenir des éloges sans restrictions. Chez plusieurs fabricants de bronzes, les vases, les lustres, les pendules surtout, offrent des sujets incessamment reproduits, et trop souvent sans résultats heureux. Nous blâmerons en particulier ces lourdes branches dont on surcharge disgracieusement les sveltes candélabres antiques. Nous citerons aussi ces surtouts de table, où l'on retrouve éternellement la même donnée : de mesquines corbeilles de fleurs, supportées par des figures plus mesquines encore. Il est temps que les fabricants de bronze quittent des sentiers trop battus, s'il ne veulent pas concourir à nous faire perdre la suprématie que cette industrie française a conquise en Europe.

RAPPEL DE MÉDAILLES D'OR.

M. DENIÈRE, à Paris, rue d'Orléans, au Marais, n° 9.

M. Denière, que ses œuvres avaient mis au-dessus de tous ses concurrents lors de l'exposition précédente, soutient sa réputation, non-seulement par la richesse et le nombre de ses produits, mais plus encore par le soin et le fini qu'il apporte dans l'exécution. Nous citerons comme un modèle d'élégance, une table à thé, dans le style du siècle de Louis XIV ; elle nous semble ne laisser presque rien à désirer dans le genre qu'on a voulu reproduire. M. Denière est toujours digne de la médaille d'or qu'il reçut en 1823, et qui fut confirmée en 1827.

M. THOMIRE, à Paris, rue Blanche, n° 45.

Parmi les vastes productions de M. Thomire nous avons distingué deux surtouts de table et plusieurs lustres riches de travail et remarquables pour l'habileté de l'exécution. Ce fabricant soutient dignement l'ancienne et durable renommée de sa maison. Ses grandes entreprises ont sur les progrès de l'art du bronzier une puissante influence. Dès 1806 il obtenait la médaille d'or, et depuis cette époque, il n'a pas cessé, par des œuvres nouvelles et distinguées, de mériter le rappel de cette récompense du premier ordre. Il est glorieux de rester ainsi vingt-huit années aux premiers rangs d'une magnifique industrie.

M. GALLE, à Paris, rue Richelieu, n° 89.

M. Galle, dont les bronzes furent si remarqués en 1823, pour leur grand et beau caractère, a présenté cette année, comme nouveauté, plusieurs lustres en bronze doré et deux garde-feux d'un goût exquis. Cet artiste est toujours digne de la médaille d'or.

RAPPEL DE MÉDAILLE D'ARGENT.

M. LEDURE, à Paris, passage Choiseul, n° 72.

Parmi les nombreux produits de ce fabricant, il faut citer plusieurs candélabres d'un assez bon style, deux pendules ornées dans le caractère de la renaissance, et le lustre le plus élégant qu'on ait exposé cette année.

Les ouvrages de M. Ledure méritent que le jury central lui confirme la médaille d'argent qu'il a reçue en 1819.

MÉDAILLES D'ARGENT.

M. LEROLLE, à Paris, rue de la Chaussée-des-Minimes, n° 1.

Les connaisseurs ont justement apprécié la cheminée et la console exécutées par M. Lerolle pour le roi de Sardaigne, ainsi qu'une autre pièce importante commandée par le duc d'Orléans. Ces ouvrages se distinguent par leur belle fabrication et par le talent supérieur avec lequel sont ajustées les pièces qui les composent. Le jury décerne la médaille d'argent à M. Lerolle.

M. JEANNEST, à Paris, rue Boucherat, n° 18, au Marais.

M. Jeannest a présenté des candélabres d'une belle exécution, plusieurs groupes de figures remarquables par un travail précieux, une bacchante montée sur une chèvre, une réduction des trois Grâces de Pradier. Cet artiste mérite la médaille d'argent.

MÉDAILLES DE BRONZE.

M. WILLEMSENS, à Paris, rue Michel-le-Comte, n° 18.

M. Willemsens a reproduit, en bronze pur, le casque, le bouclier et la poignée d'épée de François Ier, qui sont à la Bibliothèque royale. Ces imitations, parfaitement exécutées, ont été justement appréciées par les connaisseurs. Le jury donne à M. Willemsens une médaille de bronze.

Médailles
de bronze.

M. PICNOT, à Paris, rue des Fossés-Mont-martre, n° 10.

Nous avons remarqué, parmi les produits de M. Picnot, un guéridon d'une forme élégante et pure, qui supporte un plateau de mosaïque fiorentine. Le jury décerne à M. Picnot la médaille de bronze.

M. VALET-CORNIER, à Paris, rue de la Chaussée-des-Minimes, n° 3.

M. Valet-Cornier expose un assez grand nombre de bronzes d'une exécution soignée. Ce fabricant avait obtenu la mention honorable en 1827; il mérite aujour-d'hui la médaille de bronze.

SECTION II.

ORFÉVRERIE.

L'orfévrerie, avec la mise en œuvre du bronze, est de tous les arts mécaniques celui qui tient de plus près au goût des beaux-arts, celui qui peut le moins s'en passer; et malheureusement c'est un de ceux ou l'absence de ce goût exquis se fait le plus sentir. Depuis les moindres pro-duits jusqu'aux pièces les plus grandes, l'orfèvre devrait réunir la forme la plus commode et la plus élégante. Une telle industrie, bien dirigée, pourrait exercer en Europe une grande influence au nom du goût français. C'est donc avec un sentiment profond de regret que nous voyons les artistes s'humilier jusqu'à suivre, à copier une mode éphémère et bizarre, pour adopter des formes anglaises, pesantes, prétentieuses, et sans grâce. Certes, nous ne voudrons jamais arrêter la marche des inventeurs et l'heureuse audace des innovations; mais il y a parfois plus de routine à copier certaines étrangetés, qu'à suivre avec une fidélité intelligente, les traditions du bon goût.

L'orfévrerie anglaise n'est, selon nous, qu'une alliance maladroite, de la prodigalité d'ornements qu'affectait la renaissance, avec les *tortillements* du genre de Louis XV. Au lieu d'accepter cette combinaison monstrueuse, si l'on veut à toute force imiter, pourquoi ne pas remonter aux types primitifs? Voilà ce qu'ont fait seuls MM. Wagner et Mansion.

L'exportation des objets d'orfévrerie pourrait être beaucoup plus considérable, ainsi qu'on en jugera par le tableau suivant :

EXPORTATIONS DE L'ORFÉVRERIE, EN 1833.

Orfévrerie d'or et de vermeil............	123,167f
Orfévrerie d'argent.................	674,760
Bijouterie d'or ornée en pierres et perles fines.	453,943
Autre bijouterie d'or	1,225,484
Bijouterie d'argent ornée en pierres et perles fines.........................	2,801
Autre bijouterie d'argent...............	69,923
TOTAL.............	2,550,078

RAPPEL DE MÉDAILLE D'OR.

M. ODIOT ;, à Paris, rue l'Évêque, n° 1.

M. Odiot a présenté cette année un surtout de table en argent mat, entièrement composé d'imitations d'arbustes et de plantes diverses ; un grand service également en argent mat et brillant, dans le goût des formes anglaises. L'exécution de ces divers objets est très-remarquable ; elle seule mérite que le jury rappelle en faveur de M. Odiot fils la médaille d'or qui fut accordée à son célèbre père. Celui-ci conquit sa renommée d'artiste par des ouvrages d'un goût exquis, où l'élégance et la pureté des formes le disputent avec la science de l'ajustage et le talent du ciseleur. M. Odiot père a donné les modèles en bronze, et même en argent, de ses principales œuvres, à la galerie nationale du Luxembourg, galerie consacrée aux chefs-d'œuvre de la peinture et de la sculpture françaises. Si Benvenuto Cellini avait pris le même soin de sa gloire, nous conserverions des modèles inimitables dont nous n'avons plus qu'une vague tradition.

MÉDAILLE D'OR.

MM. Wagner (Charles) et Mansion, à Paris, rue des Jeûneurs.

En examinant avec attention les produits de ces artistes, leur coffret à bijoux, leurs coupes rehaussées de pierreries, et cette assiette embellie de gracieux dessins empruntés aux maîtres allemands, nous avons découvert autre chose qu'une recherche d'opulence, autre chose qu'une dextérité manuelle. Là se trouve une ressource offerte à l'artiste, une route nouvelle ouverte à l'industrie ; c'est l'art de *nieller* qui, passé d'Orient en Italie, y brilla d'un vif éclat au xv° siècle. Depuis ce temps, les seuls Russes l'ont cultivé ; mais à leur manière et par d'informes ébauches, qu'on regardait en Europe comme de simples objets de curiosité. MM. Wagner et Mansion jugèrent avec raison qu'il fallait, pour assurer le succès de cette heureuse restitution, la faire descendre au niveau d'un grand nombre de fortunes. Ils ont eu recours aux procédés de gravure à la mécanique ; par ce moyen facile, économique et rapide, ils ont indéfiniment répété la copie des dessins donnés par l'artiste. Les couteaux, les couverts de table, les tabatières que nous avons examinés, sont dus à ce moyen peu coûteux; ces objets obtiendront certainement un grand succès, par leur bon goût et leur fini surprenant. Les pièces qui figuraient à l'exposition ne sont qu'un commencement d'application à l'orfévrerie de l'art du nielleur, qui doit y produire une vraie révolution. Il est aisé de concevoir quelles immenses ressources d'effets les orfévres trouveront dans ces parties noires et brillantes, larges ou déliées, qui se marient si heureusement à la dorure repoussée ou ciselée. MM. Wagner et Mansion ayant porté cette industrie à un grand point de perfection, le jury leur décerne une médaille d'or.

RAPPEL DE MÉDAILLE D'ARGENT.

M. Lebrun, quai des Orfévres, n° 40.

M. Lebrun a présenté plusieurs vases commandés pour être décernés en prix dans les courses de chevaux, et d'autres pièces d'argenterie; tous ces objets sont d'un travail excellent. Le jury rappelle à M. Lebrun la médaille d'argent qu'il a reçue en 1827.

MÉDAILLES D'ARGENT.

Médailles
d'argent.

M. KIRSTEIN, à Strasbourg (Bas-Rhin).

On doit à M. Kirstein deux vases et plusieurs médaillons en argent, représentant des chasses et des com-
bats: les reliefs sont repoussés avec un art merveilleux;
mais on regrette, en voyant ces produits, que l'artiste ne
s'y soit pas montré digne de l'ouvrier. Ce genre de travail est maintenant sans résultat avantageux, et n'offre
d'autre mérite que celui de la difficulté vaincue. Néanmoins, comme la confection de ces pièces est portée au
plus haut point de perfection, le jury déclare M. Kirstein digne de la médaille d'argent.

M. DURAND, à Paris, rue du Bac, n° 58.

M. Durand est un ancien ouvrier de M. Odiot.
Quoique établi nouvellement, il expose des pièces aussi
belles d'exécution que celles de ses confrères. Nous avons
distingué, parmi ses ouvrages, une aiguière et sa cuvette,
dont le dessin gracieux s'éloigne complétement des
formes anglaises. Cet heureux essai promet beaucoup
pour l'avenir; il annonce un orfévre fait pour comprendre les beaux-arts, et capable de traduire avec une
rare habileté les pensées du sculpteur. Le jury décerne
à M. Durand une médaille d'argent.

MÉDAILLES DE BRONZE.

Médailles
de bronze.

M. CHANUEL, à Marseille (Bouches-du-Rhône).

On doit à cet artiste une statue de la Vierge, en argent,

de grandeur naturelle, et repoussée au marteau. Cette Médailles de bronze.
statue fut commandée par la ville de Marseille, il y a
quatre ou cinq ans. Nous regrettons vivement que M. Chanuel n'ait pas pu soumettre son ouvrage à l'exposition du
Musée de sulpture ; il aurait trouvé là des juges mieux placés pour rendre une justice sans mélange de blâme au
mérite intrinsèque de sa statue. Mais, sous le rapport
industriel, point de vue dont nous devons principalement
nous occuper, le procédé de M. Chanuel nous paraît inférieur au procédé de la fonte, et beaucoup moins expé-
ditif. Toutefois, prenant en considération le talent dont
cet artiste a fait preuve dans l'exécution d'une telle œuvre,
le jury central lui donne une médaille de bronze.

M. Lefranc (Alexandre), à Paris, rue Taitbout, n° 30.

Il expose plusieurs vases et des tasses à déjeuner, deux
assiettes de dessert, des couverts de table, le tout en ver-
meil. Le travail et la monture de ces objets sont parfaits.
Les assiettes sont entourées de guirlandes et de bouquets
de fleurs détachées du fond, lequel est ciselé avec beaucoup de finesse ; on regrette seulement que tout ce talent de main-d'œuvre soit prodigué sur des pièces dont
l'usage domestique doit être impossible, vu les aspérités
qu'elles présentent. M. Lefranc a conçu l'idée plus heureuse de confectionner des cafetières et des théyères
dont le fond est muni d'une lampe à l'esprit de vin, qui
maintient le liquide toujours bouillant; ce perfectionnement, pour lequel l'auteur a pris un brevet, est fort ingénieux. M. Lefranc mérite la médaille de bronze.

SECTION III.

RÉDUCTION DE L'OR ET DE L'ARGENT EN FEUILLES ET EN POUDRE.

MÉDAILLE D'ARGENT.

Médaille d'argent.

M. FAVREL (Auguste), à Paris, rue du Caire, n° 30.

M. Favrel expose de l'or et de l'argent en feuilles, en poudre, en coquilles. Ses produits s'écoulent en France et même à l'étranger, pour une valeur qui va de 140 à 160 mille francs par an : il emploie 90 ouvriers dans ses ateliers et 15 au dehors ; les femmes gagnent de 1 fr. 50 cent. à 2 fr. 50 cent., et les hommes de 3 à 10 fr. par jour. Ce fabricant est déclaré par le jury digne de la médaille d'argent.

MÉDAILLE DE BRONZE.

Médaille de bronze.

M. BOTTIER, à Paris, rue Saint-Jean-de-Beauvais, n° 29.

Il a présenté des outils pour battre l'or, et de l'or battu. La fabrication de M. Bottier va de 100 à 150 mille fr. par année ; il emploie 12 ouvriers dans ses ateliers. Il mérite la médaille de bronze.

MENTION HONORABLE.

Mention honorable.

M. NOEL (Guillaume), à Paris, rue Beaubourg, n° 51.

Or, argent et cuivre réduits en poudre.

CITATION FAVORABLE.

M. SAUTIER, à Paris, rue Saint-Martin, n° 214.

Paillons d'or et d'argent.

SECTION IV.

PLAQUÉ.

Le plaqué, si convenable aux moyennes fortunes, et même à l'opulence pour un grand nombre de pièces accessoires, le plaqué mérite aujourd'hui les reproches que nous avons adressés à l'orfévrerie. Il se jette le plus souvent dans l'abus des formes anglaises, avec un engouement qu'on ne saurait trop déplorer.

Les exportations du plaqué français ne sont pas à dédaigner ; elles s'élevaient aux sommes qui suivent lors des précédentes expositions :

1823	3,292,948
1827	3,176,760
1833	3,175,470

Ainsi, nos exportations de plaqué, si progressives de 1823 à 1827, sont restées stationnaires de 1827 à 1833. Il faut les rendre au progrès par de nouveaux et prompts efforts, et comme industrie nationale et comme élégance française. Alors nous pourrons lutter avec avantage contre la redoutable concurrence des plaqués britanniques.

RAPPEL DE MÉDAILLES D'ARGENT.

M. PARQUIN (Théodore), à Paris, rue Popincourt, n° 74.

M. Parquin a présenté, cette année, un surtout de table composé de trois pièces principales; plus un service pour le thé, dont la forme est d'assez bon goût et d'une grande richesse. Les parties saillantes, les angles et les bords de toutes ces pièces sont en argent fin.

M. Parquin fabrique une chaudronnerie mince, dite *cuivre-bronze anglais*. Elle a fixé notre attention par l'élégance des formes et par le bon marché; elle est l'objet d'un travail très-actif dans les ateliers de ce fabricant qui n'emploie pas moins de 250 ouvriers. M. Parquin mérite la confirmation de la médaille d'argent qu'il reçut en 1827.

M. PILLIOUD, à Paris, rue Vieille-du-Temple, n° 78.

M. Pillioud expose des produits d'une très-bonne fabrication; le jury lui rappelle la médaille d'argent qu'il a reçue en 1827.

MÉDAILLES D'ARGENT.

M. GANDAIS, à Paris, rue du Ponceau, n° 42.

Ce fabricant expose un nombre très-considérable de pièces en plaqué, destinées au service de la table; un surtout orné de verres de couleur et de pierres factices, innovation qui ne paraît pas heureuse; un service pour le thé, plaqué d'or et d'argent, dont l'effet est très-riche et dont les formes sont assez gracieuses.

Ces pièces sont garnies en argent fin sur les bords et sur les angles, partout où le frottement et le service mettraient prochainement le cuivre à découvert. Les diverses parties que des contacts fréquents pourraient altérer, les anses, les poignées, les pieds, les griffes, tout est également en argent fin. M. Gandais, comme fabricant, est digne de la médaille d'argent que lui décerne le jury.

M. BALEINE, à Paris, rue du Faubourg-du-Temple, n° 93.

M. Baleine offre une collection très-variée de pièces en plaqué dont l'exécution est fort bonne; les parties estampées sont très-nettes et les formes sont heureuses. Les bords et les parties saillantes sont garnis d'argent pur, comme dans les produits de MM. Gandais et Parquin. M. Baleine obtient à juste titre la médaille d'argent.

RAPPEL DE MÉDAILLE DE BRONZE.

M. VEYRAT, à Paris, rue de la Tour, n° 10.

Expose une nombreuse série d'objets en plaqué d'argent, bien confectionnés. Le jury lui conserve la médaille de bronze qu'il reçut en 1827.

CHAPITRE XXIV.

BIJOUTERIE, JOAILLERIE, TABLETTERIE.

SECTION PREMIÈRE.

BIJOUTERIE.

I. BIJOUTERIE D'ACIER.

RAPPEL DE MÉDAILLE D'OR.

Rappel
de médaille
d'or.

M. FRICHOT, à Paris, rue des Gravilliers, n° 42.

Cet habile fabricant obtint la médaille d'or, en 1823, distinction qui lui fut confirmée en 1827. Il expose cette année des objets de décor en acier poli, et des incrustations de différents genres; tous ces produits sont fabriqués avec la supériorité si connue de M. Frichot. Le jury le trouve toujours digne de la récompense du premier ordre.

RAPPEL DE MÉDAILLE D'ARGENT.

M. PROVENT, à Paris, rue Salle-au-Comte, n°ˢ 4 et 6.

Bijoux en acier poli, confectionnés avec l'habileté accoutumée de cet artiste distingué; il reçut, en 1823, la médaille d'argent, qui lui fut confirmée en 1827. Il a toujours droit au même honneur.

MENTIONS HONORABLES.

M. PÉROT, à Paris, rue des Fossés-Montmartre, n° 12.

Incrustations sur acier et pierres fines.

M. DE PUYDT, à Paris, rue du Marché-Palu, n° 20.

Bijouterie en fer et acier damasquiné.

M. VAUTIER (Pierre), à Paris, rue Saint-Maur, n° 84.

Bijouterie en acier.

BIJOUTERIE DE DEUIL.

En considérant la beauté, la perfection des pièces moulées en fonte par M. Dumas, pour bijouterie de deuil, nous regrettons vivement que cet habile fondeur n'ait pu se présenter en temps utile afin d'être admis par le jury de la Seine. Il aurait obtenu sans doute la récompense la plus élevée. Les produits de tout genre qu'il a fabriqués, et qui figuraient à l'exposition, prouvent qu'il surpasse tout ce qu'a produit de mieux la bijouterie parisienne.

CITATIONS FAVORABLES.

M. MARCHAND (Joseph), à Paris, rue Michel-le-Comte, n° 123.

Il a présenté des bijoux de deuil émaillés et en jais, travaillés avec goût; son commerce s'élève à 50,000 francs par an.

M. VIVIÈS, à Sainte-Colombe-sur-l'Hers (Aude).

Bijouterie de deuil en jayet, bien montée.

II. BIJOUTERIE DORÉE.

RAPPEL DE MÉDAILLES DE BRONZE.

M. ORBELIN, à Paris, rue Meslay, n° 33.

M. Orbelin dirige une fabrication très-étendue de bijoux dorés; il emploie 40 ouvriers dans ses ateliers, et 200 au dehors; ses ventes annuelles s'élèvent de 300 à 400 mille francs, dont la majeure partie est exportée dans les mers du Sud et dans d'autres contrées. Le jury rappelle, en faveur de M. Orbelin, la médaille de bronze que cet exposant reçut en 1823.

M. RICHARD, à Paris, rue Grenier-Saint-Lazare, n° 31.

Bijoux de deuil et bijouterie dorée, d'un bon goût et d'une confection soignée; son commerce s'élève à 10 mille francs par an, ses ventes s'opèrent en France et dans l'étranger. Il a reçu la médaille de bronze en 1827; le jury la lui confirme.

M. LELONG, à Paris, rue du Temple, n° 49.

Chaines dorées mexicaines, parfaitement exécutées à la mécanique. L'importance de sa vente est de 30 mille francs par an, et le nombre de ses ouvriers de 18 : ses chaines se vendent depuis 2 fr. 50 cent. jusqu'à 10 fr. le mètre. Il mérite la médaille de bronze.

MENTIONS HONORABLES.

M. HOUDAILLE, à Paris, rue Saint-Martin, n° 171.

Bijouterie dorée et bijouterie de deuil, bien confectionnées. M. Houdaille emploie pour matières premières le cuivre, et du fer de France; il fut mentionné honorablement dès 1827.

M. DACOSTA, à Paris, rue Jean-Robert, n° 17.

Bijouterie dorée sur cuivre, avec ornements en pierres fausses. Ses ventes annuelles s'élèvent à 50 mille fr.; il emploie 18 ouvriers dans ses ateliers et 25 au dehors. L'écoulement de ses marchandises se fait à l'étranger.

Mentions honorables.

M. NEVEUX, à Paris, rue Bourg-l'Abbé, n° 54.

Chaînes dorées de 2 fr. 25 c. à 24 fr. le mètre.

CITATIONS FAVORABLES.

Citations favorables.

M. JEANDET, à Paris, rue du Cimetière-Saint-Nicolas, n° 12.

Bijouterie en cuivre doré, vente annuelle 150,000 fr.; il n'emploie que des cuivres de France.

M. POTALIER, à Paris, rue Sainte-Avoye, n° 5.

Bijouterie en cuivre doré, vente annuelle 55,000 fr., tant à l'intérieur qu'à l'étranger.

III. BIJOUTERIE EN PLATINE.

RAPPEL DE MÉDAILLE DE BRONZE.

Rappel de médaille de bronze.

M. BERNAUDA, à Paris, quai des Orfévres, n° 32.

Cet habile fabricant présente un riche assortiment de bijouterie en platine, du travail le plus précieux et le plus fini. Il est le seul artiste qui se livre à ce genre de travail; ses premiers essais avaient mérité, lors de la dernière exposition, le rappel de la médaille de bronze : le jury lui confirme cette récompense.

SECTION II.

JOAILLERIE EN PIERRES FAUSSES.

BIJOUTERIE DE STRASS ET PERLES FACTICES.

Chaque exposition nous présente, soit en strass blanc soit en strass de couleur, des compositions admirables sorties des ateliers de MM. Douault-Wieland, Barthélemy, Bourguignon, etc. Si, dans ce genre d'industrie, nous n'avons rien trouvé qui fût réellement nouveau, c'est qu'il n'est pas possible aujourd'hui de pousser plus loin cette imitation des pierres fines naturelles : imitation tellement parfaite, que des joailliers très-habiles, consultés dès 1827, déclaraient au jury qu'ils avaient peine à distinguer, à la première vue, la pierre fausse de la pierre véritable, dont elle a la complète apparence. Cette imitation même a considérablement diminué la valeur et le prix des véritables pierres précieuses.

Pour les perles, ainsi que pour les pierres, on a poussé si loin l'art des fabrications qu'on ne peut plus distinguer l'objet naturel de ses imitations. Les perles artificielles étaient trop rondes, trop parfaites de formes, et trop légères; il a fallu leur donner les imperfections de la nature, et reproduire jusqu'à leur poids pour compléter l'illusion. Nous le répétons à l'égard des perles, comme pour les pierres artificielles, il faut y regarder de très-près, avec un œil exercé, pour distinguer maintenant entre l'art et la nature.

Beaucoup d'industriels parisiens s'adonnent à l'imitation des perles dont la vitrification fait la base. Feu Bourguignon s'était particulièrement distingué dans ce genre.

RAPPEL DE MÉDAILLE D'ARGENT.

M. DOUAULT-WIELAND, passage Dauphine, n° 36.

Cet habile artiste est depuis longtemps renommé pour ses pierres artificielles et surtout pour ses belles empreintes de médailles et de camées en verres de couleur; on apprécie les riches et brillants ajustements qu'il en a faits, pour divers genres d'ornements. Il est mort lorsque ses produits figuraient à l'exposition. Pour les motifs que nous venons d'indiquer, il n'avait point fait faire récemment des pas nouveaux à son art; mais les belles rosaces qu'il venait d'exposer, et ses autres produits, nous montraient qu'il avait conservé sa première supériorité. Le jury le déclare, même après sa mort, toujours digne de la médaille d'argent qu'il avait obtenue deux fois en 1823 et 1827.

RAPPEL DE MÉDAILLES DE BRONZE.

M. BARTHÉLEMY, à Paris, au Palais-Royal, n° 112.

En 1823, M. Barthélemy reçut la médaille de bronze, rappelée en 1827, pour ses pierres précieuses factices; il n'emploie que des matières françaises à leur confection, et réussit parfaitement. Le jury le trouve toujours très-digne de cette récompense.

M. MARION-BOURGUIGNON, à Paris, passage de l'Opéra, n° 19.

Pierres précieuses factices, fort remarquables; bijouterie en perles imitées, qui font illusion par la beauté de leur aspect. M. Marion-Bourguignon n'emploie que des sables pour les fabriquer. Ses pierres sont montées sur argent et sur cuivre. Il mérite le rappel de la médaille de bronze qu'il obtint en 1827.

Rappel de médailles de bronze.

MENTION HONORABLE.

M. MARÉCHAL, à Paris, rue Notre-Dame-de-Nazareth, n° 8.

Mention honorable.

Joaillerie en strass, faite à la mécanique, pour laquelle il emploie l'or, l'argent et le strass.

BIJOUTERIE EN PERLES FAUSSES.

MÉDAILLE DE BRONZE.

MM. GARNIER et CHIROL, rue Montmorency, n° 38.

Médaille de bronze.

Bijouterie en perles fausses et en nacre. Les produits remarquables de MM. Garnier et Chirol sont exportés dans les colonies : le jury leur décerne la médaille de bronze.

MENTIONS HONORABLES.

M. ANRÈS, à Paris, rue Mauconseil, n° 20.

Mentions honorables.

M. Anrès expose des bijoux en perles fausses, à la

II.

11

confection desquels il emploie le verre, le cuivre, l'or, etc.; son commerce s'élève de 150 à 200 mille francs par année; ses débouchés sont l'Espagne, l'Italie et les colonies.

M. GUYON, à Paris, rue Meslay, n° 58.

Bijouterie en perles fausses, à très-bas prix : perles imitées, depuis 9 francs la grosse jusqu'à 30 francs la douzaine.

M. PETIT (Jean-François), à Paris, rue Saint-Martin, n° 193.

M. VALES (Antoine-Constant), à Paris, rue du Temple, n° 71.

Chacun de ces fabricants a présenté des perles fausses; tous deux ont mérité la mention honorable, pour la parfaite illusion qu'elles produisent sous tous les rapports, quand on les compare avec les perles véritables. La production annuelle de M. Vales s'élève à 120,000 fr. par année; il emploie 15 ouvriers dans ses ateliers, et 50 au dehors: les hommes gagnent 5 fr. et les femmes 1 fr. 75 c.

M. ROUYER jeune, à Paris, rue du Petit-Lion-Saint-Sauveur, n° 18.

Imitation de perles fines. Produits annuels, 80 à 100 mille francs; ouvriers, 12 dans les ateliers et 40 au dehors: principal débouché, l'étranger.

SECTION III.

TABLETTERIE.

La tabletterie française est justement estimée chez l'étranger, pour le fini du travail et l'élégance des formes; elle offre à notre commerce une valeur d'exportations assez considérable. Cette valeur s'élevait, en 1833, à la somme de 898,047 francs.

MÉDAILLE DE BRONZE.

M. PICHENOT jeune, à Paris, passage de l'Opéra, n° 16.

Médaille de bronze.

M. Pichenot a présenté des nécessaires dont les pièces sont très-riches et disposées ingénieusement; puis d'autres nécessaires moins coûteux, quoique traités avec soin; enfin des médailliers d'une belle exécution. Il mérite la médaille de bronze.

MENTIONS HONORABLES.

M. CHABANE (Maurice-Antoine), à Paris, rue du Grand-Hurleur, n° 25.

Mentions honorables.

Tabletterie en ivoire; diverses pièces faites au tour; une belle pièce d'ivoire sculptée.

M. Gorez, à Paris, rue de Montmorency, n° 1.

Nécessaires habilement travaillés.

M. LEYSEN (Petrus), à Paris, rue Tait-bout, n° 8.

Sculptures en bois, exécutées au tour, avec une précision et un fini remarquables.

M. POLLIART, à Rouen (Seine-Inférieure).
Beaux ouvrages de tour.

M. COLLETTA-LEFÈVRE, à Paris, rue Mandar, n° 10.

Tabatières à charnières d'une grande précision; montures en écaille très-bien exécutées.

CITATIONS FAVORABLES.

M. WILMS, à Paris, rue de Charenton, n° 32.

Mandrin ingénieux pour faciliter l'exécution des ouvrages de tour.

M. VINCENT, à Paris, rue de Beauce, n° 4.

Grandes tabatières en écaille.

CHAPITRE XXV.

MACHINES ET INSTRUMENTS PROPRES À L'AGRICULTURE.

CONSIDÉRATIONS GÉNÉRALES.

Depuis quinze années la fabrication des machines a pris en France un haut degré d'importance. Non-seulement les ateliers de constructions se sont multipliés avec une rapidité toujours croissante, mais on les a munis de moyens producteurs constamment améliorés. Le sentiment de la précision a sans cesse conduit à perfectionner l'exécution des travaux. Des ouvrages classiques, publiés sur l'application de la géométrie et de la mécanique aux arts et métiers, ont propagé les connaissances théoriques indispensables pour éclairer la pratique. On a communiqué ces lumières aux chefs, aux sous-chefs d'ateliers et de manufactures, ainsi qu'aux simples ouvriers. Plusieurs de ces ouvriers, aidés par les secours scientifiques nouvellement enseignés, ont fait un chemin rapide : ils reçoivent, dès cette exposition, des récompenses du troisième, du second et même du premier ordre. Tel est l'admirable progrès que nous avons à constater.

L'abondance et la variété des machines exposées sont telles qu'il nous a fallu consacrer quatre chapitres aux divers genres dont nous avions à comparer, puis à récompenser les chefs-d'œuvre.

Examinons le commerce des machines.

ANNÉES.	IMPORTATIONS.	EXPORTATIONS.
1820.................	357,500^f	216,500^f
1823..............	842,486	566,436
1827..............	1,045,293	1,319,303
1833..............	797,876	1,668,376

Ainsi, par un double succès, quoique nos besoins en machines de tous les genres soient à peu près doublés depuis vingt ans, il n'est pas même nécessaire d'en acheter aujourd'hui chez l'étranger pour une aussi grande somme qu'en 1823. Quand les importations diminuent ainsi, dans un espace de quinze années seulement, la valeur de nos exportations est devenue *huit fois* plus considérable ; et nous avons obtenu cet admirable résultat malgré la cherté des matières premières, telles que le fer et le combustible, éléments principaux de la construction des machines.

Le chapitre XXV, comme son titre l'indique, est réservé pour les machines et les instruments propres à l'agriculture. L'exposition de 1834 constate un progrès remarquable vers le perfectionnement de ces machines et de ces instruments. Depuis quelques années on a beaucoup multiplié les ateliers dans lesquels on les fabrique avec une précision, une solidité, une appropriation toujours croissantes. De là, le grand nombre de modèles présentés à l'exposition : ils ont constamment attiré l'affluence des observateurs.

SECTION PREMIÈRE.

CHARRUES, SCARIFICATEURS, EXTIRPATEURS, HERSES ET SARCLOIRS.

MÉDAILLES D'OR.

M. GRANGÉ, garçon de ferme (Voges).

Médailles d'or.

Si l'on réfléchit que la charrue est la principale des machines qui concourent à la production des céréales, pour *deux milliards de francs* chaque année, on appréciera toute l'importance des perfectionnements apportés à sa construction.

La charrue dite de *Grangé*, du nom de son inventeur, est conçue d'après une idée simple mais féconde; elle a pour double avantage d'exiger une force motrice qui n'est pas considérable, et de pouvoir être gouvernée par le laboureur le moins exercé.

M. Grangé, garçon de ferme, simple, modeste et généreux, avait livré son invention à ses concitoyens, sans prendre de brevet à monopole, sans réclamer aucun privilége, aucune indemnité, aucune distinction; les récompenses sont venues le chercher.

Il n'a pas non plus présenté sa charrue à l'exposition; mais le principe s'en retrouve dans une foule de charrues nouvelles, plus ou moins modifiées par des imitateurs empressés d'exposer leurs imitations, et qui recevront suivant leur mérite des distinctions secondaires.

Le jury central a décerné sa récompense du premier ordre, la médaille d'or, à M. Grangé. Il l'a recommandé pour une distinction éclatante, et le Roi l'a nommé chevalier de la Légion d'honneur.

Les étrangers ont uni leurs suffrages aux nôtres. L'administration du grand-duché de Toscane a fait frapper en l'honneur de M. Grangé, une médaille qui doit transmettre à la postérité la reconnaissance des amis de l'humanité, pour une invention éminemment avantageuse à l'art qui nourrit les peuples.

Empruntons au discours de l'*Influence de la classe ouvrière sur les progrès de l'industrie*[1] ce qui concerne la découverte de M. Grangé, pour faire apprécier la portée de son invention et des honneurs qu'elle a reçus.

« Parlons maintenant du perfectionnement d'une machine encore plus importante que les métiers de tissage : il s'agit de la charrue. Un garçon de ferme, Grangé, du département des Vosges, se propose d'améliorer la charrue la plus commune, celle qui marche avec l'aide de l'avant-train. Il étudie en laboureur la cause des fatigues et des inconvénients que cette charrue lui fait éprouver ; il cherche le moyen d'éviter et les secousses violentes, et ces efforts perpétuels qu'exige le maniement de la charrue, dans les terres inégales, fortes et pierreuses. A force d'essais et de réflexions, il parvient à trouver un système simple, dans lequel réside le plus grand mérite des perfectionnements qui lui sont dus : c'est un levier régulateur élastique, qui prend son point d'appui sous l'essieu de l'avant-train. Ce levier a l'extrémité de son petit bras fixée sous la flèche du même avant-train, et l'extrémité de son grand bras attachée par une chaîne au simple man-

---

[1] **Discours d'ouverture du cours de géométrie et de mécanique, appliqués aux arts et métiers et aux beaux-arts, prononcé le 30 novembre 1834.**

cheron qui remplacera désormais le double mancheron ou fourche employée précédemment pour gouverner la charrue.

« Par cette seule disposition, le tirage des animaux est rendu moins pénible du quart au sixième, le travail du soc dans la terre est régularisé, les mouvements brusques sont neutralisés; enfin, la conduite de la charrue est rendue si facile, qu'on peut sans apprentissage, avec une force musculaire très-médiocre, ouvrir un sillon parfaitement droit. Je passe sous silence les autres perfectionnements : ils sont précieux sans doute, mais d'une moindre importance.

« Le laboureur Grangé s'est contenté d'inventer, laissant à d'autres le soin d'exploiter son invention; vingt *charrues à la Grangé*, ce qui signifie empruntées de Grangé, figuraient à l'exposition : lui seul n'avait pas envoyé sa *charrue-Grangé*. Mais le jury central a saisi sa découverte, à travers les variantes des imitateurs, et l'a récompensée dans l'œuvre de ces derniers, en lui décernant la médaille d'or, en lui faisant donner la croix de la Légion d'honneur. Laboureurs français! jusqu'à ce jour on célébrait le soldat qui revenait au milieu de vous reprendre le mancheron de la charrue, en cachant, comme aurait dit l'éloquent général Foy, sa décoration sous sa veste de travail. Aujourd'hui, c'est la veste de travail elle-même que le Roi décore; c'est la charrue qu'on récompense, et la classe agricole tout entière qu'on honore dans la personne de Grangé le laboureur! »

M. MATHIEU DE DOMBASLE, à Roville, (Meurthe).

Le nom justement célèbre de M. Mathieu de Dombasle s'identifie en quelque sorte avec celui d'une agriculture à la fois pratique et savante. Ses écrits propagent les leçons dont ses travaux offrent l'exemple. Sa ferme-modèle n'est pas seulement une excellente école de culture et de fermage ; elle se combine avec une grande fabrique d'instruments aratoires perfectionnés. En dix années, cette fabrique a construit plus de 6,000 grands instruments, dont 3,210 charrues, 816 houes à cheval, 758 extirpateurs et rayonneurs, 573 semoirs, 561 herses, etc.

Il y a peu d'années encore et la France était sans atelier où l'on pût construire les instruments aratoires perfectionnés ; les charrues étaient confectionnées par des charrons ignares.

Les ateliers de Roville ont transporté chez nous la fabrication des meilleurs instruments imités de l'Angleterre, de l'Écosse, de la Belgique et de l'Allemagne. Les produits de cette industrie ont été mis à l'essai dans la ferme-modèle, pour l'instruction même des élèves, en présence des visiteurs. Ainsi l'expérience a sans cesse pu servir à démontrer les avantages pratiques ; seul moyen vraiment efficace pour propager l'adoption des instruments par les vrais laboureurs.

Parmi les produits qu'à présentés M. Mathieu de Dombasle, les plus remarquables sont : une charrue simple à soc américain, en acier, avec un avant-train qu'on y adapte à volonté, pour qu'elle serve tour à tour comme charrue munie d'avant-train, et comme araire ou charrue simple ; un extirpateur à cinq socs en fonte ; un rouleau-squelette, pour briser les mottes de terre ; des coupe-racines, soit à mouvement circulaire, soit à mouvement alternatif ; un hache-paille à main ; un tarare ; etc.

Les succès obtenus par la fabrique de Roville ont fait

naître des établissements pareils dans les départements de l'Aveyron, du Gard, de la Haute-Garonne, de la Haute-Vienne, de la Nièvre, du Rhône, de Seine-et-Oise, etc. Presque partout, les excellentes proportions et la bonne exécution des instruments confectionnés dans cette fabrique les ont fait prendre pour modèles. Telle est la vaste influence exercée par le talent et la persévérance d'un seul homme. Le jury l'en récompense en lui décernant la médaille d'or.

Médailles d'or.

RAPPEL DE MÉDAILLE D'ARGENT.

MM. DE RAFFIN et ROSÉ, à Paris, rue Grange-aux-Belles, n° 15, et à Nevers.

Rappel de médaille d'argent.

Sous la raison Raffin-Rosé se trouve aujourd'hui la direction des ateliers qu'a dirigés et que dirige encore l'habile M. Rosé, successeur de M. Molard jeune. Les exposants ont présenté : 1° quatre charrues du même système et de forces graduées; elles reçoivent un petit avant-train pour donner à leur marche plus de régularité; 2° une charrue à tourne-soc-oreille, etc. Le jury central rappelle, en faveur des ateliers Raffin-Rosé, la médaille d'argent décernée en 1819 à M. Molard jeune, sous-directeur du conservatoire des arts et manufactures.

MÉDAILLES D'ARGENT.

M. S. HOFFMANN, à Nancy (Meurthe).

Médailles d'argent.

M. Hoffmann est un constructeur de machines et

d'instruments d'agriculture, de moulins à farine, à
huile, etc. C'est lui qui confectionne les machines à
battre pour la ferme-modèle de Roville et l'établissement agronomique de Grignon. Ses ateliers sont considérables et leurs produits très-estimés par les agri-
culteurs. On a distingué, dans son exposition, un tarare, une machine à battre, une charrue-Grangé
qu'il a modifiée. Ce mécanicien mérite la médaille d'argent.

M. Cambray, à Paris, rue Ménilmontant, n° 23.

Il a fait paraître à l'exposition une série très-complète
d'instruments aratoires sortis de ses ateliers. Le jury les
a trouvés construits suivant les bons principes, avec intelligence et solidité; il récompense M. Cambray par la
médaille d'argent.

École d'arts et métiers du prince de Chimay, à Ménars (Loir-et-Cher).

Dans un âge où tout est attrait et dissipation pour
la grandeur et l'opulence, le jeune prince de Chimay
conçut et réalisa la noble pensée d'une institution qui
présentât à la fois une école d'agriculture, une école
d'arts et métiers. Les ateliers ouverts aux élèves ac-
cueillis par sa générosité sont nombreux et variés. Quoique l'établissement soit récent encore, il offre déjà les
résultats les plus satisfaisants.

Le fondateur présente à l'exposition des instruments aratoires de toute espèce, des produits de char-
ronnage, de sellerie, de menuiserie et d'ébénisterie, tous

exécutés par ses élèves, avec un soin fort remarquable. Le jury central a distingué surtout la construction d'une charrue d'après le système *Grangé*.

Nous sommes heureux de pouvoir signaler à la reconnaissance nationale, et surtout à l'imitation des vrais philanthropes, un aussi bel emploi que devraient faire de leur crédit, de leur naissance et de leur fortune, les hommes que leur rang et leur opulence élèvent vers le sommet de l'échelle sociale.

Dans l'espoir de créer des imitateurs d'une conduite aussi digne d'éloges, et pour être juste envers les élèves de Ménars, le jury décerne à leur institution, dans la personne de M. le prince de Chimay, la médaille d'argent.

Puisse le jury central de la prochaine exposition, pour reconnaître dignement la continuation et le complément des progrès aujourd'hui signalés, avoir à décerner la récompense du premier ordre au même bienfaiteur de la jeunesse industrieuse !

MÉDAILLES DE BRONZE.

M. QUENTIN-DURAND, à Paris, impasse Sainte-Opportune, n° 8.

Les instruments aratoires construits par M. Quentin-Durand, dans les ateliers qu'il a fondés près de la barrière du Trône, ont été remarqués pour leur bonne exécution et pour le choix des modèles d'après lesquels ils sont exécutés. Il en a présenté beaucoup à l'exposition. Nous avons distingué particulièrement une charrue-Grangé munie d'un nouveau versoir en fonte, très-bien exécuté; un modèle de machine à battre, un hache-paille, un coupe-racine, etc. M. Quentin-Durand mérite la médaille de bronze.

M. BOURGEOIS, directeur des Bergeries de Rambouillet (Seine-et-Oise).

M. Bourgeois a présenté une charrue qu'il désigne sous le nom de *cosmopolite,* parce qu'elle peut convenir à l'agriculture de toutes les contrées; elle est munie de sa herse. On parvient à fabriquer la charrue pour 150 fr. et la herse pour 40 francs. Ces instruments aratoires sont aussi bien construits que bien imaginés; l'inventeur reçoit la médaille de bronze.

M. ANDRÉ-JEAN, à Périgny (Charente-Inférieure).

On lui doit une charrue perfectionée avec semoir. Son avant-train s'adapte à toute espèce de charrue, avec quelques modifications faites à l'axe; la charrue acquiert alors une telle fixité que le soc ne peut sortir de la raie, tant que les animaux qui la conduisent cheminent exactement dans la raie qui précède. La charrue marche avec une extrême facilité, sans que le conducteur ait besoin de la tenir; elle tourne très-aisement. Le jury décerne la médaille de bronze à M. André-Jean.

M. COGOUREUX, à Reynier (Tarn-et-Garonne).

Il exécute la charrue en usage dans son pays, et cette

même charrue avec quelques modifications qu'on a **Médailles** généralement approuvées, et qui sont regardées comme **de bronze.** d'heureux perfectionnements. M. Cogoureux reçoit la médaille de bronze.

MM. ARNHEITER et PETIT, à Paris, rue Childebert, n° 13.

Ils ont établi une fabrique d'instruments d'agriculture et de jardinage, parfaitement exécutés : le total de leurs ventes annuelles s'élève à 30,000 fr. Le jury leur décerne une médaille de bronze.

MENTIONS HONORABLES.

M. DESMONTS (Joseph), à Millon-Fosse (Nord).

Mentions
honorables.

Pour une charrue à versoir, retournant sans avant-train ; elle est employée avec beaucoup d'avantages dans le département du Nord, si célèbre pour son agriculture.

M. GEFFREY, à Montgery, et chez M. Blanqui à Paris, rue Neuve-Saint-Gilles, n° 5, au Marais.

Pour un grand scarificateur aratoire bien exécuté.

M. GELLAIN, à Illiers (Eure-et-Loir).

Pour une charrue de très-bonne construction.

M. LACAZES, à Nîmes (Gard).

Pour une charrue à cultiver la vigne, dite *charrue vigneronne*.

M. LEBLANC, charron, à Villejuif (Seine).

Pour sa charrue des environs de Paris, perfectionnée.

M. MEUGIOT, à la Maison-Neuve (Côte-d'Or).

Pour sa charrue bourguignonne.

CITATIONS FAVORABLES.

Le jury décide qu'il sera fait citation de

M. PLANCHON (Isidore), à Landas (Nord),

Pour la charrue qu'il a présentée à l'exposition;

M. ALBERT (François), à Corcelles-les-Monts (Côte-d'Or),

Pour sa charrue en fer;

M. PRAVARD, à Vannes (Morbihan),

Pour ses modèles de charrues à défricher, son extirpateur, et sa herse brisée.

M. Léonard, à Courcelles-Chaussy (Moselle),

Citations favorables.

Charrue d'une bonne construction;

Mme Ve Dietrich et fils, à Niederbronn (Bas-Rhin),

Socs et versoirs de charrue bien exécutés;

M. Courot-Bigé, à Corbelin, canton de Varzy (Nièvre),

Socs et versoirs de charrue perfectionnés.

SECTION II.

SEMOIRS.

La semaille des terres, cette opération d'une si haute importance, est pourtant abandonnée à la routine des paysans laboureurs, sauf l'exception de quelques modèles. On perd ainsi communément, par l'ancienne méthode, près de deux tiers de la semence, et trop souvent on compromet le succès de la récolte. Nous concevons, d'après cela, combien il serait intéressant de posséder un semoir mécanique dont les bons résultats fussent constants et certains.

Six semoirs ont été présentés à l'exposition.

MÉDAILLE D'ARGENT.

M. HUGUES, à Bordeaux (Gironde).

M. Hugues, avocat de Bordeaux et propriétaire-cultivateur à Pressac (Gironde), présente pour la grande, la moyenne et la petite culture, trois semoirs à sarcloirs, d'une structure simple et très-solide. Une herse est surmontée de deux trémies d'où les grains descendent dans des tuyaux, par la rotation d'une roue placée devant l'appareil, et qui roule dans le fond des rayons que tracent ces coutres creux. Par une ouverture latérale faite à ces tuyaux, on voit si les grains tombent régulièrement.

Lors même que l'instrument est en marche, il suffit que le conducteur presse un bouton pour arrêter la semence: de là résulte économie de grains et célérité de travail. Quelle que soit la force du vent, la semence est répandue avec une régularité parfaite au fond des raies ouvertes par les coutres creux, derrière lesquels est une chaîne à double branche, terminée par une bride de fer; cette bride traîne sur la terre et couvre la semence, à mesure qu'elle s'échappe des coutres creux.

La traverse, à laquelle viennent aboutir les tuyaux, sert d'axe à deux petites roues en fer pour aider la marche de l'instrument qu'un cheval de force moyenne conduit avec facilité.

Déjà le semoir de M. Hugues, introduit par ses soins dans beaucoup de départements, en 1832 et 1833, est d'un usage assez multiplié. Le jury central a pensé qu'il fallait encore une application plus générale et faite depuis plus longtemps avec succès, pour accorder à l'inventeur une récompense supérieure à la médaille d'argent.

MÉDAILLES DE BRONZE.

M. CRESPEL DE LISSE, à Arras (Pas-de-Calais).

Le semoir de M. Crespel de Lisse est un semoir à cylindre, qui paraît remplir toutes les conditions désirables. Le jury central, en attendant que la perfection de cet instrument soit plus complétement démontrée par l'usage, se borne à donner la médaille de bronze à M. Crespel, précédemment récompensé par la médaille d'argent et la médaille d'or, pour les progrès que lui doit l'exploitation du sucre de betterave.

M. ANDRÉ-JEAN, à Périgny (Charente-Inférieure).

Il a reçu la médaille de bronze pour sa charrue perfectionnée ; la même distinction s'applique au semoir de son invention, lequel répand avec régularité dans toute la largeur de la raie, les grains et l'engrais en poudre. Cet instrument réunit l'économie de la semence à celle de la main-d'œuvre.

MENTION HONORABLE.

M. BARRAU, à Paris, rue Neuve-des-Petits-Champs, n° 20.

Semoir-sarcloir à l'usage de la petite propriété. L'expérience en a fait connaître les avantages pour la petite culture.

CITATION FAVORABLE.

M. DAMAINVILLE, à Crépy (Oise).

Semoir lenticulaire qu'on emploie avec succès pour ensemencer le colza, la moutarde et d'autres graines de cette espèce.

SECTION III.
MACHINES À BATTRE ET À ÉGRÉNER.

MÉDAILLES D'ARGENT.

M. DE MAROLLES, à Paris, rue Neuve-Saint-Gilles, n° 5.

Il expose un modèle de machine pour battre et cribler les grains. Toute machine de ce genre doit être simple; il faut qu'elle ne brise pas la paille; il faut qu'elle crible et ventile à la fois avec économie et conservation. Le batteur de M. de Marolles satisfait à ces diverses conditions; on en a constaté la supériorité sur les meilleures machines de Suède et d'Écosse. Il est à regretter seulement qu'elle ne soit pas encore plus répandue. Le jury décerne à M. de Marolles une médaille d'argent.

MM. MOTHES frères, à Bordeaux (Gironde).

Machine pour battre et vanner les céréales et presque tous les grains; teiller les chanvres et les lins, rouis ou non rouis; couper la paille et l'ajonc épineux destinés à la nourriture des bestiaux.

Les essais faits en présence du jury, pour le battage des blés, ont prouvé que cette machine répond aux conditions exigées des batteurs mécaniques : non-seulement elle conserve intacte la paille, mais elle en extrait le grain, qu'elle vanne et qu'elle épure. Médailles d'argent.

Le teillage du chanvre roui, fait avec cette machine, semble ne laisser rien à désirer. Nous doutons qu'elle opère aussi parfaitement pour le chanvre et le lin non rouis; car le principe gommo-résineux, qui n'est point détruit par le teillage le plus complet, doit nécessairement agglutiner encore, et réunir une grande partie des filaments.

La machine de MM. Mothes, simple dans sa structure, est facile à manier, à monter, à réparer; elle n'est pas coûteuse et l'on peut également la faire agir par des moteurs mécaniques ou par les animaux employés à la culture des terres.

Le jury, fondant beaucoup d'espérances sur l'avenir de cette machine, accorde à l'auteur la médaille d'argent.

M. HOFFMANN, à Nancy (Meurthe).

Médaille d'ensemble.

M. Hoffmann qui a obtenu une médaille d'argent pour les charrues et autres instruments aratoires, construits dans ses ateliers, est auteur d'une excellente machine à battre, que nous rappelons ici, pour ordre, dans les médailles d'argent accordées aux batteurs mécaniques.

MÉDAILLES DE BRONZE.

M. VERNAY (Nicolas), à Villeneuve-l'Archevêque (Yonne).

Médailles de bronze.

Modèle de machine à battre au moyen d'un manége bien construit et parfaitement étudié ; la machine paraît

devoir remplir toutes les conditions exigées des batteurs
mécaniques. Employée dans le département de l'Yonne,
elle y rend de grands services ; elle mérite la médaille de
bronze.

M. Bonafous (Mathieu), à Paris, rue de l'Éperon, n° 5.

Modèle de machine pour égrener le maïs. L'égrenage
du maïs, avec la main, est long et difficile ; il y avait
donc un grand avantage à remplacer ce travail par un
moyen mécanique, à la fois prompt et peu coûteux. Tel
est le but que paraît avoir atteint M. Bonafous, auquel le
jury décerne la médaille de bronze.

M. Quentin-Durand, à Paris, impasse Sainte-Opportune, n° 8.

On doit à ce constructeur d'instruments aratoires, déjà
récompensé pour ses charrues, un batteur mécanique
très-bien exécuté, qui prend rang parmi les titres de cet
artiste à la médaille de bronze, pour l'ensemble de ses
produits.

CITATIONS FAVORABLES.

M. Léonard, à Courcelles-Chaussy (Moselle).

Auteur d'une machine à battre, employée dans son
département.

M. de Lallé, à Paris, rue Vieille-du-Temple, n° 124.

Machine à battre le blé, qui révèle un praticien bon
observateur ; elle est susceptible de perfectionnements.

SECTION IV.

MACHINES À ÉCRASER, MOUDRE, PULVÉRISER, FÉCULISER.

RAPPEL DE MÉDAILLE D'ARGENT
(D'ENSEMBLE).

MM. RAFFIN-ROZÉ, à Paris, rue Grange-aux-Belles, n° 15.

Ils exposent une machine à moudre qui fait partie de la collection pour laquelle on a rappelé la médaille accordée précédemment à M. Molard jeune, créateur des ateliers qu'ils exploitent maintenant.

Rappel de médaille d'argent (d'ensemble).

MÉDAILLE D'ARGENT.

M. MÉNIER et compagnie, à Paris, rue des Lombards, n° 37.

M. Ménier présente une nombreuse collection des produits de ses machines.

On doit à M. Ménier un système de machines pour pulvériser les substances alimentaires ou pharmaceutiques et beaucoup d'autres qu'on emploie dans les arts. Les produits qu'il expose sont tellement subdivisés qu'il est impossible qu'on y distingue aucune granulation encore sensible. On est surtout frappé de l'admirable ténuité de quelques substances qu'on croyait les plus difficiles à pulvériser.

Le mécanisme se compose de meules verticales en grès, avec bassines en fonte, pilons, bocards, tamisoirs, etc. Le moteur, fort de 32 chevaux, agit par une roue hydraulique; il est fourni par un bras de la Marne, à Noisel.

Médaille d'argent.

**Médaille
d'argent.**

Au premier étage de l'usine sont les moulins et les pile-
ries qui frappent plus de deux mille coups par minute,
avec une puissance sept fois plus grande que celle du
travail à bras. Au deuxième étage sont les moulins pour
gruer l'avoine et perler l'orge, un moulin à blé, des tamisoirs, des moulins à drogues, un jeu de cylindres pour
écraser les graines oléagineuses. Au troisième étage sont
les appareils à chocolat, composés de cônes liés par leurs
sommets et conduits circulairement sur un plan horizontal, où, chaque jour, ils élaborent complétement 350 à
400 kilogrammes de chocolat de diverses qualités.

Ces résultats sont d'une haute importance; ils justifient pleinement la médaille d'argent accordée à M. Ménier.

MÉDAILLES DE BRONZE.

**Médaille
de bronze
(d'ensemble).**

M. BOURDON (Eugène), à Paris, rue de Vendôme, n° 12.

On doit à M. Eugène Bourdon une belle collection
de modèles d'instruments et de machines diverses,
commandée par le gouvernement pour le conservatoire
des arts et métiers. Parmi ces modèles, pour lesquels
est accordée une médaille de bronze à M. Bourdon, le
jury distingue des machines à moudre et à pulvériser,
qui sont indiquées ici d'après l'ordre des matières.

**Médailles
de bronze.**

M. SAINT-ÉTIENNE (François-Xavier), à Paris, rue du Chevet-Saint-Landry, n° 1.

Inventeur de grands appareils de râpes avec tamis

mécaniques, pour extraire la fécule de pomme de terre. *Médailles de bronze.* Les avantages des râpes mécaniques sont aujourd'hui généralement reconnus ; elles ont obtenu le plus grand succès : on les emploie dans la plupart des féculeries, et leur usage se répand avec une rapidité croissante. Le jury décerne la médaille de bronze à M. Saint-Etienne.

M. QUENTIN-DURAND, impasse Sainte-Opportune, n° 16.

Médailles d'ensemble.

On lui doit une bonne machine à moudre, qui prend rang parmi les inventions pour lesquelles ce constructeur a reçu la médaille de bronze.

M. FLEULARD, à Paris, rue Monsigny, n° 3.

M. Fleulard expose une machine à broyer, qu'il nomme *panlriteur* ou *broyeur universel*, parce qu'elle est propre à triturer les graines oléagineuses, à moudre les céréales, en un mot à pulvériser toutes les matières friables. Cette machine est composée de cercles coniques tournés ; ils sont parfaitement ajustés les uns dans les autres. Sur leur partie plane, on a pratiqué des cavités ayant la forme d'un cône renversé dont la hauteur et le diamètre sont proportionnés à la grosseur des substances qu'on veut triturer. Au moyen d'une vis de rappel, pour resserer plus ou moins l'espace entre les cercles, on peut obtenir des produits plus ou moins fins, ou seulement concassés. Ce mécanicien ingénieux mérite la médaille de bronze.

MENTION HONORABLE.

M. GUILLAUME, à Paris, rue du Faubourg-Saint-Antoine, n° 89,

Présente un moulin à farine de son invention.

CITATION FAVORABLE.

Mme BINARD, veuve ROUSSEL, à Sault-Chevreuil (Manche)

Cribles de blutoirs, bien confectionnés.

SECTION V.

PÉTRINS MÉCANIQUES OU MACHINES À PÉTRIR.

L'art de la boulangerie, malgré son indispensable nécessité, n'a pas fait tout les progrès dont il est susceptible. Les premières machines à pétrir qu'on a présentées ont peu satisfait quant à l'économie, quoiqu'elles eussent déjà de précieux avantages pour la propreté du travail et pour éviter les fatigues excessives de *geindres* employés au pétrissage. Cependant, quelques personnes possédaient des pétrins fort avantageux; tel était celui que le général Lafayette avait à sa terre de Lagrange. On a présenté six machines de ce genre à l'exposition.

MÉDAILLES DE BRONZE.

M. HAIZE (Félix), à Paris, rue du Faubourg-Saint-Martin, n° 98.

Auteur d'un pétrin mécanique pour lequel il a pris un brevet. Ce pétrin, bien construit, a l'avantage d'être fort simple. M. Amédée Hamois, de Valenciennes, s'en sert depuis plusieurs années avec succès. M. Haize construit des pétrins pour fabriquer depuis 25 jusqu'à 300 kilogram. de pain, aux prix gradués de 150 à 200, 250, 300, 350 et 400 francs. Il assure qu'un homme fait facilement 300 kilogrammes de pâte en quinze minutes. Une commission spéciale, nommée par M. le ministre de la marine, s'est assurée que cet instrument peut, en douze minutes, pétrir la pâte pour une fournée de 75 kilogrammes de pain, et qu'il doit être d'un très-bon usage et d'un grand avantage sous le rapport de la propreté, à bord d'un navire. En conséquence le ministre en a prescrit l'adoption pour les bâtiments de la marine royale. Le jury décerne à M. Haize une médaille de bronze.

MM. BESNIER DU CHAUSSAIS et POISSANT DE BERNAVILLE, à Paris, rue Feydeau, n° 30.

Ils présentent un modèle de pétrins mécaniques, en usage à Doullens, à Bernaville, à la Vacquerie, département de la Somme; à Saint-Pol, à Hesdin, à Frévent, département du Pas-de-Calais. Les habitants et les autorités de ces communes s'applaudissent d'employer ces pétrins; leur prix varie depuis 150 francs jus-

Médailles de bronze.

qu'à 1,200 francs, pour préparer de 40 kilogrammes à 500 kilogrammes de pâte, en huit à dix minutes.

Ces pétrins complétement clos, tamisent la farine et la rendent tout à fait pure immédiatement avant de la réduire en pâte : ainsi, nulle perte de matière. La pâte entièrement pétrie, elle tombe, au moyen d'une soupape, dans un tiroir où l'ouvrier la touche pour la première fois; il la pèse et lui donne la tournure d'usage pour la réduire en pain. Ce pétrin, d'une exécution soignée et d'un bon service, mérite la médaille de bronze.

M. DAVID, à Paris, rue du Harlay, n° 7.

Pétrin mécanique pour lequel M. David a pris un brevet; il est d'une construction très-simple, et la pâte qu'il produit est parfaitement pétrie. L'opération se fait en vingt ou vingt-cinq minutes au plus, pour 400 kilogrammes de pâte. C'est un résultat que ne pourraient donner, dans le même temps, les deux meilleurs pétrisseurs. M. David n'ayant encore à citer qu'un seul pétrin mis en activité, le jury lui donne la médaille de bronze.

Médaille d'ensemble.

M. FLEULARD, à Paris, rue Monsigny, n° 3.

Déjà cité pour ses machines à écraser, il a présenté un pétrin qui compte parmi ses titres.

MENTION HONORABLE.

Mention honorable.

M. PLENDOUX, à Marseille (Bouches-du-Rhône).

Pétrin mécanique à l'usage des ménages. Ce pétrin

est simple et d'un prix très-modéré ; nous le croyons d'un service facile. Mais, comme l'auteur n'a présenté aucun détail sur le nombre des pétrins qu'il a pu construire et placer, le jury se borne à lui accorder une mention honorable.

Mention honorable.

SECTION VI.

PRESSOIRS ET MACHINES À PRESSER.

MÉDAILLES D'OR (D'ENSEMBLE).

MM. SUDDS, ATKINS et BAKER, à Rouen (Seine-Inférieure).

Médailles d'or (d'ensemble).

Presse pour les graines oléagineuses et les substances végétales, qu'ils nomment *presse muette*. La pression de cette machine est très-considérable : elle est évaluée à 400,000 kilog. à chaque bout. Le prix est de 7,500 fr. Cette presse, l'un des moindres titres des exposants, est parfaitement construite, d'un effet puissant, facile à manœuvrer, et très-avantageuse. (Voyez chap. XXVII.)

MÉDAILLE D'ARGENT.

M. FARCOT, à Paris, rue Neuve-Sainte-Geneviève, n° 22.

M. Farcot expose une presse à huile, dont la vitesse et la puissance sont invariables, en ce sens, qu'à la fin de chaque opération, si la pression est trois fois plus grande qu'au commencement, les changements de vitesse s'opèrent d'eux-mêmes et d'une manière constante. Les plateaux compriment les tourteaux, quelle que soit leur épaisseur variable; enfin ils travaillent alternativement dans chaque bassin, sans que la main de l'ouvrier soit nécessaire pour changer la direction du mouvement ou proportionner la vitesse.

M. Farcot, ingénieur mécanicien, a de vastes ateliers pour la construction de toutes espèces de machines à vapeur, de roues hydrauliques, de moulins, de presses, etc. Le jury lui décerne la médaille d'argent.

RAPPEL DE MÉDAILLE DE BRONZE.

M. BENGÉ, à Paris, rue des Vieux-Augustins, n° 64.

M. Bengé, ingénieur mécanicien, associé, gérant et constructeur du balancier à percussion de Révillon, présente un nouveau système de balancier, qu'il applique aux vis de presses et de pressoirs; ce système paraît réunir beaucoup d'avantages. Le jury confirme à M. Bengé la médaille de bronze qu'il obtint en 1823 et qui fut rappelée une première fois en 1827.

MÉDAILLE DE BRONZE.

MM. FRANÇOIS jeune et BENOIT, à Troyes (Aube).

Pressoir à engrenage, dit *pressoir troyen*. Cette machine peut se placer au-dessus d'une cave, dans un emplacement de trois à quatre mètres de longueur et de largeur, sur à peu près autant d'élévation. La structure

en est simple; deux hommes agissant chacun sur sa ma-
nivelle produisent une pression totale que MM. François
et Benoît évaluent à 140,000 kilogrammes, pendant
qu'aucun des grands pressoirs anciens n'est capable
que d'une pression théorique de 75,000 kilogrammes.
Le prix du pressoir troyen, muni d'un dynamomètre à
timbre pour limiter la pression, est de 1,800 fr. Ces
pressoirs obtiennent à ce qu'on assure un très-grand
succès dans les départements de l'Aube et de la Marne.

Le jury décerne une médaille de bronze à MM. François et Benoit.

MENTION HONORABLE.

MM. Traxler et Bourgeois, à Arras,
(Pas-de-Calais).

Pressoir vertical à huile, avec presse hydraulique à
mouvement continu. Ces habiles mécaniciens sont
connus avantageusement par les nombreuses machines
sorties de leurs ateliers. Leur pressoir vertical est d'une
grande puissance; il fait alternativement des tourteaux
de rebat et de pressage. De cinq en cinq minutes il
donne huit tourteaux d'un kilogramme.

CHAPITRE XXVI.

MACHINES ET MÉCANISMES EMPLOYÉS POUR LES TRANSPORTS ET POUR LES CONSTRUCTIONS CIVILES, HYDRAULIQUES ET NAVALES.

SECTION PREMIÈRE.

MÉCANISMES PROPRES AUX TRANSPORTS, AUX MOUVEMENTS, AU PESAGE DES FARDEAUX, AUX ÉCHAFAUDAGES, ETC.

MÉDAILLE D'OR.

M. LEBAS, ingénieur des constructions navales, à Toulon (Var).

Dès 1830, M. Lebas, ancien élève de l'école polytechnique, fut chargé de résoudre un grand et beau problème de mécanique pratique : c'était l'abattage, l'embarquement et le débarquement du principal obélisque de Luxor, l'ancienne Thèbes. La solution de M. Lebas est un modèle d'invention et de simplicité[1]. Pour faire passer un obélisque pesant 230,000 kilogrammes, de la posi-

---

[1] Voyez dans les *Annales maritimes* (année 1832), le mémoire sur le transport en France des obélisques de Thèbes, lu, le 15 mai 1832, à l'Académie des sciences, par le baron Charles Dupin, membre de l'Académie et du Conseil d'amirauté.

Voyez aussi le Voyage plein d'intérêt publié par M. Verninac Saint-Maur, qui commandait le navire *le Luxor*, chargé de transporter l'obélisque en mer; mission qu'il a très-honorablement remplie.

tion verticale à la position inclinée, sur le plan qui
devait conduire cette masse jusqu'au navire, il a décom-
posé les mouvements en plusieurs rotations, successivement opérées sur des axes différents : de telle sorte que
le centre de gravité du monolithe restât toujours peu
distant du plan vertical mené par l'axe de rotation, et
qu'une force modérée pût retenir cette énorme masse dans
toutes ses positions. Deux groupes de forces furent appliqués à des systèmes funiculaires, savoir : un système d'impulsion, pour abattre ; un système, de retenue pour maî-
triser et régulariser les mouvements. On multipliait les
forces d'impulsion par des cabestans, et les forces de retenue
par des moufles. M. Lebas avait conçu l'idée ingénieuse :
1° de retenir l'obélisque comme un mât de vaisseau, par
un ensemble de cordages déployés en éventail et symétri-
quement de chaque côté du plan dans lequel devait graduellement s'incliner l'axe de l'obélisque ; 2° de rendre
mobile une base horizontale ou chevalet, sur lequel seraient solidement attachés les *haubans* ou cordes de
retenue. A l'arête horizontale et saillante de ce chevalet
il avait fixé huit de ces cordes dont la force était multipliée
par des moufles : enfin huit hommes, un par corde, en
tenaient à la main l'extrémité libre. Tel est l'art et le
calcul de cette combinaison, que ces *huit* hommes ont
suffi, pendant toute l'opération, pour retenir l'obélisque
et modérer, au gré de l'ingénieur, la descente graduelle
de 230,000 kilogrammes : poids qui représente celui de
trois mille quatre cents hommes !

Les dispositions primitives pour descendre l'obélisque,
du plan incliné jusqu'au navire, et pour l'introduire de
ce plan dans le navire ; les dispositions inverses pour
l'extraire de cette carène, et le remonter suivant un nouveau plan incliné, jusque sur la place de la Concorde

R.

13

Médaille d'or. où il se trouve aujourd'hui, sont par leur simplicité ingénieuse, dignes d'une aussi belle opération.

Le jury décerne à M. Lebas la médaille d'or.

RAPPEL DE MÉDAILLE D'ARGENT.

Rappel de médaille d'argent. # M. KERMAREC, à Brest (Finistère).

M. Kermarec, chef d'atelier dans l'arsenal de Brest, s'occupe, avec un zèle infatigable, de tous les moyens mécaniques qui peuvent rendre aisément et sûrement transportables les pompes et tous les appareils contre les incendies. Il est lui-même inventeur de moyens ingénieux pour retirer et sauver les incendiés. Il a présenté cette année un modèle d'échelle flottante, montée sur un bâtiment de servitude; d'autres modèles d'échelles à incendie, et de barres à coulisse propres au service des fenêtres dans les incendies; un *nouveau corset pour les pompiers*. M. Kermarec, si recommandable pour son zèle, est toujours digne de la médaille d'argent qu'il a reçue en 1827

MÉDAILLES D'ARGENT.

Médailles d'argent. # MM. ROLLÉ et SCHWILGUÉ, à Strasbourg (Bas-Rhin).

Crics à double engrenage, balances à bascule, demi-ponts à bascule; horloges dont l'échappement et la sonnerie offrent d'heureuses modifications.

La parfaite exécution de ces machines et leur prix modéré, sont récompensés par une vente toujours croissante et maintenant très-considérable. Nous citerons comme exemple les crics à double engrenage avec crémaillère dont les dents, parfaitement limées, ont les formes prescrites par la théorie; pour un poids total de 10 kil., ces crics coûtent seulement 70 à 80 francs. De tels résultats font juger MM. Rollé et Schwilgué dignes d'une nouvelle médaille d'argent.

M. JOURNET (Pierre), à Paris, chemin de ronde, barrière des Martyrs.

M. Journet est breveté pour l'invention d'échafauds mobiles, dont il a présenté les modèles :

1° *Grand échafaud extérieur* propre au ravalement des façades de maisons; 2° *échafaud intérieur,* pour opérer dans les édifices, et surtout pour travailler à l'intrados des voûtes qu'offrent les grands monuments tels que les palais et les églises; 3° *balcon volant,* qui remplace avec avantage la corde à nœuds des badigeonneurs.

Un tel système d'échafauds fera disparaître les perches mal assurées dont le pied encombre la voie publique, les planches transversales à peine fixées avec de mauvais cordages, et les cordes suspendues à la toiture, aux nœuds desquelles s'accrochent avec des harpons les ouvriers dont la vie reste toujours en péril; ces ouvriers, gênés par leur position, aussi fatigante que dangereuse, travaillent mal et lentement. Le jury croit devoir déclarer toute l'importance qu'il attribue aux échafaudages de M. Journet, pour faciliter, pour accélérer des travaux importants, et surtout pour faire disparaître les dangers les plus imminents auxquels sont exposés les ouvriers qui bâtissent ou qui réparent les édifices publics ou particuliers. Peut-être le gouvernement pourrait-il en prescrire l'usage dans ses propres constructions et dans celles des citoyens, par mesure de police et pour raison d'humanité. L'on paralyserait ainsi les coalitions de certains chefs de travaux, cupides et sans pitié pour les travailleurs qu'ils exploitent. Le jury décerne une médaille d'argent à M. Journet.

M. LAIGNEL, à Paris, rue Chanoinesse, n° 12.

Ce mécanicien s'est beaucoup occupé de perfectionner la structure des chemins de fer ; il a cherché surtout à résoudre le problème des changements de direction, soit dans les déviations d'une même route, soit dans le croisement des voitures, quand la voie n'est pas double. Lors de l'exposition, il a fait exécuter aux Champs-Élysées son ingénieux procédé, qui doit réussir en plaine et pour des vitesses modérées ; mais qui pourrait, sur des pentes un peu sensibles, avec de grandes vitesses, exposer à des accidents graves, occasionnés par l'action de la force centrifuge : action dont l'effet est proportionnel au carré du rayon des tournants de route.

Le jury, prenant en considération les cas spéciaux où le procédé de M. Laignel peut être utilement employé, décerne la médaille d'argent à ce mécanicien.

MÉDAILLES DE BRONZE.

M. FAYARD, marchand de bois, à Paris, quai d'Austerlitz, n° 7.

M. Fayard s'est proposé de réunir le mesurage et le pesage du bois à brûler, en plaçant la mesure du volume légal sur une espèce de balance-bascule. Il nomme ces appareils *péso-stères* ou *pèse-solides;* il en a présenté deux à l'exposition. Cette méthode offre au consommateur le choix de la vérification par le poids ou par le volume, et fournit contre la fraude une garantie de plus.

M. Fayard est aussi l'inventeur d'un fardier-préservateur, pour éviter des accidents graves occasionnés par les moyens actuellement mis en usage dans le transport des gros bois de charpente.

Le jury décerne la médaille de bronze à M. Fayard.

M. ECK, architecte, à Paris, rue Belle-Chasse, n° 26.

Il a présenté les machines suivantes :

1° Dessin et modèle d'une grue très-utilement employée aux reconstructions de la Chambre des députés, pour soulever et déposer avec soin les pierres sculptées des chapiteaux corinthiens, etc., qu'on voulait replacer ailleurs; 2° Engrenage ou harnais moteur, pour le transport des pièces d'artillerie de gros calibre et pour le bardage des fardeaux considérables dans les chantiers de construction, les arsenaux, les ports et les usines; 3° Une grue ou machine en fer pour enlever et mouvoir toute espèce de fardeaux. Le jury décerne la médaille de bronze à cet ingénieux artiste.

M. RÉGNIER (Louis-Edme), à Paris, rue des Mathurins-Saint-Jacques, n° 10.

Il a présenté : 1° plusieurs machines de son père, si justement estimé pour ses instruments et ses nombreux mécanismes appliqués aux objets les plus utiles, savoir : un *achtomètre*, instrument portatif, propre à mesurer la surcharge des voitures pendant leur circulation sur les routes dépourvues de ponts à bascule; 2° un *pnéo-mètre*, machine soufflante pour mesurer la force pulmonaire de l'homme, force extrêmement variable, même chez des individus dont la constitution semble identique; 3° et, c'est le principal titre de l'exposant, un scellé métallique pour les lampes de sûreté de Davy : le conseil général des mines a donné son suffrage à cette invention aujourd'hui recommandée dans toutes les mines. Le jury décerne la médaille de bronze à M. L.-E. Régnier.

MENTIONS HONORABLES.

M. Touboulic, chef d'atelier des boussoles dans l'arsenal de Brest (Finistère).

Une boussole de relèvement; un oscillomètre, pour donner sur un navire la mesure du roulis et du tangage; un axiomètre pour mesurer les angles du gouvernail avec le plan longitudinal du navire; une bouée de relèvement. Le jury central juge M. Touboulic digne d'une mention très-honorable et présume qu'à la prochaine exposition il sera digne d'une récompense plus élevée.

M. Palissard (Paulin), à Gimont (Gers).

Tombereau mécanique propre au transport des déblais, économique surtout pour les courtes distances. Ce mécanisme porte une caisse qui, voiturée sur la terre à déblayer fraîchement labourée, l'écrème pour ainsi dire jusqu'à chargement complet : la caisse remplie, on la soulève avec un treuil, afin de la conduire au lieu du remblai. Cette machine serait surtout utile pour modifier en grand la surface des terrains, abaisser des éminences et combler des creux, faciliter l'écoulement des eaux, etc.

M. NÉRÉE-TELLIER, à Paris, rue Saint-Denis, n° 107.

Nouveau système de rouages de voitures et de charrettes, pour diminuer les frottements, les secousses, etc. Dans ces roues, les moyeux en fonte renferment un disque ou galet qui roule sur l'essieu, lequel tourne dans le moyeu où il est enveloppé par un puissant ressort en spirale. Le rapport des forces motrices nécessaires à ce système, avec le système ordinaire, sur des dalles très-unies, s'est trouvé celui de 23 à 51 ; mais il reste à faire l'essai de ces combinaisons ingénieuses sur un sol irrégulier, incliné, etc.

M. RIEUSSEC, à Paris, boulevart Beaumarchais, n° 2.

Voiture-mesure-balance pour le bois, qui présente une heureuse application des pesons-Schwilgué. M. Rieussec a fait en outre une scierie fort ingénieuse.

CITATIONS FAVORABLES.

M. GUÉRIN (Antoine-François), à Paris, rue de la Tixeranderie, n° 27.

Machine pour découper à la scie les lettres et les ornements en bois. La découpure se fait par un mouvement continu pour les contours intérieurs et extérieurs ; un soufflet, mu par le même agent que la scie, balaie la sciure. Tout ce mécanisme est ingénieux et donne des résultats très-satisfaisants.

Citations
favorables.

M. PLANTEVIGNE, à Bordeaux (Gironde).

Rail-voie, dite *nautique*, pour les plans inclinés dont on se sert dans la navigation artificielle, lorsque l'on veut franchir les écluses ou les barrages des rivières, et qu'on ne veut pas faire les frais de construction d'une écluse. Ce procédé présente une disposition remarquable : le charriot qui transporte le bateau sur le plan incliné est en travers ainsi que le bateau : il roule sur quatre rails, ce qui donne à l'ensemble une grande stabilité; ce système est importé des États-Unis d'Amérique. On trouve, dans les *Voyages dans la Grande-Bretagne*, III⁰ partie, la description d'une semblable rail-voie, établie en Écosse dans le port de Leith. Dès 1817, les plans en furent remis au ministère de la marine par l'auteur de ces Voyages.

M. DUGUERCHETS, à Lorient (Morbihan).

Appareil mécanique pour sauver les malades, les enfants et les femmes, en cas d'incendie; modèle d'un bateau de sauvetage; système de suspension des boussoles marines.

SECTION II.

MACHINES FUNICULAIRES.

CORDAGES DE CHANVRE.

MÉDAILLE D'ARGENT.

Médaille
d'argent.

M. REECH, ingénieur des constructions navales, à Lorient (Morbihan).

M. Reech, ancien élève de l'école polytechnique, et

directeur de l'école d'application du Génie maritime, est Médaille
d'argent. auteur d'une machine très-ingénieuse pour *tresser* des cordages cylindriques, tels que des drisses de pavillon et autres cordages analogues. Elle donne des produits qui réunissent la régularité, la force et la flexibilité; elle opère, par une espèce de va-et-vient circulaire, les mouvements alternatifs nécessaires au croisement des tresses. L'idée mécanique qu'elle présente est susceptible d'applications importantes à plusieurs industries : l'auteur n'en a pas fait monopole par un brevet d'invention; il en a gratifié l'État et le public. Le jury le récompense en lui décernant le médaille d'argent.

CÂBLES CHAÎNES ET RIDEURS EN FER.

ÉTABLISSEMENT HORS DE CONCOURS.

FORGES ROYALES de la Chaussade, à Guérigny (Nièvre).

Établissem.
hors
de concours.

C'est en 1817 que furent apportés les quatres premiers câbles de fer achetés à Londres pour le compte de la marine française, puis installés, par l'auteur de ce rapport, avec leurs appendices, à bord d'un bâtiment de l'État. En même temps fut donnée la description des procédés employés en Angleterre pour les fabriquer; procédés adoptés peu d'années après dans nos arsenaux et surtout à Guérigny.

L'administration de la marine royale n'a point pensé qu'elle dût exposer ses produits en concurrence avec ceux de l'industrie particulière. Les forges de la Chaussade n'ont donc rien présenté, quoiqu'elles soient seules en possession de fabriquer les chaînes-câbles pour les grands bâtiments de guerre, tels que les vaisseaux et les frégates. Aucun établissement privé n'apporte un soin pareil au choix des matières premières; et ses produits, éprouvés avec les attentions les plus minutieuses, sont comparables aux plus beaux câbles fabriqués pour la marine britannique.

MÉDAILLES D'ARGENT.

Médailles
d'argent.

M. GALLE, membre de l'Institut, à Paris, rue de la Chaise, n° 10.

M. Galle, célèbre graveur en médailles, a rendu service aux arts utiles, en même temps qu'à l'humanité, par l'invention de ses chaînes à lames égales et multipliées. On peut surtout les employer avec succès pour les mécanismes des puits de mines, sans avoir à craindre, comme auparavant, la rupture de cordes usées ou de chaînes imparfaites, et par suite la chute déplorable et la mort des mineurs.

Les chaînes de M. Galle sont propres à beaucoup d'autres usages. Elles servent à former d'excellents bancs à tirer, ainsi qu'à transmettre des mouvements par engrenages continus. Comme elles n'acquièrent pas d'allongement sensible par l'usage, elles peuvent, dans les filatures, remplacer avec succès les chaînes à la Vaucanson, dont la longueur, au contraire, s'accroît sans cesse par la déformation progressive des mailles qui les composent.

M. Galle exécute mécaniquement ses chaînes, avec une parfaite précision, au moyen de balanciers et de découpoirs; les goupilles qui joignent les lames parallèles de ses mailles sont de fer et trempées en paquet.

Le jury juge M. Galle digne de la médaille d'argent.

M. Babonneau, à Nantes (Loire-Infé-rieure).

Médailles d'argent.

C'est en 1820 que M. Babonneau créa ses forges et sa fonderie. Dès 1823, il commença de s'occuper à fabriquer des chaines-câbles : il établit en 1825 une machine d'épreuve, composée d'après un système d'engrenages. Il emploie annuellement 150,000 kilogrammes de fer pour confectionner ses câbles. M. Babonneau s'est également occupé de fabriquer des ancres appropriées à l'usage des chaînes - câbles. Jusqu'ici lui seul les confectionne pour le commerce. Une de ces ancres, pesant 978 kilogrammes, figurait à l'exposition : il les vend au prix d'un franc le kilogramme. Il fait travailler de 90 à 120 ouvriers, qui mettent en œuvre par année 200 à 250 mille kilog. de fonte brute, 250 à 300 mille kilog. de fer brut, en consommant 6 à 7 mille hectolitres de houille. M. Babonneau mérite la médaille d'argent.

M. de Raffin jeune et compagnie, à Nevers (Nièvre).

Dès 1825 M. de Raffin et compagnie fondèrent à Nevers un établissement pour la fabrication des câbles en fer propres aux bâtiments de commerce ainsi qu'aux moindres bâtiments de guerre. En 1827, ils obtinrent la médaille d'argent pour les premiers succès qu'ils avaient obtenus. Depuis cette époque ils ont continué leurs travaux. Ils ont offert à l'exposition des chaines-câbles, de grosseurs très-variées; des chaînes à mailles courtes pour les carrières de Paris; d'autres chaînes pour les grues, les chèvres et les treuils.

M. de Raffin a, depuis 1833, augmenté ses ateliers en acquérant la grande fonderie de la Pique, garnie de ses agrès, pour mouler et couler des pièces de toute espèce, en sable d'étuve, jusqu'au poids de 8 à 10,000 kilog.; et, pour mouler au sable vert, des ornements et des pièces de mécanique. M. de Raffin occupe de 80 à 200 ouvriers : il mérite toujours la médaille d'argent qu'il a reçue en 1827, et le jury la renouvelle.

MÉDAILLE DE BRONZE.

MM. DROUAULT frères et compagnie, à Nantes (Loire-Inférieure).

MM. Drouault frères confectionnent des câbles-chaînes et tous les ouvrages de grosse forge pour les usines et pour la marine marchande. Une machine à vapeur forte de quinze chevaux leur sert de moteur pour les grands travaux; un manége de quatre chevaux est employé pour les moindres opérations. Ils ont exposé des chaînes-câbles, ainsi qu'un appareil propre au ridage des haubans, cordages tendus afin de maintenir en place les mâts des navires. Ces objets, bien confectionnés, ont droit à la médaille de bronze.

MENTION HONORABLE.

M. PAINCHAUT, à Kéruon, Brest (Finistère).

M. Painchaut est inventeur d'une crémaillère à rider (à tendre), qui remplace avantageusement ces grossiers

appareils en bois, appelés *moques* et *caps-de-mouton*,
employés pour le ridage des manœuvres fixes, haubans,
galhaubans, etc. Le nouveau système est plus puissant,
plus simple et plus économique. Cinq années en ont démontré la bonté par des expériences authentiques; la
marine royale l'a définitivement adopté.

SECTION III.

CONSTRUCTIONS HYDRAULIQUES : PORTES D'ÉCLUSES.

Chaque année deviennent plus rares les bois de
grandes dimensions propres aux constructions civiles et
navales. Par une conséquence naturelle, le prix de ces bois
s'élève de plus en plus. Par un progrès opposé, le prix du
fer et de la fonte de fer diminue graduellement; depuis
quinze ans, il est réduit d'au moins un quart. La conséquence de ces faits est qu'il y a chaque année plus d'a-
vantage à remplacer le bois par le fer, dans les grandes
constructions. Déjà nous voyons des navires entiers
construits en fer; et dans les autres navires, des mécanismes fort importants, jadis en bois, ne présentent
plus qu'une combinaison de fer et de fonte. Les travaux
des ponts et chaussées ont dû suivre une marche analogue. A des ponts en bois ou en pierre, on a substitué
des ponts, les uns massifs et les autres suspendus, construits avec la fonte et le fer. Il y a plus de vingt ans que
M. Bruyère, inspecteur général des ponts et chaussées,
proposait, pour les canaux, des portes d'écluses à châssis en
fer forgé recouvert, sur les deux faces, avec des madriers à
joints croisés; une porte de ce genre fut exécutée au canal
de Saint-Quentin. Un membre du jury central a décrit,
il y a quatorze ans, les écluses en fer coulé construites par

les Anglais pour le canal Calédonien[1] et pour leurs arsenaux maritimes, et publié pour la première fois les plans et les devis de ces constructions nouvelles[2] avec la demonstration de leurs avantages.

En 1830, M. Accolas prit un brevet d'invention pour de nouvelles portes d'écluses en fonte de fer, coulées d'une seule pièce, suivant un système dont il est inventeur. Vingt portes furent fondues d'après ce système, à Paris, par MM. Davidson et Robertson, et posées en 1832. Ces portes exécutées avec des améliorations très-sensibles, de M. Accolas même, ont réussi, nonobstant quelques légères imperfections.

Le 25 mars 1832, M. Émile Martin obtint de faire six nouvelles portes d'écluses, à membrures de fonte, bordées ou revêtues en tôle de fer.

M. Poirée, par un troisième système, s'est rapproché de celui qu'a décrit l'auteur des Voyages dans la Grande-Bretagne, en y portant seulement des modifications d'exécution judicieusement conçues. MM. Fuzelier et Le Laurin, de Nevers, ont fondu ces portes : ce système est le meilleur des trois.

Voici maintenant les récompenses décernées par le jury central aux auteurs de ces constructions dont les modèles figuraient à l'exposition.

MÉDAILLE D'OR.

M. Émile MARTIN, à Paris (Seine).

M. Émile Martin est le seul des trois concurrents qui

[1] Mémoires sur la Marine et les Ponts et Chaussées de France et d'Angleterre 1818.

[2] Voyages dans la Grande-Bretagne : force navale, force commerciale.

soit en même temps l'ingénieur et le fondeur de ses
portes : cet artiste éminent reçoit la médaille d'or pour
l'ensemble de ses produits, et nous ne faisons ici que
mentionner cette récompense.

Médaille
d'or
(d'ensemble).

MÉDAILLES DE BRONZE.

M. POIRÉE, ingénieur en chef du canal du Nivernais, à Nevers (Nièvre).

Médailles
de bronze.

Le jury décerne à M. Poirée, ingénieur en chef du
canal du Nivernais, la première médaille de bronze, parce
que les portes qu'il a dessinées et calculées ont paru les
mieux combinées : les portes qu'il a fait exécuter fonctionnent très-avantageusement au canal du Nivernais.
Elles ont à juste titre la préférence sur toutes les autres,
et quand elles seront plus généralement en usage, elles
mériteront une distinction supérieure.

M. ACCOLAS, à Paris, rue Hauteville, n° 38.

M. Accolas a le mérite d'avoir, le premier en France,
proposé et fait exécuter un système de portes d'écluses
qu'on a pu surpasser ensuite ; mais sans effacer ses titres
à la reconnaissance publique.

MENTIONS HONORABLES.

M. FUZELIER, à Nevers (Nièvre);
M. LE LAURIN, à Nevers (Nièvre).

Mentions
honorables.

Pour avoir exécuté les portes d'écluses dont les plans
sont dus à M. Poirée.

SECTION IV.

MACHINES HYDRAULIQUES.

CITATION POUR MÉMOIRE.

M. PONCELET, membre de l'Académie des sciences, à Paris.

Le jury central exprime son regret sincère, de n'avoir pas vu figurer à l'exposition la roue hydraulique inventée par ce savant et célèbre ingénieur militaire. Elle eût mérité la récompense du premier ordre, à raison de l'économie si notable, de 20 à 25 pour cent, qu'elle apporte dans l'application de la force hydraulique aux travaux de l'industrie. C'est un très-bel exemple de la supériorité des conceptions théoriques, pour résoudre les problèmes où l'on recherche les plus grands avantages possibles dans la transmission des forces motrices. Déjà nos manufactures et nos usines possèdent un grand nombre de roues *à la Poncelet*; les étrangers s'empressent d'en construire à notre imitation.

MÉDAILLES D'ARGENT (D'ENSEMBLE).

MM. DIETZ et HERMANN, à Paris, rue de Charenton, n° 2.

1° Une pompe à incendie sur charriot; 2° deux pompes portatives; 3° une pompe à double aspiration. Ces machines, bien construites, sont d'un prix modéré. Leurs auteurs en ont fait un grand nombre pour les communes rurales. Ces habiles mécaniciens, récompensés par la médaille d'argent en 1827, reçoivent maintenant une nouvelle médaille du même ordre, pour l'ensemble de leurs produits.

M. DACHEUX, à Paris, rue de la Chaise.

Appareils pour secourir les noyés, soit en aspirant l'eau qu'ils ont absorbée et qui les asphyxie, soit en introduisant dans le corps des individus, de l'air chaud ou froid. M. Dacheux s'est acquis dans la capitale, la plus touchante célébrité, par les nombreux usages qu'il a faits de ses procédés sur les individus auxquels il a sauvé la vie. C'est à ce titre qu'il a reçu, comme un des bienfaiteurs de l'humanité, le prix fondé par Monthyon.

M. Dacheux est digne de recevoir la médaille d'argent, pour ses ingénieux procédés et pour son courage plus ingénieux encore.

MÉDAILLES DE BRONZE.

M. LÉVÊQUE (Jean-Pierre), à Paris, petite rue Saint-Pierre, n° 8.

Pompes à simple ou à double corps, dont le produit se modifie à volonté selon la force motrice dont on peut accidentellement disposer, en changeant l'amplitude de la course du piston. Lorsqu'on fait connaître à ce mécanicien la profondeur du puits et le moteur qu'on veut employer, il annonce à l'avance le produit de sa pompe, qu'on voit mise à l'épreuve dans ses ateliers avant qu'on la reçoive. Avec des tuyaux mobiles ajustés sur le dégor-

Médailles de bronze.

geoir, l'eau peut être lancée au-dessus des maisons ou conduite dans toutes les parties d'un jardin.

Les pompes de M. Lévêque sont bien exécutées; elles méritent pour leur auteur la médaille de bronze.

M. GUÉRIN et compagnie, à Paris, rue et marché d'Aguesseau, n° 10.

Pompe à incendie avec des tuyaux dont la couture est en fil de laiton, et des seaux en toile à voile. M. Guérin a servi trente-cinq ans dans les pompiers de Paris, dont il fut dix-huit ans l'adjudant-major. Il a fait adopter, dans les machines mêmes, des perfectionnements fruits de sa longue expérience pour le service d'incendie des villes et des arsenaux maritimes. Ses coutures métalliques ont beaucoup d'avantages; ses seaux en toile, excellents et sans enduit, pèsent chacun la moitié d'un kilogramme; on peut les serrer en les réduisant au dixième de leur volume, on peut les lancer de loin et très-haut, etc. Tels sont les titres qui méritent à M. Guérin la médaille de bronze.

M. GAILARD, à Paris, allée des Veuves, n° 11.

M. Gailard est un des meilleurs constructeurs de pompes à incendie et de tous les accessoires : aussi ses machines ont-elles été constamment préférées pour le service des sapeurs-pompiers de la capitale. Il mérite la médaille de bronze.

MENTIONS HONORABLES.

M. HAIZE (Félix), à Paris, rue du Faubourg Saint-Martin, n° 98.

Petite pompe à douche et à injection, très soignée dans l'exécution. Elle peut diriger des courants d'air aussi bien que des courants d'eau ; elle peut servir à retirer les matières liquides qui se trouvent dans les yeux, les oreilles, etc. : le mécanisne en est ingénieux, il est utile à l'humanité. Nous décernons la mention honorable à M. Haize.

M. DURAND, à Paris, rue Saint-Nicolas-d'Antin, n° 24.

Il a présenté, 1° une pompe à double effet ; 2° une garde-robe inodore, construite avec luxe. Sa pompe à deux pistons alternatifs donne un jet continu. La force motrice n'est pas appliquée au centre de gravité des parties mobiles et c'est un défaut : du reste l'exécution est soignée et l'ajustage fait avec précision.

M. MAGNY (Marc-Antoine), à Paris, rue de la Clef, n° 1.

Manége pour élever les eaux des jardins. Les chevaux tournent toujours du même côté, sans qu'on les arrête lorsque les seaux s'emplissent ou se vident ; ce que les seaux font d'eux-mêmes. La société d'horticulture de Paris s'est prononcée pour approuver ce manége.

CITATIONS FAVORABLES.

M. Huet (Jean-Louis), à Paris, rue Neuve-des-Capucines, n° 5.

Pompe aspirante et foulante, à corps de pompe mobile et plongeant dans une bâche dont le fond est garni d'une soupape; le corps de pompe ne porte que la soupape de refoulement; l'intérieur de la bâche est fermé par un diaphragme élastique qui joint hermétiquement le dessus de cette bâche avec le contour extérieur du corps de pompe. La pompe de M. Huet peut servir pour les irrigations et les incendies.

M. Malizard, à Paris, rue Saint-Denis, n° 105.

Pompe-borne dont le balancier est en forme de serpent, à l'imitation de la jolie pompe de M. Durand...

M. Thuilier, à Paris, rue du Monceau-Saint-Gervais, n° 12.

Modèle de pompe sphérique aspirante et foulante, à jet continu, pouvant servir aux incendies, aux irrigations, etc. L'aspiration et le refoulement s'opèrent dans la sphère, par une espèce de valvule que fait aller le va-et-vient d'un balancier.

M. Stoltz et compagnie, à Paris, rue Coquenard, n° 22.

Pompes dites *de Dietz*, dont M. Stoltz et compagnie sont les constructeurs.

CHAPITRE XXVII.

MACHINES PROPRES À LA FABRICATION DES TISSUS.

SECTION PREMIÈRE.

MACHINES À FILER ET À TISSER.

RAPPEL DE MÉDAILLE D'OR.

M. COLLIER (John). à Paris, rue des Saint-Pères, n° 5, et rue Richer, n° 24.

M. John Collier, qui reçut trois fois de nouvelles médailles d'or, en 1819, en 1823, en 1827, n'a pas cessé de travailler avec un grand succès au perfectionnement des machines propres à la confection, à la préparation des tissus.

Cet habile constructeur présente à l'exposition de 1834 deux machines nouvelles; l'une sert à découper l'envers des châles et des étoffes brochées, l'autre sert à peigner la laine.

La première est analogue à la tondeuse pour les draps, machine aujourd'hui connue de tout le monde et que

Rappel
de médaille
d'or.

M. John Collier s'est rendue propre au moyen des perfectionnements succesifs qui la classent au rang des inventions les plus ingénieuses et les plus utiles de notre
époque. Pour découper l'envers des châles et des étoffes
brochées, il est nécessaire d'apporter des modifications
très-délicates à la tondeuse des étoffes drapées. Il ne
s'agit plus ici de couper des filaments très-courts, qui se
présentent par le bout et sous un angle oblique; il faut,
au contraire, découper des fils très-longs, à direction
transversale, et fixés des deux bouts dans l'étoffe. En même
temps les lames tranchantes ne rencontrant plus une résistance à peu près égale dans toute leur longueur, qui
peut aller jusqu'à 1^m,30 et même à 1^m,70, il faut vaincre
de nouvelles difficultés pour empêcher ces lames d'éprouver des flexions locales, qui ne manqueraient pas de
faire mordre l'outil sur l'étoffe. M. John Collier a triom-
phé de toutes ces difficultés avec son talent accoutumé.
Aussi sa nouvelle machine, employée déjà par plusieurs
fabricants de Lyon et de Nîmes, accomplit, avec une
rare perfection et une économie considérable, un travail
qui semblait appartenir exclusivement à la main intelligente de l'ouvrier.

M. John Collier avait présenté, dès l'exposition précédente, la première idée de sa machine à peigner la laine;
depuis cette époque il l'a beaucoup perfectionnée. Le
pied des peignes est chauffé maintenant avec de la vapeur introduite dans un canal circulaire inhérent à la
roue; par ce moyen, la laine est maintenue à la température la plus convenable, tant que dure le peignage. Cette
machine, exportée par l'auteur en Angleterre, y fonctionne depuis deux ans avec succès. Les laines qu'elle
y travaille sont il est vrai plus longues que les laines communes de France; mais les difficultés particulières que

présentent nos laines courtes semblent surmontées. Tout
promet la propagation rapide des nouveaux moyens mécaniques par lesquels ces résultats sont obtenus.

Si nous considérons l'établissement de M. John Collier dans l'ensemble des services qu'il a rendus à l'industrie depuis 1827, nous devons dire que, par l'importance
des travaux et la perfection de l'exécution, ses ateliers
continuent d'être comptés parmi ceux qui font le plus
d'honneur à l'industrie de la capitale.

Le jury se plaît à rappeler encore que M. John Collier, par ses inventions et ses travaux, a mérité successivement trois médailles d'or et la décoration de la Légion
d'honneur; il se montre de plus en plus digne de ces
hautes distinctions.

Rappel de médaille d'or.

NOUVELLE MÉDAILLE D'OR.

MM. André KŒCHLIN et compagnie, à Mulhausen (Haut-Rhin).

Nouvelle médaille d'or.

Les nombreuses machines que M. André Kœchlin
présente à l'exposition prouvent que ses ateliers, établis
sur une grande échelle, exécutent avec précision les travaux les plus variés. Sans doute, il faut d'habiles ouvriers
en plus d'un genre, et des machines-outils d'excellente construction, pour obtenir en fabrication courante, des résultats comparables aux trois métiers à filer
que nous avons vus à l'exposition, aux machines pour
imprimer à trois couleurs, aux machines à broder, aux
métiers de Roberts, aux machines pour auner les
étoffes, etc. MM. André Kœchlin et compagnie occupent
habituellement plus de 500 ouvriers; ils mettent en
œuvre dans leur fonderie et dans leurs ateliers, plus de

1,000 tonnes métriques de fonte, et 400 tonnes de fer forgé ; ils fournissent aux départements voisins tous les mécanismes nécessaires au filage, au tissage du coton, ainsi qu'à la fabrication du papier ; ils satisfont à des commandes considérables pour l'étranger et particulièrement pour la Suisse. M. André Kœchlin est devenu tantôt cessionnaire et tantôt inventeur, pour plusieurs des machines qu'il fait construire ; il a lui-même apporté des modifications, qui ne sont pas sans importance, dans les métiers à filer et dans les machines à imprimer. Parmi ces modifications, les unes ont subi avec avantage l'épreuve de l'expérience, les autres sont encore trop récentes pour que l'on puisse dès aujourd'hui prononcer sur tout leur mérite.

Si M. André Kœchlin n'a pas rendu les plus éminents services par ses propres inventions, il en a rendu qui sont très-dignes d'éloges en fondant à Mulhausen un établissement qui peut, sous tous les rapports, être compté parmi les premiers ateliers de construction que la France possède.

Le jury décerne une médaille d'or à MM. André Kœchlin et compagnie, qui figurent à l'exposition pour la première fois.

RAPPEL DE MÉDAILLE D'ARGENT.

M. FAVREAU, à Paris, rue de la Bucherie, n° 4.

Depuis plus de cinquante ans M. Favreau s'occupe à perfectionner les métiers pour faire le tricot : il a reçu, pour ses métiers, en 1819, une médaille de bronze ; en 1827, une médaille d'argent. Aujourd'hui, malgré son grand âge, il poursuit encore sans relâche des améliorations nouvelles.

Le métier qu'il présente à l'exposition sous le nom de *jumeaux-tricoteurs*, est assez simple, assez facile à conduire pour qu'un enfant de treize ans puisse tricoter facilement deux paires de bas à la fois.

On ne peut donner trop d'éloges à l'ingénieuse persévérance de M. Favreau. Le jury confirme avec distinction la médaille d'argent obtenue en 1827 par ce respectable vieillard.

NOUVELLES MÉDAILLES D'ARGENT.

MM. Henri DEBERGUE et compagnie, à Paris, rue des Vinaigriers, n° 13.

MM. Henri Debergue et compagnie présentent à l'exposition : 1° des métiers à tisser la soie, la laine, le chanvre, le lin et le coton ; 2° un nouveau métier à filer la laine et le coton. Les métiers à tisser, offerts à la dernière exposition, furent récompensés par la médaille d'argent. Depuis cette époque, ils ont reçu, de M. Henri Debergue, des perfectionnements fort remarquables : dans le métier à soie, un nouvel enroulage très-ingénieux donne à l'étoffe une tension constante ; dans le métier à double coup de chasse, la chaîne est tendue par un moyen nouveau ; enfin, M. Debergue a pris, il y a trois ans, un brevet pour un métier à chasse brisée, qui paraît offrir des avantages spéciaux pour faire les tissus à croisures sans envers. L'invention du nouveau métier à filer la laine et le coton est très-récente ; M. Debergue en a pris le brevet depuis peu de temps. Cet appareil présente, sans contredit des dispositions fort ingénieuses; c'est tout ce que nous pouvons en dire avant qu'une expérience, suffisamment prolongée, permette de porter un jugement définitif. M. Debergue emploie un grand nombre d'ouvriers; il construit des métiers à tisser de toute espèce, des machines à parer, et des métiers à filer; il a monté, dans ces derniers temps, plusieurs établissements considérables, en France, en Belgique, en Espagne, en Russie; les affaires de sa maison s'élèvent à 500,000 fr. par année.

L'esprit inventif de M. Debergue, ses constants efforts et ses succès pour perfectionner toutes les machines relatives à la filature et au tissage, méritent la médaille d'argent.

M. Dubois et compagnie, à Louviers (Eure).

M. Dubois présente une machine à lainer les draps, exécutée dans ses ateliers. La composition de cette machine est habilement conçue, et les diverses parties en sont combinées avec intelligence; nous l'avons trouvée bien construite et soignée jusques dans ses moindres détails. Enfin, plusieurs fabricants rendent un témoignage très-favorable sur la régularité du travail et l'économie qu'on obtient avec cette machine. M. Dubois dirige avec talent un atelier de construction à Louviers. Le jury lui accorde la médaille d'argent.

M. Agneray, à Rouen (Seine-Inférieure).

Il présente deux appareils à préparer le coton pour la

filature; l'un qu'il appelle *batteur-étaleur*, l'autre *comprimeur*.

Dès 1823, M. Agneray reçut la médaille de bronze pour un éplucheur, surpassé de beaucoup aujourd'hui par le batteur-étaleur. Déjà deux cents de ces batteurs sont en activité dans les diverses filatures de Normandie; M. Agneray vient d'en placer douze autres avec un perfectionnement très-récent.

Il fabrique en grande quantité des appareils qu'il nomme *lamineurs,* et qu'il n'a pu, faute de place, présenter à l'exposition. Les diverses machines de M. Agneray sont d'une bonne construction. Il a rendu des services essentiels à l'industrie de la Normandie. Le jury lui décerne la médaille d'argent.

M. JAILLET, à Lyon (Rhône).

M. Jaillet expose plusieurs modèles représentant les modifications successives qu'il a faites aux métiers à la Jacquard. Les deux premiers modèles ne peuvent être considérés que comme des essais encore imparfaits. Le troisième, déjà plus simple et plus complet, a fonctionné pendant quelque temps à Lyon, et les châles qu'il a produits figurent à l'exposition. Le quatrième est à la fois ingénieux et simple, mais il présente une disposition qui ne peut être jugée que par l'expérience: ce métier met l'ouvrier dans l'alternative de travailler à l'endroit ou de faire percer ses cartons à l'envers, c'est-à-dire de faire correspondre les trous aux aiguilles qui ne travaillent pas, et les pleins aux aiguilles qui travaillent.

Les mécanismes de M. Jaillet, au degré qu'ils ont atteint, méritent la médaille d'argent; son esprit d'invention et son activité le rendront probablement digne

Nouvelles
médailles
d'argent.
d'une récompense plus élevée, lors de la prochaine exposition.

M. DIOUDONNAT, à Paris, rue Fontaine-au-Roi, n° 39.

Il présente une carte de maillons en verre, plus un
nouveau métier à la Jacquard.

Cet exposant avait obtenu la médaille de bronze, en
1827, pour ses maillons à l'usage des fabricants d'étoffes.
Depuis cette époque, il a tellement développé ce genre de
fabrication, qu'il en a fait tomber les prix au moins de
40 pour cent. Maintenant il livre les maillons moyens à
trois trous pour 2 francs 50 centimes le mille, et sa fabrication annuelle de ces objets passe 20,000 francs. En
même temps M. Dioudonnat fabrique un grand nombre
de métiers ordinaires à la Jacquard ; il en expédie même
à Lyon, parce qu'il sait les faire très-solides, et les
vend à bas prix.

Le modèle de métier à la Jacquard que M. Dioudonnat expose, a sur le métier ordinaire cet avantage, qu'on
peut, dans le même espace, établir beaucoup plus d'aiguilles. Par ce moyen, la grandeur de chaque carton peut-
être beaucoup moindre ; avantage précieux pour des châles dont quelques-uns exigent plus de cent mille cartons.

Afin de récompenser tant de zèle et d'intelligence, qu'a
montrés M. Dioudonnat dans ce genre d'industrie, le
jury lui décerne la médaille d'argent.

MÉDAILLES DE BRONZE.

Médailles
de bronze.
M. FRUICTIER, à Bouttencourt (Somme).

M. Fruictier a présenté le dessin d'un nouveau système de broches et de bobines, pour la filature du coton, soit en gros, soit en fin. Il est impossible d'apprécier, à la seule vue d'un dessin, les avantages que renferme un mécanisme de cette espèce; mais nous avons examiné des bobines pleines, telles qu'elles sortent du métier : nous avons aussi cherché des renseignements d'expérience sur cette invention, qui paraît vraiment digne d'estime. Cependant, comme le mécanisme dont il s'agit n'est encore en usage que dans l'établissement de M. Fruictier, nous accordons seulement à ce filateur la médaille de bronze.

Médailles de bronze.

M. BLANCHIN, à Paris, rue du Faubourg-Saint-Martin, n° 98.

M. Blanchin présente plusieurs métiers à lacets, à fouets et à cordonnet.

Tous ces métiers sont construits avec soin. M. Blanchin a trouvé le moyen d'y joindre d'ingénieux échappements qui suspendent le travail presque à l'instant où un fil se casse. Le jury décerne la médaille de bronze à ce mécanicien.

M. HUGONNET, à Paris, rue du Temple, n° 29 *bis*.

M. Hugonnet expose un métier à la Jacquard, qui présente une modification intéressante. Les lames des griffes rendues mobiles, peuvent s'incliner plus ou moins; il en résulte qu'elles prennent beaucoup mieux les crochets et qu'elles ne peuvent pas tomber à faux sur la tête. Ce perfectionnement mérite la médaille de bronze.

MENTIONS HONORABLES.

M. LEBEC, à Paris, rue des Bons-Enfants, n° 22.

M. Lebec est inventeur d'un rouet ingénieux, propre à la filature du lin et du chanvre. Les avantages de cette petite mécanique nous font désirer de la voir répandue dans nos départements.

MM. DAVID et LOTH, rue des Fossés-Montmartre, n° 15.

MM. David et Loth exposent un rouet d'une nouvelle construction, qu'ils appellent *filoir*. L'inventeur de cette jolie machine est M. Caïman Duverger, dont ils exploitent les brevets.

Depuis peu de mois que les filoirs sont en vente, MM. David et Loth en ont édjà placé plusieurs centaines; ils les livrent au commerce à des prix extrêmement modiques (6 francs).

Si cette machine avait la sanction d'une expérience plus prolongée, elle obtiendrait une médaille.

MM. LARNABÉ et VENTOUILLAC, à Lavaur (Tarn).

Ils présentent un fourneau et un tour pour l'étirage de la soie et la filature des cocons. La disposition de ces appareils offre plusieurs avantages.

M. PREYNAT, à Saint-Étienne (Loire).

Modèle de battant de métier à rubans. Ce battant nous a paru très-bien disposé.

SECTION II.

CARDES.

RAPPEL DE MÉDAILLE D'OR.

M. HACHE-BOURGOIS, à Louviers (Eure).

M. Hache-Bourgois qui, dès 1806, obtint une médaille de bronze, et dès 1823 une médaille d'or, ne put en 1827 être récompensé, par défaut de formalités auprès du jury d'admission.

Cet habile fabricant présente un assortiment complet d'échantillons de cardes pour la soie, la laine et le coton. Dans sa fabrique, toutes les plaques sont exécutées à la main par un très-grand nombre d'ouvriers, appartenant pour la plupart à des établissements de charité situés dans le voisinage; tous les rubans au contraire sont exécutés à la mécanique, sur les métiers perfectionnés par M. Rottée.

La manufacture de cardes que dirige M. Hache-Bourgois, doit encore être comptée parmi les plus importantes de France : si elle n'a pas acquis beaucoup d'extension depuis la dernière exposition, elle a fait du moins des progrès remarquables pour la perfection du travail. M. Hache-Bourgois dirige en outre des filatures de laine et des fabriques de drap.

Le jury rappelle en faveur de ce fabricant distingué la médaille d'or qu'il a reçue dès 1823.

NOUVELLE MÉDAILLE D'OR.

MM. SCRIVE frères, à Lille (Nord).

MM. Scrive obtinrent la médaille de bronze en 1823,

et la médaille d'argent en 1827; ils présentent un assortiment complet de cardes exécutées avec une grande perfection. Leur établissement, qui s'est beaucoup agrandi depuis la dernière exposition, compte aujourd'hui plus de cent machines soit à plaques soit à rubans; leurs produits sont recherchés dans les diverses parties de la France et dans tous les pays de l'Europe.

On doit à MM. Scrive de justes éloges pour les efforts constants qu'ils ont faits depuis plusieurs années, pour les soins qu'ils ont pris d'emprunter à l'Angleterre ses perfectionnements les plus cachés, pour les succès remarquables qu'ils ont obtenus, et pour les nombreux services qu'ils ont rendus à l'industrie. Le jury leur décerne la médaille d'or.

MÉDAILLES D'ARGENT.

Nouvelle
médaille
d'argent.

M. METCALFE, à Meulan (Seine-et-Oise).

M. Metcalfe eut la médaille de bronze en 1823, et la médaille d'argent en 1827. Il expose maintenant des produits qui ne le cèdent à ceux d'aucune autre fabrique: rien n'est plus parfait que ses échantillons de plaques de cardes et de rubans; nous les avons trouvés conformes aux produits qu'il livre habituellement au commerce.

Si l'établissement de M. Metcalfe était, pour l'étendue de la fabrication, au même rang que pour la perfection du travail, le jury lui décernerait la récompense du premier ordre; mais, comme cette fabrique a pris peu d'extension depuis 1827, le jury croit devoir donner seulement à M. Metcalfe une nouvelle médaille d'argent.

M. MALMAZET aîné, à Lille (Nord).

Médailles d'argent.

Il présente des cardes pour le duvet de chèvre, le cachemire, la laine et le coton. Tous ses produits sont confectionnés avec un grand soin; ils sont placés avec avantage dans nos divers départements et dans la Belgique.

Déjà M. Malmazet fait travailler 20 machines à plaques ou à rubans; il dirige sa fabrique avec une rare intelligence. Ce manufacturier mérite une médaille d'argent.

M. le duc DE LAROCHEFOUCAULT-LIANCOURT, à Liancourt (Oise).

La fabrique de Liancourt, l'une des premières qu'on ait élevées après la révolution, fut fondée dans le château de Liancourt par le feu duc de Larochefoucault, l'un des plus zélés et des plus illustres promoteurs de l'industrie française. Il suffit de rappeler l'origine de cette fabrique et le nom de son fondateur pour faire comprendre qu'elle fut alors un modèle qui ne pouvait manquer de stimuler le zèle de nos fabricants, et d'exercer une heureuse influence sur ce genre d'industrie.

Depuis cette époque la fabrique de Liancourt n'a pas cessé de s'agrandir et de se perfectionner.

Le digne héritier du fondateur la conserve comme un monument utile au pays et glorieux pour sa famille. Non-seulement il en a gardé la direction, mais il en a perfectionné les travaux et multiplié les affaires. Sa manufacture livre au commerce des produits fabriqués avec grand soin et qui sont recherchés. Le jury décerne une médaille d'argent à M. le duc de Larochefoucault.

MÉDAILLES DE BRONZE.

M. Rottée, à Paris, rue Popincourt, nº 30.

M. Rottée fabrique des machines à cardes pour les rubans et pour les plaques. Sa machine à rubans est celle qu'on emploie avec un véritable succès dans la manufacture de M. Hache-Bourgois.

On n'a pas encore fait servir sa machine à plaques aux fabrications courantes.

Ces machines sont analogues aux machines ordinaires : mais elles présentent d'ingénieuses modifications qui sont dues à M. Rottée. Ce constructeur mérite une médaille de bronze.

M. Papavoine, à Rouen (Seine-Inférieure).

M. Papavoine a présenté des machines à fabriquer les rubans de cardes ; elles sont confectionnées avec beaucoup d'intelligence. Le jury donne à ce fabricant la médaille de bronze.

M. Achez-Portier, à Mouy (Oise).

M. Achez-Portier, qui fut cité favorablement en 1827, offre des cardes et des machines à bouter. Ce fabricant a fait des progrès sensibles depuis la dernière exposition ; il obtient une médaille de bronze.

MENTIONS HONORABLES.

M. Miroude, à Rouen (Seine-Inférieure);

M. Turquan, à la Ferté-sous-Jouarre (Seine-et-Marne);

M. Lefebvre-Boitel, à Amiens (Somme);

M. Godet-Huchard, à Troyes (Aube);

Ces fabricants méritent d'être mentionnés honorablement pour la bonté de leurs produits.

SECTION III.

ROTS ET PEIGNES.

MÉDAILLE D'ARGENT.

MM. Debergue, Defriesches et compagnie, à Lisieux (Calvados).

MM. Debergue, Defriesches et compagnie exposent des peignes pour le tissage des étoffes.

Ces peignes, confectionnés à la mécanique par des procédés importés d'Angleterre, sont très-bien exécutés. Ce qui les distingue particulièrement c'est que les dents, au lieu d'être plates sur les côtés que touche le fil, sont légèrement bombées en forme de cylindres très-aplatis; elles sont travaillées, dressées, assemblées et soudées par des moyens ingénieux.

Importer ce genre de fabrication, c'était rendre un

15.

Médaille
d'argent.

veritable service à l'industrie nationale. Le jury décerne la médaille d'argent à MM. Debergue, Defriesches et compagnie.

MÉDAILLE DE BRONZE.

Médaille
de bronze.

MM. CHATELARD et PERRIN, à LYON (Rhône).

MM. Chatelard et Perrin ont obtenu la médaille de bronze, en 1827, pour des peignes en acier, fort bien exécutés. Depuis cette époque, ils ont fait des progrès remarquables vers l'amélioration de leurs produits. Le jury leur accorde une nouvelle médaille de bronze.

MENTION HONORABLE.

Mention
honorable.

M. MAINOT, à Rouen (Seine-Inférieure).

M. Mainot continue de mériter une mention honorable pour ses peignes à tisser.

CHAPITRE XXVIII.

MACHINES À VAPEUR ET GRANDS MÉCANISMES.

Trois choses sont entrées dans le parallèle des produits que concerne ce chapitre. Le génie d'invention, le mérite d'exécution et l'importance des résultats pour les travaux des arts utiles.

Sous ces trois points de vue l'exposition de 1834 doit faire époque dans les annales de l'industrie française; on en jugera par l'énumération des artistes récompensés et par l'indication de leurs ouvrages.

RAPPEL DE MÉDAILLE D'OR.

M. JOHN COLLIER, à Paris, rue des Saints-Pères, n° 5.

Ce manufacturier a pris sans doute un rang distingué comme fabricant de machines à vapeur; mais ses principaux titres à la reconnaissance de l'industrie française se trouvent dans les innombrables mécanismes qu'il a construits pour la confection des tissus. C'est pourquoi nous avons énuméré dans le chapitre XXVII les travaux et les perfectionnements qui lui sont dus.

MÉDAILLES D'OR.

M. Cavé, à Paris, rue du Faubourg-Saint-Denis, n° 214.

M. Cavé commença par être simple ouvrier, puis soldat, puis modéliste chez l'un de nos premiers fabricants de machines, M. J. Collier; ensuite, il devint, à force d'économie, d'ordre et d'intelligence, chef d'un atelier qu'il a constamment agrandi, pour y fabriquer par degrés tous les genres de machines. La marine royale lui doit d'ingénieuses courbes en fer, propres à remplacer les courbes en bois, si rares et si chères, qu'exige la construction des grands bâtiments de guerre. Il a trouvé le moyen d'emboutir la tôle de fer, pour la courber en hémisphères d'un grand diamètre, et former ainsi des fonds de chaudière très-importants dans beaucoup d'industries où la fonte de fer n'offre pas assez de résistance : ces fonds de chaudière figuraient à l'exposition. On doit à M. Cavé un système de machines à vapeur, à cylindre oscillant, sans parallélogramme et sans condensateur. Il en a fait l'application aux bateaux à vapeur ; il a construit en tôle de fer, pour naviguer sur nos fleuves, la coque de ces bateaux, qui sont d'une légèreté remarquable. Il en a construit deux de ce genre pour les lacs de Thoune et de Neufchâtel : les pièces de ces bateaux, exécutées à Paris, ont été numérotées et chargées sur des chariots comtois, puis assemblées sur les rivages helvétiques. M. Cavé n'a pas borné là ses travaux; il serait trop long d'épuiser la liste des machines qu'il a construites et perfectionnées dans leur système ou dans leur exécution. Le jury central l'a jugé digne de recevoir la première médaille d'or, pour l'invention des grands mécanismes; et le Roi, d'après les comptes rendus par le jury, l'a nommé chevalier de la Légion d'honneur.

Médailles d'or.

MM. PIHET, constructeurs de machines, d'armes, etc., à Paris, avenue Parmentier, n° 3.

Ces artistes ont acquis une juste renommée pour la perfection avec laquelle ils exécutent les mécanismes les plus difficiles. Ils ont fondé l'une des plus grandes fabriques de machines, d'instruments et d'armes, que possède aujourd'hui la capitale. Leurs ateliers sont munis des appareils les mieux combinés pour travailler avec précision, avec économie, avec rapidité. Ils occupent habituellement dans leurs ateliers plus de 500 ouvriers. Ils construisent des machines à vapeur, tous les mécanismes des filatures de coton, de laine, de lin, etc. Lors des grands besoins militaires de la France, après la révolution de 1830, ils entreprirent la confection de 120,000 fusils et de 60,000 lits en fer. Ils purent suffire à ces travaux pour la France, en continuant de fabriquer pour l'étranger des machines variées, propres aux grandes manufactures : indice irrécusable que ces artistes savent, en beaucoup de genres, soutenir la concurrence sur le libre marché des autres nations. En 1827, MM. Pihet avaient reçu la médaille d'argent; ils sont dignes aujourd'hui de la médaille d'or.

M. MOULFARINE, à Paris, rue Saint-Pierre-Popincourt, n° 18.

M. Moulfarine est surtout distingué par la fertilité de son esprit inventif, et par l'heureuse hardiesse avec laquelle il entreprend les travaux les plus difficiles : travaux qu'il exécute avec un rare succès. Il a construit de très-belles machines à vapeur, pour la capitale et pour les départements. La machine qu'il a fournie à M. Beauvisage peut à volonté produire la force de dix, de vingt et de trente chevaux. Il est auteur d'un système particulier de pompes alimentaires. Enfin, M. Moulfarine au moment de l'exposition exécutait, par ordre du gouvernement, une machine ingénieuse qu'il a conçue pour empêcher la falsification du papier timbré.

La réunion de tous ces titres mérite que M. Moulfarine, honoré de la médaille d'argent, en 1827, reçoive aujourd'hui la médaille d'or.

MM. SUDDS, ATKINS, et BAKER, à Rouen (Seine-Inférieure).

Ils ont offert à l'exposition : 1° une machine à vapeur d'après le système de Hall, exécutée sous les divers rapports du tournage, de l'ajustage et du fini, avec la perfection qui caractérise les plus belles machines anglaises ;

2° Une grande presse horizontale à levier funiculaire, qui présente un emploi bien raisonné du fer pour résister aux tensions, et de la fonte pour résister aux pressions.

Depuis près de deux ans qu'est établie la manufacture de MM. Sudds, Atkins et Baker, ils ont confectionné plusieurs grandes machines aussi bien exécutées que celles qu'ils ont soumises à l'exposition.

Le jury central voit avec une vive satisfaction les puissantes manufactures de ce genre s'élever dans nos départements, au milieu des cités les plus industrieuses. Afin d'encourager de tels établissements, il accorde la médaille d'or à MM. Sudds, Atkins et Baker.

M. SAULNIER aîné, constructeur, à Paris, rue Saint-Ambroise, n° 5.

M. Saulnier présente à l'exposition : 1° une machine à vapeur, à haute pression et à détente, exécutée avec soin dans ses ateliers; 2° des planches d'acier préparées pour l'impression des gravures à la manière noire; il y joint des exemplaires de dessins reproduits avec ces planches : l'effet de ces gravures ne laisse rien à désirer. L'industrie française doit à M. Saulnier cette conquête importante. Grâce à sa découverte, nos artistes ne sont plus obligés de faire venir d'Angleterre des planches d'acier convenablement préparées. Il a su remplacer par une opération mécanique prompte et sûre, le travail préparatoire, aussi long qu'inégal, appelé *bercage*, C'est la France, aujourd'hui, qui fournit aux artistes anglais un produit qu'auparavant nous ne pouvions trouver que chez eux.

Ajoutons que M. Saulnier est auteur d'un grand nombre d'ingénieuses machines qui fonctionnent dans les manufactures, sur divers points de la France, et qu'il ne pouvait pas exposer.

En 1827 M. Saulnier reçut la médaille d'argent : le jury de 1834 lui décerne la médaille d'or.

M. PHILIPPE, à Paris, rue Château-Landon, n° 17.

M. Philippe a présenté la plus intéressante série de modèles, pour la collection du Conservatoire royal des arts et métiers, à Paris. Ces modèles, qui tous fonctionnent avec régularité, comme les grandes machines imitées, sont exécutés somptueusement, sur des dimensions proportionnées aux types mêmes qu'ils doivent reproduire. En voici l'énumération :

Une mécanique à fabriquer le papier continu; — une scierie à faire des planches; — une scierie à débiter les jantes des roues; — une scierie à placage; — une pompe à incendie; — appareil de Roth pour cuire le sirop; — machine à colonne d'eau de Reichembach; — chemin de fer, avec sa machine locomotive, ses waggons, etc. — Machine à fabriquer des clous d'épingles.

Aux yeux du jury, M. Philippe a des titres plus importants que la parfaite reproduction de grands mécanismes compliqués et difficiles. Il est éminemment inventeur; il l'est toujours dans un but utile, et toujours par des moyens avantageusement praticables. Tels sont les deux caractères de sa série de mécanismes propres à faire toutes les pièces des roues de voiture; mécanismes établis en fabrique, rue du Chemin-Vert, à Paris. M. Philippe est digne de la médaille d'or.

MÉDAILLES D'ARGENT.

M. BRAME-CHEVALIER, raffineur à Lille (Nord).

Nous avons vu figurer à l'exposition le bel appareil de

M. Brame-Chevalier, pour cuire le sucre par l'action
combinée de la vapeur et de l'air chaud. Ses chaudières à bascule dont le fond est garni de tuyaux, contiennent les sirops, échauffés d'abord par la circulation
de la vapeur morte d'une machine qui sert principalement à mettre en jeu les pistons d'une soufflerie. Cette
soufflerie lance, dans un double fond établi sous chaque
chaudière, un air comprimé qui s'échauffe par son
contact avec des récipients remplis de vapeur. Du
fond supérieur, l'air s'échappe par une foule de petites ouvertures, pour traverser en globules le liquide
chauffé déjà par la vapeur; le mouvement ébulli-
tionnaire ainsi produit favorise à tel point l'évapo.a-
tion, qu'une cuite auparavant opérée en quinze minutes l'est maintenant en sept. Ce n'est pas tout : on
évaluait le déchet à 17 ou 18 pour cent, il est maintenant réduit de 7 à 8. Déjà quinze raffineurs font usage
de cet excellent procédé. Pour cet appareil à la fois chimique et mécanique, la section des machines proposait
la médaille d'or et celle, de chimie la médaille d'argent :
c'est cette dernière qu'a décernée le jury central.

MM. Périer-Edwards, Chaper et com-
pagnie, à Paris, atelier de Chaillot.

Ils dirigent aujourd'hui les vastes ateliers fondés par
feu Périer, de l'Académie des sciences, en 1784, pour
procurer à la France la construction et l'usage des machines à vapeur. Cet établissement est remarquable
pour sa fonderie, qu'on regarde à juste titre comme une
des plus grandes et des meilleures que nous possédions.
C'est dans le même établissement qu'on exécute la chaudronnerie et les mécanismes du système de Brame-Chevalier; l'exécution de ces appareils ne laisse rien à désirer.

Aujourd'hui MM. Périer-Edwards et Chaper s'occupent à renouveler, pour leur vaste établissement, tous les mécanismes opérateurs que les progrès de l'art de construire ont rendus beaucoup plus précis, plus stables et plus puissants; ces nouveaux agents leur permettront d'exécuter de grandes machines avec toute la perfection de nos premières manufactures. Dès aujourd'hui le jury décerne la récompense du second ordre à MM. Périer-Edwards et Chaper, qui sans doute, à la prochaine exposition, mériteront celle du premier ordre.

M. SAULNIER (Jacques-François), à Paris, rue Notre-Dame-des-Champs, passage de Lorette.

On doit à M. Saulnier, mécanicien de la Monnaie, des travaux importants, accomplis depuis l'exposition de 1827; plusieurs machines à vapeur, soit à haute, soit à basse pression; beaucoup de presses hydrauliques; des balanciers pour battre la monnaie, destinés les uns à la France, les autres à l'étranger. Il a confectionné le matériel complet d'une usine à plomb: mandrins, bancs à tirer, laminoirs, engrenages et machine à vapeur. Tous ces travaux sont remarquables par leur précision, leurs combinaisons judicieuses et leur belle exécution. Le jury proclame ces qualités en décernant à M. J. F. Saulnier la médaille d'argent.

M. THONNELIER (Nicolas), à Paris, rue des Gravilliers, n° 30.

Cet artiste présente: 1° une presse d'imprimerie à mouvement continu, système de Cowper, parfaitement exécutée, et fonctionnant avec les résultats les plus satistaisants ; 2° de nouvelles machines monétaires. La machine monétaire de Munich d'abord modifiée, puis considérablement simplifiée, a servi de type aux deux presses produites à l'exposition : l'une de celles-ci sert à frapper les pièces de cinq francs, au nombre de trente et plus à la minute, par l'action de *deux hommes* seulement ; tandis qu'il faut *douze hommes* pour travailler avec le balancier ordinaire. Le jury décerne à M. Thonnelier la médaille d'argent.

M. Pecqueur, à Paris, rue Traversière-Saint-Antoine, n° 18 *bis.*

Il expose : 1° un modèle d'usine à sucre de betteraves, où la machine à vapeur fournit la force nécessaire pour râper les racines, et la chaleur indispensable pour la concentration, la défécation et la cuite des sirops ; 2° une chaudière à bascule, à grille compensatrice inventée par l'exposant ; 3° des échantillons de filets faits avec un métier dont il est aussi l'inventeur ; 4° un dynamomètre inscrivant toutes les oscillations des forces mises en action et donnant ainsi le moyen d'en calculer l'action moyenne.

En 1819 M. Pecqueur reçut la médaille d'or pour sa belle invention relative aux combinaisons numériques de mouvements circulaires propres à l'horlogerie. On voit que son imagination féconde est loin de rester oisive. En mentionnant ici la médaille d'or qu'il a si bien méritée, nous proposons de lui décerner, pour les nouvelles machines qu'il a produites, une nouvelle médaille d'argent.

M. Farcot, à Paris, rue Neuve-Sainte-Geneviève, n° 22.

On doit à M. Farcot : 1° des presses à huile, exerçant une pression progressive ; 2° des moulins à tan : 3° des pompes rotatives. Il a construit les premiers pétrins mécaniques mus par la machine à vapeur. Il a déjà vendu, moyennant des prix modérés, plus de trois cents pompes dites américaines ; malgré les difficultés qu'elles présentaient, il les a parfaitement exécutées, avec des outils ingénieux dont il est inventeur. M. Farcot avait obtenu la médaille de bronze en 1827 ; il mérite aujourd'hui la médaille d'argent.

M. ANTIQ, à Paris, rue d'Enfer, n° 101.

Cet artiste a fait paraître à l'exposition une série de modèles bien faits, qui sont destinés pour le Conservatoire royal des arts et métiers. On a surtout remarqué le modèle d'une machine à vapeur exécutée pour le navire *la Ville-de-Nantes*, et celui d'un moulin à l'anglaise, à plusieurs tournants. Ces modèles, M. Antiq les a plusieurs fois reproduits en grand pour l'industrie, dans les ateliers importants qu'il dirige avec une parfaite intelligence. Le jury lui décerne la médaille d'argent.

M. KŒCHLIN-ZIEGLER, à Mulhausen (Haut-Rhin).

M. Kœchlin-Ziegler démontre ses talents comme mécanicien, par des échantillons nombreux et remarquables de gravures exécutées dans ses ateliers, à Mulhausen. Ces produits, obtenus au moyen du burin, de la gravure au vernis, de la gravure à la molette et du tour à guillocher, attestent toutes les ressources en machines que présentent à l'industrie des impressions, les ateliers de l'exposant. Le jury lui décerne la médaille d'argent, pour la rare précision de ses résultats mécaniques, rehaussée par le bon goût et la beauté de l'exécution.

M. FELDTRAPPE, à Paris, rue du Regard, n° 30.

M. Feldtrappe a présenté des cylindres gravés pour l'impression des tissus. Dans les ateliers de cet habile artiste, la précision et la délicatesse de la gravure sont obtenues par un bel ensemble de machines ingénieuses imaginées par lui. Les travaux de M. Feldtrappe peuvent être mis sur la même ligne que ceux de M. Kœchlin-Ziegler. Le jury lui décerne la même récompense.

ÉCOLE ROYALE DES ARTS ET MÉTIERS, à Châlons (Marne) M. VINCENT, directeur.

Les élèves de cette école ont exposé une série de modèles très-remarquables par leur exécution précise. On a surtout distingué : 1° le modèle d'une machine à tarauder et celui d'une pompe à incendie, chef-d'œuvre d'exécution ; 2° des pièces de fonte telles qu'on les retire des sables verts ou des sables étuvés; elles attestent les bons procédés de moulage employés à l'école; 3° des tam-tams d'un son très-puissant, composition métallique dont la réussite est comme on sait très-difficile.

Le jury se plaît à témoigner sa haute satisfaction pour les beaux résultats auxquels est parvenue l'instruction pratique de l'école de Châlons, naguère encore si violemment attaquée comme incapable d'en produire de pareils. Il est juste de dire que cette école a pris une face nouvelle depuis qu'on l'a confiée à l'habile direction de M. Vincent, ingénieur des constructions navales, qui s'était déjà distingué dans la direction de l'école de maistrance, au port de Toulon : soins paternels, unis à la

Médailles
d'argent.

sévérité d'un commandement éclairé ; enchainement complet et plus méthodique d'études et de travaux matériels ; ateliers renouvelés, pour les mettre au niveau des industries perfectionnées ; meilleur choix de professeurs, de surveillants et de chefs d'ouvrages : depuis deux ans, grâce aux soins infatigables de M. Vincent, tout a concouru pour produire une supériorité que le jury, nous le répétons, est heureux de proclamer.

Signalé parmi les savants et les artistes qui ont rendu des services importants à l'industrie nationale, M. Vincent a reçu du Roi la croix d'officier de la Légion d'honneur.

M. GAVEAUX, à Paris, rue Traverse-Saint-Germain, n° 15.

Cet artiste s'est distingué par l'exécution des presses d'imprimerie à mouvement continu. Celles qu'il a produites à l'exposition, quoiqu'elles ne fassent pas registre, c'est-à-dire ne retournent pas la feuille, compensent cet inconvénient par la possibilité de tirer deux feuilles à la fois. La marche rapide de semblables presses a décidé plusieurs journaux quotidiens à les adopter. Beaucoup d'autres presses, à la Stanhope et à *virgule*, sortent journellement des ateliers de M. Gaveaux

M. MULOT, à Épinay (Seine).

Pour une collection fort intéressante d'outils de sondage nécessaires à la recherche des puits artésiens.

MÉDAILLES DE BRONZE.

M. Hoyau, à Paris, rue Saint-Martin, n° 120.

Inventeur d'une machine pour dresser le verre et d'autres matières dures, par le frottement. Cette machine, exécutée d'après les préceptes d'une saine théorie, entretient d'elle-même et rectifie continuellement l'horizontalisme du plan dans lequel elle fonctionne; elle peut rendre d'importants services. Le jury décerne à M. Hoyau la médaille de bronze.

M. Moreau, contrôleur de la monnaie à Bordeaux (Gironde).

Sa virole brisée est employée dans les presses monétaires; cette virole très-ingénieuse présente un véritable perfectionnement. M. Thonnelier en a fait usage dans la belle presse qu'il a présentée à l'exposition. Elle est adoptée avec avantage dans toutes les monnaies de France et même de l'étranger; elle mérite à son auteur la médaille de bronze.

M. Selligue, à Paris, passage des Petites-Écuries, n° 2.

On doit à cet artiste, d'un talent fécond, une foule de machines, qui par malheur ne résistent pas toujours à l'épreuve d'une longue expérience. Il a présenté: 1° une grue à bras de levier mobiles et variables; 2° une nouvelle presse mécanique; 3° le modèle d'une autre machine pour imprimer le papier continu. Le jury décerne à M. Selligue la médaille de bronze.

MM. Roth et Bayvet, à Paris, rue du Temple, n° 101.

MM. Roth et Bayvet ont présenté un grand appareil de Roth; cet appareil figurait à la dernière exposition; il n'est reproduit maintenant que comme un ouvrage de chaudronnerie qui présentait à surmonter de nombreuses difficultés d'exécution, pour les ajustages, pour roder les robinets, etc. Ce travail mérite la médaille de bronze.

M. Molher, à Paris, rue de Jarente, n° 9.

Série de modèles qui représentent les grands appareils pour étirer le fer par un jeu de laminoirs et de fenderie à l'anglaise. La parfaite exécution de ces modèles rend leur constructeur digne de la médaille de bronze.

École royale des arts et métiers d'Angers (Maine-et-Loire).

L'école des arts et métiers d'Angers n'a pas eu la bonne fortune à laquelle l'école de Châlons doit sa régénération; améliorée il est vrai, sous quelques points de vue, depuis deux années, son organisation, ses ateliers et son enseignement laissent encore beaucoup à désirer. Le gouvernement ne voudra pas laisser son œuvre à demi perfectionnée, et nous nous plaisons à penser qu'à la prochaine exposition, les deux écoles de Châlons et d'Angers ne présenteront plus dans les travaux de leurs élèves une inégalité fâcheuse pour cette dernière.

On remarquait avec peine des défauts de calcul et de combinaison dans l'horloge, d'ailleurs très-bien exécutée, que présentait l'école d'Angers. Le jury, pour être à la fois équitable et sévère, se borne seulement à décerner la médaille de bronze à cette École.

M. DELAFORGE, à Paris, rue de Pontoise, n° 10.

1° Soufflets destinés à divers usages : on en distingue un préparé pour établir une ventilation en refoulant de l'air frais et pur à mesure qu'il retire l'air vicié; 2° forges portatives parfaitement exécutées, et non moins soignées à l'intérieur qu'au dehors; M. Delaforge est le fabricant qui les fournit à l'artillerie française; 3° soufflets pour les petites forges de campagne, exécutés dans les ateliers de précision de cette Arme; ateliers dirigés avec un rare talent par M. le colonel Parizot. M. Delaforge mérite la médaille de bronze.

M. DE MANNEVILLE, à Gonneville (Calvados).

Série de machines pour la confection des tonneaux. Ces machines présentent encore plusieurs imperfections que l'auteur pourra par degrés atténuer ou faire disparaître; dans leur état actuel, elles produisent des résultats assez satisfaisants pour mériter la médaille de bronze à leur auteur.

M. GALY-CAZALAT, à Versailles (Seine-et-Oise).

Appareil générateur de gaz hydrogène, pour le combiner avec le gaz oxygène, au moment de l'inflammation. Cet appareil est construit d'après des principes hydrostatiques qui mettent à l'abri des dangers d'explosion. La lumière produite par ce système peut remplacer avec succès les rayons du soleil dans le microscope solaire : l'auteur propose de l'appliquer à l'éclairage des phares. De tels essais sont dignes d'encouragement ; le jury donne la médaille de bronze à M. Cazalat.

M. CHAVEPEYRE, à Paris, rue Montmartre, n° 38.

Fourneau dit *à vapeur;* parce que tous ses récipients sont chauffés par la vapeur, au moyen de doubles fonds, quoique chaque récipient puisse être déplacé séparément. Ce fourneau destiné pour les limonadiers, contient une étuve au bain-marie, ainsi qu'un bain de sable. De semblables appareils ont été confectionnés par M. Chavepeyre pour la compagnie des bouillons : il est récompensé par la médaille de bronze.

M. BOURDON (Eugène), à Paris, rue Vendôme, n° 12.

Série de modèles parfaitement exécutés. On a distingué surtout : 1° le modèle d'une machine à vapeur, tout en verre : dans ce modèle l'objet et le jeu de chaque pièce sont rendus perceptibles à l'œil; 2° le modèle d'une machine à vapeur, système de Watt, construit en verre et en métal. De semblables ouvrages rendent un vrai service à l'enseignement de la mécanique, en facilitant les démonstrations. M. Bourdon mérite la médaille de bronze.

M. FÉAU-BÉCHARD (Valentin), à Orléans (Loiret).

M. Féau-Béchard a présenté le modèle très-curieux d'un système de sondage chinois. Le jury lui décerne la médaille de bronze.

MM. FRANÇOIS jeune, et BENOIT, à Troyes (Aube).

Presse lithographique *à rouleau pressier,* inventée

par M. Benoit. Cette presse a remporté le prix de Médailles de bronze.
2,400 francs, proposé par la société d'encouragement :
elle mérite la médaille de bronze.

MENTIONS HONORABLES.

M. LESAGE, à Paris, rue Ménilmontant, n° 19.

Mentions honorables.

Filières à tarauder fort bien exécutées; les cousinets
et les tarauds sont parfaitement trempés : les fabrications de M. Lesage sont considérables.

M. TARLAY, à Paris, rue Beaubourg, n° 55.

Cylindres de laminoirs bien trempés, tournés avec
une précision presque mathématique.

MM. MARGOZ père et fils, à Paris, rue Ménilmontant, n° 21.

Tours en métal, d'une belle exécution; leurs arbres
sont surtout remarquables pour la perfection de la taille.

M. LECUL (J.-F.), à Paris, rue de la Madelaine, n° 39.

Machine à cintrer les cercles des roues, avec moins
de main-d'œuvre et plus de régularité que par l'embat-
tage ordinaire.

M. COLLIOT (François-Alexandre), à Paris, rue des Trois-Canettes, n° 2.

Il a construit la charpente de fer et les mécanismes

des phares de M. Fresnel; la structure en est à la fois élégante, solide et bien combinée.

M. LEQUIEN, à Paris, cour de la Sainte-Chapelle.

Serrures *incrochetables* à la Bramah, fabriquées par mécaniques; mesures à coulisses bien faites et divisées avec soin; tours à portrait, dont l'exécution, soignée seulement pour les pièces qui demandent de la précision, permet en général d'obtenir de bons résultats avec une machine peu dispendieuse.

M. LAN (Charles), à Paris, rue du Petit-Thouars, n° 24.

Petit appareil ingénieux, pour régler constamment la quantité de gaz débité par un bec, quelles que soient les inégalités des pressions que ce gaz éprouve dans la conduite.

M. BRISSET, à Paris, rue des Martyrs, n° 12.

Il s'occupe depuis longtemps à perfectionner la construction des presses lithographiques; celle qu'il a présentée renferme des innovations utiles.

M. LAUDAY, à Rouen (Seine-Inférieure).

Piston de machines à vapeur, avec segments en fonte de fer; la fonte plus dense que le cuivre altère moins les parois du cylindre contre lesquelles frotte le piston, et coûte moins cher.

CHAPITRE XXIX.

INSTRUMENTS D'ASTRONOMIE, DE PHYSIQUE ET DE MATHÉMATIQUES.

———

Ce chapitre est relatif à quelques arts dont les produits ne présentent pas en somme une grande valeur vénale; mais qui sont les plus propres de tous à marquer la hauteur où peut s'élever l'union de la science et de l'industrie, pour perfectionner, d'un côté les industries les plus délicates, de l'autre les sciences les plus sublimes:

Quelque faibles que soient les chiffres suivants, ils montreront nos progrès et notre supériorité comparative avec la plupart des nations qui font usage d'instruments d'astronomie, de physique et de mathématiques :

ANNÉES.	IMPORTATIONS.	EXPORTATIONS.
1823	9,364f	110,566f
1827	7,579	178,236
1833	6,933	243,676

Nous avons regretté de ne pas voir cette année le premier artiste de l'Europe pour la construction des instruments d'astronomie, M. Gambey, présenter à l'exposition quelqu'un de ses nouveaux chefs-d'œuvre, afin d'obtenir une nouvelle fois la récompense du premier ordre, et de marquer la perfection qu'atteint entre ses mains la plus savante des industries françaises. Mais, du côté de l'optique, nous avons trouvé la compensation la plus brillante à cette privation.

MÉDAILLES D'OR.

M. CAUCHOIS, à Paris, rue du Bac, n° 1.

M. Cauchois obtint la médaille d'or en 1823, et le rappel de cette récompense en 1827.

Depuis cette époque, il a continué ses recherches et ses travaux avec des succès qui dépassent tout ce que l'on pouvait attendre des plus habiles opticiens de l'Europe.

Nous rappellerons d'abord qu'il a fourni d'excellentes lunettes pour les observatoires de Strasbourg, de Genève, de Rome et de Bruxelles; il en a fourni pareillement en Irlande, en Espagne, en Égypte, et pour quatre établissements scientifiques des États-Unis.

Ces divers instruments, tous éprouvés par l'expérience et très-remarquables pour leur parfaite exécution, placeraient déjà M. Cauchois parmi les premiers artistes de notre époque. Cependant un si bel ensemble ne forme que la moindre partie des titres que cet opticien s'est acquis à la reconnaissance publique ainsi qu'aux récompenses du jury.

En effet, ces travaux sont en quelque sorte des euvres ordinaires; ils ne sortent pas des limites de ce qu'on avait pu faire jusqu'à présent; s'ils l'emportent sur ce que l'astronomie possède de meilleur en ce genre, c'est seulement par un travail plus soigné et par une plus grande précision. Mais ce qui distingue M. Cauchoix, ce qui le place tout à fait hors ligne, c'est le service éminent qu'il rend à la science en exécutant des lunettes au moyen desquelles on découvre dans le ciel à une profondeur où ne peut atteindre aucun autre instrument. Il a déjà confectionné trois de ces puissants appareils avec un même succès: le premier, livré à M. South, astronome anglais, est établi dans l'observatoire de Kensington; l'objectif a 302 millimètres de diamètre, et la distance focale est de 6 mètres: M. South a fait avec cette lunette plusieurs découvertes très-intéressantes. Une seconde lunette de même dimension, non moins parfaite que celle de M. South, sera bientôt livrée à l'université de Cambridge. Enfin la troisième, qui porte 534 millimètres d'ouverture réelle et 7^m,80 de distance focale, a été livrée à M. Cooper, qui s'en est servi pour faire de nombreuses découvertes d'étoiles doubles, et pour mesurer entre elles des distances qui ne dépassent pas 0″,78. Comparaison faite de cet instrument avec le grand télescope à réflexion de sir John Herschell, qui porte 487 millimètres d'ouverture, il en résulte que la grande lunette de Cauchoix est égale en lumière et l'emporte en netteté. Par conséquent, elle surpasse tout ce qui a été exécuté jusqu'à ce jour, soit en télescopes à réflexion, soit en télescopes dioptriques.

Nous n'entrerons pas ici dans l'examen des difficultés qui se présentaient pour exécuter des objectifs d'une aussi grande dimension; nous ferons seulement remarquer que c'est un travail nouveau qui exigeait des mé-

Médailles d'or.

thodes nouvelles. Ces méthodes sont maintenant trouvées; nous les devons au génie de l'artiste français. Après
trois succès aussi complets, nous avons la confiance
qu'elles s'appliqueront à des objectifs d'un diamètre plus
considérable encore.

Ainsi le travail des plus grandes lunettes sera désormais borné, non plus par l'imperfection des méthodes,
mais seulement par l'imperfection de la matière. Si l'on
parvient, comme nous avons lieu de l'espérer, à faire du
flintglass et du crownglass d'une assez grande pureté, la
science possédera bientôt d'admirables instruments de
six à neuf décimètres ou un mètre d'ouverture.

Pour les services éclatants que M. Cauchoix a rendus à l'astronomie, ainsi qu'à l'art de travailler les verres,
le jury lui décerne une nouvelle médaille d'or.

M. LEREBOURS, à Paris, place du Pont-Neuf, au coin du quai de l'Horloge.

M. Lerebours obtint, en 1823, une médaille d'or,
qui fut rappelée en 1827.

Depuis la première époque, cet artiste a travaillé, concurremment avec M. Cauchois, à l'exécution des lunettes
de grandes dimensions; M. Lerebours en a fabriqué de
161 millimètres et de 244 millimètres d'ouverture; il y
a quelques années il en a fait une de 324 millimètres, qui
se trouve maintenant à l'essai dans l'observatoire de Paris.
La perfection de cette belle lunette n'a cependant été
sanctionnée jusqu'à présent par aucune découverte dans
le ciel; ce qui doit être attribué sans doute aux longues ré-
parations faites depuis lors à l'Observatoire royal de Paris.
Cependant les renseignements que nous avons recueillis

nous autorisent à penser que la lunette de 324 milli- Médailles
d'or.
mètres de M. Lerebours est un instrument très-remarquable. Le jury croit devoir accorder à cet artiste célèbre une nouvelle médaille d'or.

M. Charles CHEVALIER, au Palais-Royal, n° 163.

M. Charles Chevalier obtint en 1827 une médaille d'argent avec son père, M. Vincent Chevalier, auquel il était alors associé.

Maintenant M. Charles Chevalier est à la tête d'un établissement qu'il a formé depuis quelques années. Il expose personnellement divers instruments de physique d'une très-bonne exécution; ses microscopes achromatiques, dont nous connaissions déjà les effets remarquables, ont particulièrement attiré notre attention. Nous les avons comparés avec un excellent microscope d'Amici, le meilleur de ceux qu'on possède à Paris; nous avons dû reconnaître, non sans étonnement, mais avec une vive satisfaction, que le microscope de M. Charles Chevalier est véritablement supérieur à celui d'Amici.

On sait que les instruments de ce genre sont indispensables au succès d'une foule de recherches intéressantes; en ces derniers temps, ils ont conduit à de véritables découvertes, soit dans la chimie organique, soit dans l'anatomie végétale ou animale.

M. Charles Chevalier, en portant le microscope à un plus haut degré de perfection, rend aux sciences un service important; le jury lui décerne une médaille d'or.

RAPPEL DE MÉDAILLES D'ARGENT.

M. JECKER, à Paris, rue de Bondy, n° 48.

M. Jecker, qui a obtenu la médaille d'argent en 1819 et successivement le rappel de cette médaille en 1823 et 1827, a continué de fabriquer avec le même zèle, le même soin et le même bon marché, les instruments de mathématiques, de marine et de géodésie.

Le jury renouvelle en sa faveur le rappel de la médaille d'argent qu'il obtint dès 1819.

M. SOLEIL père, à la Chapelle-Saint-Denis (Seine).

M. Soleil père reçut en 1823 une médaille d'argent, rappelée en 1827. Il présente à l'exposition de 1834 un de ces grands appareils de phare, inventés par l'illustre Fresnel, puis adoptés par le ministère de la marine française, et bientôt après par les marines étrangères.

L'exécution de cette belle et importante découverte a, dès l'origine, été confiée aux talents de M. Soleil : il s'en est acquitté avec un succès digne d'éloges : depuis l'exposition dernière, il y a encore apporté de notables perfectionnements. Le jury lui confirme de nouveau le rappel de la médaille d'argent qu'il obtint en 1823.

M. DOMET DE MONT, à Dôle (Jura).

Cet artiste obtint en 1823 une médaille de bronze, et en 1827 une médaille d'argent, pour de très-bonnes lunettes achromatiques, construites suivant des méthodes de son invention.

La nouvelle lunette que présente M. Domet de Mont justifie pleinement l'avantage des courbures ellipsoïdes, courbures qu'il a choisies dans le dessein de raccourcir les distances locales, et de détruire l'aberration de sphéricité.

On doit regretter que les occupations administratives de cet habile amateur l'aient empéché de mettre la dernière main aux lunettes d'un plus grand diamètre qu'il a commencées. Le jury central accorde à M. Domet de Mont le rappel de la médaille d'argent qu'il a réçue en 1827.

M. Vincent CHEVALIER, à Paris, quai de l'Horloge, n° 69.

M. Vincent Chevalier obtint en 1827 une médaille d'argent avec son fils, M. Charles Chevalier, auquel il était associé.

M. Vincent-Chevalier présente à l'exposition divers instruments de physique, d'optique et de minéralogie. Tous ces appareils sont exécutés avec autant de soin que d'habileté; leur auteur mérite le rappel de la médaille d'argent qui lui fut décernée en 1827.

MÉDAILLES D'ARGENT.

M. LEGEY, à Paris, rue de l'Université, n° 48.

M. Legey se présente à l'exposition pour la première fois; mais il a déjà pris rang, depuis quelques années, parmi les bons constructeurs d'instruments de mathématiques, de marine et de géodésie. Les cercles répéti-

Médailles d'argent.

teurs, les cercles de réflexion, les niveaux de pente et les boussoles de différentes espèces qu'il a présentés, sont des instruments construits avec soin et précision. On doit en outre à cet artiste plusieurs inventions ingénieuses. Le jury central accorde à M. Legey la médaille d'argent.

M. GAVARD, à Paris, rue Neuve-des-Petits-Champs, n° 37.

M. Gavard expose un instrument de son invention qu'il appelle *diagraphe*. Il présente en même temps un pantographe et divers instruments de précision pour la géodésie.

Tous les objets qui sortent de ses ateliers sont exécuté avec un grand soin; et la plupart des instruments qu'il a construits, lui doivent des perfectionnements ingénieux.

Le diagraphe et le pantographe, sous les diverses formes que M. Gavard a le talent de leur donner, fussent-ils seuls, seraient déjà des titres très-recommandables. Le jury décerne à cet habile artiste une médaille d'argent.

M. BUNTEN, à Paris, quai Pelletier, n° 30.

M. Bunten, qui reçut la médaille de bronze en 1827, présente maintenant une série d'instruments de physique très-bien exécutés, et presque tous offrant d'heureux perfectionnements imaginés par lui.

Nous citerons particulièrement ses thermométrographes, au moyen desquels plusieurs navigateurs sont parvenus à mesurer la température de la mer à de grandes profondeurs : son baromètre marin, dont MM. Bérard et Blosseville ont éprouvé l'utilité pendant leurs expéditions; enfin son baromètre portatif, pour la mesure des hauteurs. Ce baromètre dont tous les voyageurs font le plus grand éloge, a rendu de nombreux services, depuis le jugement favorable qu'en a porté l'Académie des sciences, en 1828. Le jury décerne à M. Bunten la médaille d'argent.

Médailles d'argent.

M. COLLARDEAU-DUHEAUME, à Paris, rue Saint-Martin, n° 56.

M. Collardeau-Duheaume a trouvé le moyen de construire, avec une précision remarquable, tous les appareils gradués, en verre, dont se servent les physiciens et les chimistes. Il excelle dans ce genre de travail. L'exactitude qu'il obtient épargne aux savants beaucoup de recherches pénibles, et souvent des incertitudes.

Cet artiste a récemment imaginé une pompe pour essayer la force des bouteilles destinées aux vins de Champagne ainsi qu'aux liqueurs gazeuses; un manomètre très-ingénieux lui sert à mesurer la pression qu'elles peuvent supporter. Le jury donne à M. Collardeau la médaille d'argent.

M. BURON, à Paris, rue Sainte-Avoie, n° 53.

M. Buron fait confectionner, dans ses ateliers, des instruments d'optique et de mathématiques particulièrement destinés à l'exportation.

Il travaille moins pour la science que pour le commerce, et son établissement doit être jugé sous un point de vue industriel plutôt que scientifique. En le considérant ainsi, nous devons dire que, depuis quelques an-

Médailles d'argent.

nées, M. Buron fait prendre à ses fabrications une véritable importance. Sa vente annuelle s'élève à des sommes considérables. Il parvient à fabriquer des lunettes de toute espèce, des compas de toute dimension, et une foule d'autres objets de cette nature, à des prix assez modiques pour lutter avec les constructeurs Anglais sur les marchés étrangers. M. Buron mérite la médaille d'argent.

MÉDAILLES DE BRONZE.

Médailles de bronze.

M. DELEUIL, à Paris, rue Dauphine, n° 22.

Cet artiste, mentionné honorablement en 1827, pour divers instruments de chimie et de chirurgie, présente aujourd'hui : 1° des balances; 2° plusieurs instruments de physique; 3° un appareil pour extraire la gélatine des os.

Ses balances sont bien construites, et ses poids d'une exactitude que nous avons eu plusieurs fois occasion de vérifier. A ces titres, il a mérité la confiance de l'hôtel des monnaies pour ces deux genres de produits. Tous les autres appareils de M. Deleuil sont exécutés avec soin. Le jury le récompense avec une médaille de bronze.

M. KRUINES, à Paris, quai de l'Horloge, n° 61.

M. Kruines expose des microscopes d'une construction particulière dont il est inventeur. Ces instruments ont le double mérite d'être fort bien exécutés dans les limites de grossissement qu'il s'est imposées, et d'être li- Médailles
de bronze. vrés au commerce à des prix très - modiques. Le jury donne une médaille de bronze à M. Kruiner.

M. CHEVALIER (Jules - Gabriel - Augustin), à Paris, quai de l'Horloge, Tour du Palais.

L'ingénieur Chevalier, opticien du Roi, qui reçut une médaille de bronze, en 1827, pour une série nombreuse d'instruments d'optique, des baromètres, des thermomètres, etc., présente en 1834 les divers instruments qu'il continue de livrer au commerce; il produit en outre trois lunettes de 108, 135 et 189 millimètres d'ouverture. Les efforts qu'il a faits pour obtenir de bons résultats, relativement aux grandes lunettes, sont dignes d'éloges, et méritent une nouvelle médaille de bronze.

M. ALLIZEAU, à Paris, quai Malaquais, n° 15.

M. Allizeau, mentionné honorablement en 1827, a présenté : 1° des modèles en relief pour l'étude des sciences; 2° des figures d'optique et de géométrie descriptive, exécutées au moyen de fils artistement disposés pour représenter la marche des rayons de lumière et la direction des lignes droites génératrices de diverses surfaces courbes.

On doit des éloges à M. Allizeau pour la précision avec laquelle il exécute tous les modèles destinés à l'enseignement de la géométrie, de la mécanique, de la cristallographie, de l'optique et de la géométrie descriptive,

II.

17

ainsi que pour les succès qu'il a obtenus dans ce travail délicat. M. Allizeau reçoit la médaille de bronze.

M. PIÉRÉ, à Paris, rue Bourtibourg, n° 12.

M. Piéré expose une collection de compas qui présentent de très-ingénieuses dispositions ; toutes les pièces de ces instruments sont travaillées avec une précision remarquable. Le jury central accorde la médaille de bronze à M. Piéré.

M. TABOURET, à Paris, quai d'Austerlitz, n° 35.

Cet artiste, qui reçut une médaille de bronze en 1827, expose aujourd'hui des appareils pour les feux fixes des ports : les verres de M. Tabouret sont travaillés et assemblés avec un soin remarquable. Le jury lui décerne la médaille de bronze.

MENTIONS HONORABLES.

M. SOLEIL fils, à Paris, rue de l'Odéon, n° 35.

Pour ses instruments d'optique.

M. DERIQUEHEM, à Paris, rue du Colombier-Jacob, n° 18.

Pour son géodésimètre, son chronoscope solaire, et ses autres travaux de gnonomique.

M. SYMIAN, à Paris, rue de Charonne, n° 92.

Mentions honorables.

Pour ses instruments à dessiner et son agathographe.

M. CHEMIN, à Paris, rue de la Féronnerie, n° 4.

Pour ses balances.

M. BIET, à Paris.

Pour ses machines pneumatiques.

M. BOURBOUSE, à Paris, rue de la Tixe-randerie, n° 17.

Pour sa machine électrique.

M. LEBRUN, à Dijon, (Côte-d'Or).

Pour sa règle à mesurer les distances.

M. MASQUILLIER, à Paris.

Pour son dendromètre.

17.

CHAPITRE XXX.

HORLOGERIE.

L'horlogerie française offre un ensemble de progrès qui montre le haut degré de perfection atteint par nos savants artistes. Nous soutenons avantageusement, au dehors, la concurrence de l'Angleterre, pour les produits de cette belle industrie.

EXPORTATIONS D'HORLOGERIE FRANÇAISE, À L'ÉPOQUE DES TROIS DERNIÈRES EXPOSITIONS.

	1823.	1827.	1833.
Ouvrages montés......	3,115,925^f	4,176,125^f	6,891,273^f
Fournitures..........	292,320	72,220	109,900
Horloges en bois......	10,236	2,352	2,658
TOTAL........	3,418,481	4,250,697	7,003,831

Par conséquent, en dix années, les exportations ont plus que doublé. C'est principalement à la vente des pendules qu'il faut attribuer ce progrès, ainsi qu'on le voit par le détail suivant, pour les exportations de 1833.

Pendules...........................	6,134,592^f
Montres de cuivre et d'argent.. 706,980^f }	
Montres d'or.............. 49,701 }	756,681

L'usage des montres et des pendules n'a pas fait de moindres progrès en France qu'à l'étranger : c'est un résultat du bien-être, graduellement augmenté, de la population.

SECTION PREMIÈRE.

HORLOGERIE ASTRONOMIQUE ET NAUTIQUE.

RAPPEL DE MÉDAILLES D'OR.

M. BRÉGUET neveu, et compagnie, à Paris, quai de l'Horloge, n° 79.

Rappel
de médailles
d'or.

M. Bréguet neveu continue dignement les travaux d'horlogerie qui fondèrent, à si juste titre, la célébrité de MM. Bréguet père et fils. Il a présenté une pendule à deux balanciers, l'un desquels, complétement libre, est entraîné par les seules vibrations de l'autre, dont il réduit à moitié les erreurs, en les partageant. Ce système, appliqué pareillement aux chronomètres, est le fruit d'une observation importante de M. Bréguet père. Il avait remarqué que des pendules posées sur une même tablette prenaient une marche beaucoup plus uniforme qu'en les plaçant sur des supports isolés.

Le jury central a fixé son attention sur une pendule sympathique, qui monte et remet à l'heure une montre, mise avec elle en communication.

Nous voyons avec plaisir que la maison Bréguet, au lieu de se borner comme précédemment à fabriquer des pièces d'un prix très-élevé, établit, pour les moyennes fortunes, des montres et des pendules sympathiques, qui coûtent seulement 600 francs pour la pendule et la montre.

M. Bréguet neveu continue avec le même succès la fabrication des montres marines. L'adresse de ses ouvriers s'est signalée par les petites montres de la grandeur d'une pièce de 50 centimes, qui figuraient à l'exposition.

L'énumération des ouvrages présentés par M. Bréguet neveu prouve qu'il est digne du rappel de la médaille d'or quatre fois obtenue par ses illustres oncles.

MM. PERRELET père et fils, à Paris, rue Saint-Honoré, n° 108.

M. Perrelet père a pris rang parmi les horlogers du premier ordre, par son génie et son expérience. Le compteur imaginé par lui pour mesurer avec une extrême précision la durée des phénomènes astronomiques, lui valut la médaille d'or à l'exposition de 1827.

Il présente aujourd'hui des appareils admirablement exécutés pour la démonstration des échappements les plus remarquables. Plusieurs établissements publics ont commandé de semblables appareils, qui permettent de remplacer immédiatement un échappement par un autre; leur usage rendra beaucoup plus lumineuse, dans les cours publics, la démonstration des échappements, assez difficile à bien faire saisir par des lignes tracées sur un tableau.

Le Gouvernement, sur la proposition de nos astronomes les plus savants, a chargé M. Perrelet de former des élèves, qu'on admet d'après un concours public; l'artiste célèbre dont nous rappelons les titres justifie pleinement la confiance de l'autorité.

Le jury central de 1834 confirme à M. Perrelet la médaille d'or qu'il a reçue en 1827.

NOUVELLES MÉDAILLES D'OR.

MM. BERTHOUD frères, rue Richelieu, n° 103.

C'est avec le sentiment de la satisfaction la plus profonde que nous constatons le beau succès obtenu par
MM. Berthoud, depuis la dernière exposition. Ce succès
nous permet d'accorder la première des nouvelles médailles d'or aux descendants d'une famille illustrée par
près d'un siècle de travaux et de chefs-d'œuvre, dans le
genre difficile de l'horlogerie astronomique et nautique.
Dans les trois premiers mois d'épreuve, à l'Observatoire
de Paris, d'un chronomètre de MM. Berthoud frères,
la perturbation n'a pas dépassé *trois dixièmes de seconde ;* résultat digne d'admiration !

M. MOTEL, à Paris, rue de l'Abbaye, n° 12.

Cet excellent horloger était fabricant en titre des
chronomètres de la marine, avant que la confection de
ces instruments eût été mise au concours. Il a justifié
cette honorable préférence par le grand nombre de
chronomètres qu'il a livrés ; ces instruments sont d'une
exécution parfaite ; ils ont la marche la plus régulière,
authentiquement constatée à l'Observatoire de Paris, et
dans les ports de la marine royale. Depuis la dernière
exposition, M. Motel a fabriqué des chronomètres de
poche, et des pendules d'une structure qui rend leur
transport et leur installation également commodes. Avec
des tringles de fer et de zinc, il a fait, pour ses pendules
astronomiques, des balanciers compensateurs, qui per-

mettent de trouver, par l'expérience, le point rigoureux de la compensation. Dès 1827, M. Motel avait obtenu la médaille d'argent: le jury lui décerne aujourd'hui la récompense du premier ordre.

MÉDAILLES D'ARGENT.

M. Jacob, à Paris, boulevard Montmartre, n° 1.

M. Jacob a présenté des montres marines, un mécanisme de compteur applicable à la plupart des montres déjà fabriquées, des régulateurs à compensation, en acier et zinc, d'autres régulateurs marchant un an, à balancier de sapin, et fabriqués par souscription.

Tous ces produits se recommandent par une exécution très-soignée, même les régulateurs à 600 francs par souscription : ici la modicité du prix est obtenue en sacrifiant tout travail de luxe, sans rien ôter à la bonne confection des parties essentielles, telles que les pivots, les engrenages, l'échappement, etc.

Le jury décerne à M. Jacob la médaille d'argent.

M. Benoist, à Versailles (Seine-et-Oise).

Jusqu'ici cet artiste très-habile travaillait pour les premières maisons d'horlogerie et n'exposait pas sous son nom. Il a présenté cette année une montre marine dont l'exécution est aussi remarquable que la bonne disposition. Le jury juge cet artiste digne de la médaille d'argent.

RAPPEL DE MÉDAILLE DE BRONZE.

M. PORRON, à Besançon (Doubs).

Rappel de médaille de bronze.

Quoique éloigné de la capitale, et par-là moins à portée de suivre les progrès de son art, M. Porron, jaloux de rivaliser avec les artistes de Paris, entreprend d'exécuter les pièces d'horlogerie de précision; il lutte avec persévérance contre les difficultés de sa position. Son zèle mérite que le jury lui confirme la médaille de bronze qu'il a reçue en 1827.

NOUVELLE MÉDAILLE DE BRONZE.

M. HUARD, à Versailles (Seine-et-Oise).

Nouvelle médaille de bronze.

Il présente un chronomètre établi dans une suspension marine bien disposée : cette pièce, d'une exécution très-satisfaisante, et d'excellentes ébauches de montres de Paris, méritent à leur auteur la médaille de bronze.

MENTIONS HONORABLES.

M. MALLAT, à Angoulême (Charente),

Mentions honorables.

Il offre un chronomètre à secondes, du genre des demi-chronomètres : la bonne fabrication de cette pièce démontre que les départements peuvent entrer en lice pour exécuter l'horlogerie de précision.

M. ANRÈS.

M. Anrès expose de l'huile animale préparée pour

l'horlogerie. Cette huile est recommandée par les attestations de plusieurs horlogers de Paris : nous accordons à son utilité la mention honorable.

SECTION II.

HORLOGES PUBLIQUES, GRANDS MÉCANISMES D'HORLOGERIE.

RAPPEL DE MÉDAILLES D'ARGENT.

M. LEPAUTE fils, à Paris, rue Saint-Thomas-du-Louvre, n° 42.

C'est à cet artiste que Paris doit la belle horloge du palais de la Bourse ; c'est à lui que le palais de Compiègne doit une autre horloge qui valut la médaille d'argent à son auteur, en 1819. Depuis la dernière exposition, M. Lepaute fils a fait l'horloge de l'hôtel des Postes, qui présentait des difficultés locales surmontées avec beaucoup de talent. La marche régulière de cette horloge, exposée directement au soleil pendant une partie de la journée, montre quels soins ont été donnés au mécanisme du compensateur.

Les horloges de M. Lepaute sont combinées avec un tel art, que leurs diverses parties sont indépendantes les unes des autres, et pour le montage et pour le démontage.

Le jury déclare M. Lepaute fils très-digne du rappel de la médaille d'argent qu'il a précédemment reçue.

M. WAGNER (Henri-Bernard), à Paris, rue du Cadran, n° 39.

Cet artiste n'a pas pu présenter à l'exposition les trois belles horloges qu'il a construites pour Alger; mais, avant leur départ, elles avaient été visitées par plusieurs membres du jury.

M. Wagner (Henri-Bernard) est toujours digne des médailles d'argent qu'il avait obtenues en 1819 et 1827.

RAPPEL DE MÉDAILLE DE BRONZE.

MM. NIOT et CHAPPONEL, à Paris, rue Mandar, n° 10.

Ils ont présenté des horloges et des tourne-broches d'une bonne exécution; leur fabrication est très-considérable. Ils méritent le rappel de la médaille de bronze qu'ils ont reçue en 1827.

NOUVELLE MÉDAILLE DE BRONZE.

M. HENRI neveu, à Paris, rue Saint-Honoré, n° 247.

Il a fait paraître à l'exposition : 1° plusieurs mécanismes pour imprimer aux plates leurs mouvements de rotation; 2° des horloges publiques; 3° des pendules dites de surveillance. La variété de ces travaux, leur bonne exécution et le talent d'invention qui les caractérisent, rendent l'auteur digne de la médaille de bronze.

MENTIONS HONORABLES.

Mentions
honorables.

M. WAGNER (Jean), à Paris, rue du Cadran, n° 39.

Frère de l'habile artiste du même nom; il mérite pour ses travaux une seconde mention honorable.

M. KAULECK, à Paris, rue de Grenelle Saint-Germain, n° 32.

M. Kauleck a présenté des horloges et des tourne-broches recommandables pour leur bonne exécution, mais qui laissent à désirer et à regretter sous le point de vue de la théorie.

SECTION III.

HORLOGERIE DOMESTIQUE, PENDULES.

RAPPEL DE MÉDAILLE D'OR.

Rappel
de médaille
d'or.

M. PONS-de-PAUL, à Paris, rue Cassette, n° 20.

En 1819 et 1823, cet habile artiste a reçu deux médailles d'argent, et la médaille d'or en 1827. Loin de s'endormir au sein du triomphe, il a redoublé d'efforts. Il présente à l'exposition de 1834 un grand nombre de mouvements bien exécutés, et plusieurs pièces remarquables appartenant à l'horlogerie de précision. Dans l'une, les repos de l'échappement se font successivement sur vingt-quatre points différents, afin de n'user inégalement aucune partie. Dans une autre pièce, un mécanisme ingénieux conserve à l'aiguille des secondes une marche

régulière, alors même que le balancier éprouverait des
secousses circulaires qui lui feraient faire plusieurs révolutions sur lui-même. M. Pons présente un nouvel
échappement, dit *à truelle*, imaginé d'après la théorie des
engrenages de Woët, et recommandable pour son extrême simplicité. Le jury juge M. Pons digne du rappel
de la médaille d'or.

Rappel
de médaille
d'or.

RAPPEL DE MÉDAILLES D'ARGENT.

M. GARNIER, à Paris, rue Taitbout, n° 8 bis.

Rappel
de médailles
d'argent.

M. Garnier a présenté des pendules exécutées avec
le plus grand soin. Quelques-unes présentent des combinaisons remarquables : une, entre autres, qui donne
sur *divers* cadrans l'indication du jour, du mois et des
phases de la lune. Ces effets sont produits par un mécanisme que mène directement un seul barillet, lequel est
chargé de relever, à mesure qu'elle se déplace, une roue
de remontoir armée d'un levier dont le seul poids devient la force constante qui entretient les oscillations du
pendule. Par une telle combinaison, l'artiste assure des
vibrations isochrones au pendule, en le préservant des
variations de frottements inévitables entre une série de
roues aussi nombreuses que celles qui sont nécessaires
pour produire les indications que nous avons indiquées.

L'horlogerie doit à M. Garnier un nouvel échappement, sur lequel l'expérience n'a pas encore prononcé.

Le jury confirme à cet artiste la médaille d'argent
qu'il obtint lors de la dernière exposition.

M. DESHAYS, à Paris, rue Montmartre, n° 66.

Il a reçu la médaille d'argent en 1827, pour ses grands régulateurs et pour un échappement à rouleau dont il est inventeur. Il présente, en 1834, un régulateur de cheminée avec échappement d'Arnold, d'une exécution remarquable. M. Deshays est un des artistes qui fabriquent le plus de régulateurs et de pendules de voyage, soit à grande soit à petite sonnerie. Il est toujours digne de la récompense qu'il a précédemment obtenue.

MÉDAILLES D'ARGENT.

M. VINCENTI et compagnie, à Montbelliard (Doubs).

M. Vincenti, depuis peu d'années, a créé dans la ville de Montbelliard une fabrique de blancs de pendules dont les productions sont très-remarquables et très-nombreuses. Il exécute chaque année plusieurs milliers de mouvements Ses ateliers sont pourvus de machines d'une grande exactitude, pour exécuter à la fois les mouvements d'horlogerie avec économie, précision et célérité. De tels résultats justifient la médaille d'argent accordée à M. Vincenti.

M. HANRIOT, à Mâcon (Saône-et-Loire).

M. Hanriot professait l'horlogerie à l'école de Châlons, sous l'inspection du célèbre Bréguet. Il a depuis fondé dans la ville de Mâcon une école libre d'horlogerie; là, quarante-cinq élèves sont instruits dans les connaissances théoriques et pratiques propres à former des artistes habiles. Les produits exécutés par ses disciples prouvent que l'entreprise de M. Hanriot porte déjà des fruits utiles et dignes de reconnaissance. Le jury lui décerne la médaille d'argent, et décide que ses quatre meilleurs élèves, exposants de 1834, recevront la mention honorable.

Médailles
d'argent.

MENTION HONORABLE DES QUATRE PREMIERS ÉLÈVES DE M. HANRIOT.

M. LAFON, *de Périgueux* (Dordogne);

M. BARBEL, sourd-muet, *de Mâcon* (Saône-et-Loire);

M. THUILIER, *d'Amiens* (Somme);

M. DUCHEMIN, *de Paris* (Seine).

M. ROBERT, à Paris, galerie de Valois, au Palais-Royal.

Au lieu de chercher, par des combinaisons extraordinaires et souvent douteuses, à produire des ouvrages plus ou moins originaux, M. Robert a pensé qu'il obtiendrait des résultats plus utiles à l'art ainsi qu'à la société, par le perfectionnement des systèmes d'horlogerie déjà reconnus comme les meilleurs pour l'exécution. Les pendules ordinaires lui doivent des améliorations nombreuses, apportées aux pièces du mouvement, au balancier, à la monture; il est auteur de cloches hermétiques, qui préservent les mécanismes de la poussière; il a rendu plus commodes les réveils universels de feu Laroche; on lui doit des combinaisons ingénieuses pour un compteur, un adjudicateur, etc. Le jury lui décerne la médaille d'argent.

RAPPEL DE MÉDAILLE DE BRONZE.

M. GRAVANT, à Paris, rue Boucher, n° 1.

Il expose un grand régulateur à équation et à remontoir, dont toutes les parties sont exécutées avec la précision la plus remarquable. L'ébauche de cette pièce obtint en 1827 la médaille de bronze, dont M. Gravant est plus que jamais digne.

NOUVELLES MÉDAILLES DE BRONZE.

M. MATHIEU, à Paris, place de la Bourse.

On lui doit des pendules à balancier, dont la compensation s'opère, non plus en faisant mouvoir la lentille, mais en déplaçant deux petites masses additionnelles, rendues mobiles sur le levier qui les porte; on trouve ainsi directement, et d'une manière pratique, le rapport des déplacements et de la dilatation.

M. Mathieu fabrique avec beaucoup de soin les montres dites de Paris, dont l'échappement est à cylindre; il est inventeur d'une série de machines pour confectionner cet échappement. Le jury lui décerne la médaille de bronze.

M. BLONDEAU, à Paris, rue de la Paix, n° 19.

Il exécute avec élégance des pendules de voyage, à petite, à grande sonnerie, et à réveil; le mécanisme de ces pendules offre quelques modifications qui lui sont propres, par exemple, dans la quadrature de la sonnerie, et dans le départ du réveil. Il fabrique aussi des montres à l'usage civil, faites à l'imitation des chronomètres. Il a soumis au jury central une disposition de quantième, par laquelle la roue annuelle ordinaire suffit pour ajouter un vingt-neuvième jour au mois de février des années bissextiles. Cet artiste mérite la médaille de bronze.

Nouvelles médailles de bronze.

M. BROCOT, à Paris, rue d'Orléans, n° 15, au Marais.

Il a reçu la médaille de bronze en 1827. Il présente une nouvelle disposition de sonnerie, simple et d'un effet certain, qui permet de faire marcher les aiguilles d'une pendule, soit en avant, soit en arrière, sans déranger le rapport de la sonnerie avec l'indication des aiguilles. On lui doit un appareil pour régler très-promptement la longueur d'un pendule qui batte un nombre juste d'oscillations, dans un temps déterminé. Il a modifié l'inclinaison de la denture qu'offre l'échappement à ancre, dans la vue d'obtenir l'isochronisme des oscillations; l'ancre, fixée sur l'arbre, à simple frottement, permet à la pendule de se mettre toujours d'échappement d'elle-même. M. Brocot est jugé digne d'une médaille de bronze.

MENTIONS HONORABLES.

MM. RAINGO frères, rue de Touraine, n° 8, au Marais.

Mentions honorables.

Ils ont présenté des pendules en grande partie destinées pour l'exportation : l'exécution satisfaisante de

II.

18

leur horlogerie et la grande étendue de leurs opérations méritent de nouveau la mention honorable.

M. FRAPPIER, à Paris, rue Sainte-Croix de la Bretonnerie, n° 20.

Mouvements de pendule, avec un nouvel échappement à roues de rencontre, dont la disposition est ingénieuse, mais qui n'a pas encore reçu la sanction du temps.

M. GILLE, à Paris, rue des Cinq-Diamants, n° 10.

Nouvel échappement dans lequel M. Gille rend égaux les leviers de l'ancre. Quantième perpétuel, sans roue annuelle.

M. CALLAUD, à Paris, place du Palais-Royal, n° 241.

Divers échappements, parmi lesquels un cylindre tronqué, qui simplifie la construction de la roue portant les plans inclinés; un échappement à la Dutertre, modifié pour éviter l'inconvénient de l'arrêt et du bris des pierres dans les secousses violentes.

M. JACQUET, à Paris, rue Tiquetonne, n° 17.

Pendule à remontoir à échappement, dit à un coup perdu, dont la levée est munie d'un rouleau, pour diminuer le frottement et pour éviter la destruction.

M. LENORMAND, à Paris, rue du Bac, n° 37.

Pendule dont la roue d'échappement porte la moitié

des plans inclinés; l'autre moitié reste sur l'extrémité des
leviers de l'ancre. Cette disposition donne plus de masse
à l'extrémité des dents de la roue; par là M. Lenormand
espère y maintenir plus aisément l'huile, et mieux con;
server le mécanisme. Appareil fort simple, applicable
aux balanciers ordinaires, pour indiquer la quantité dont
on déplace la lentille.

M. WARÉE, à Paris, rue de Grenelle-Saint-Honoré, n° 29.

Balanciers compensateurs, en zinc ou en fer, dont le
mécanisme permet de chercher le point précis de la
compensation; leur prix modéré permettra de les employer dans les pendules destinées aux usages domestiques.

MM. BEROLLA frères, à Paris, rue du Temple, n° 21.

Nouveau modèle d'échappement à force constante.
Montres et pendules bien confectionnées.

M. LAURENT, à Paris, rue Saint-Maur-du-Temple, n° 58.

M. Laurent est un jeune ouvrier qui travaille en
ville; il a consacré ses instants de loisir à construire chez
lui un grand régulateur à remontoir, avec pendule compensateur. Cette pièce, bien exécutée, honore le talent,
le zèle et le caractère de son auteur.

M. BIES. A, de BOUVAL, à Paris, faubourg Poissonnière, n° 18.

Baromètre mécanique, inscrivant les oscillations successives de sa colonne de mercure. Montre à équation,

avec une seule aiguille, laquelle indique le temps moyen, tandis qu'un limbe portant les divisions du temps vrai se meut dans le cadran, en avançant et reculant de quantités convenables, par l'effet de sa communication avec une ellipse.

SECTION IV.

HORLOGERIE DOMESTIQUE, MONTRES.

RAPPEL DE MÉDAILLE D'OR.

MM. JAPY frères, à Beaucourt (Haut-Rhin).

Dès 1806, M. Japy père méritait la mention la plus honorable pour la manufacture qu'il a fondée vers 1780, afin de fabriquer par des moyens mécaniques, rapides et peu couteux, les principales pièces des montres. Ses deux fils ont agrandi cette manufacture ; ils ont tellement perfectionné les moyens de confection, qu'ils peuvent aujourd'hui livrer aux prix de 2 francs, et même 1 franc 25 cent., un mouvement de montre qui coûtait 7 francs avant la mise en pratique de leurs moyens simplifiés. Les Suisses n'ont pu faire concurrence à MM. Japy, qu'en créant une manufacture analogue, qu'ils favorisent par tous les moyens.

En 1815, la fureur des troupes soi-disant alliées brisa les mécaniques de MM. Japy, et détruisit leur fabrique par l'incendie. Ils l'ont relevée plus vaste et plus prospère. Ils procurent du travail aux habitants de toutes les communes, dans un rayon de deux à quatre lieues. En 1833, ils livraient au commerce seize mille

SECTION IV. — HORLOGERIE, MONTRES.

douzaines de mouvements de montre bruts, dont douze mille environ destinées à l'exportation. Ils fabriquent aussi la grosse horlogerie pour les campagnes. Ils font par année treize mille mouvements de pendules, envoyés presque tous à Paris.

Rappel de médaille d'or (d'ensemble).

Nous présentons ici l'ensemble des industries que dirigent MM. Japy, afin d'en faire mieux apprécier l'importance. Brevetés d'invention pour les procédés mécaniques ingénieux qu'ils appliquent à la fabrication des vis à bois, ils en produisent par an des quantités énormes: 6 millions de vis de toute espèce, plus 150,000 charnières, etc. Ils fabriquent aussi des peignes à tisser ou rots à dents métalliques. Ces rots, très-perfectionnés, sont livrés à des prix tellement réduits, que les cinq portées, ou les cent dents, qui coûtaient 80 centimes en 1827, n'en coûtaient plus que 30 en 1833. MM. Japy confectionnent, toujours par des procédés mécaniques de leur invention, des serrures, des cadenas et d'autres fermetures à pênes circulaires, extrêmement remarquables. En 1833, ils livraient au commerce 24,000 serrures ou cadenas. Nous avons cité, page 60, leur fabrication de casseroles et d'ustensiles de cuisine et de ménage en fer étamé : ils produisent, en ce genre, 180,000 pièces par an.

L'ensemble des manufactures de MM. Japy fait travailler suivant les saisons et les demandes du commerce, 2,000 à 3,000 ouvriers. Ces grands fabricants, déjà mentionnés pour la plus haute récompense au sujet de leurs outils, de leurs vis à bois, de leurs instruments, et de leurs ustensiles de ménage, comptent leur fabrique d'horlogerie parmi les titres les plus honorables qui leur méritent le rappel de la médaille d'or.

MÉDAILLES DE BRONZE.

M. LEROY (Louis-Charles), à Paris, au Palais-Royal, n° 13.

Il présente une collection de montres ordinaires exécutées avec un grand soin : plusieurs de ses montres de luxe ont un échappement à ancre, avec balancier compensateur ; les levées sont en pierre, ainsi que les trous des principaux mobiles. On a distingué ses montres à tact : une aiguille placée extérieurement sur le boîtier indique au toucher la position des aiguilles intérieures, avec lesquelles elle est en relation ; mais de manière à pouvoir agiter l'aiguille extérieure sans déranger celles-ci. Leur position est indiquée au toucher par la légère résistance qu'éprouve l'aiguille extérieure, qui cesse d'être libre quand elle arrive à la position de coïncidence. Cet artiste est digne de recevoir la médaille de bronze.

M. MUGNIER, à Paris, rue Neuve-des-Petits-Champs, n° 57.

Montres de luxe, établies avec beaucoup de soin et d'intelligence, avec des dispositions analogues à celles que nous venons d'indiquer en parlant des produits de M. Leroy. Le jury lui décerne la médaille de bronze.

MENTIONS HONORABLES.

M. ROBILLARD, à Paris, rue de la Monnaie, n° 9.

Cet artiste a vaincu d'extrêmes difficultés pour travailler des matières aussi dures que le saphir, le rubis et le cristal de roche, et pour produire avec tant de peines des œuvres stériles. Il a présenté des ébauches de montres marines, qui prouvent le succès qu'il obtiendrait dans ce genre s'il le cultivait davantage. Le jury regrette de n'avoir à lui décerner qu'une mention honorable.

M. RAVOUX, à Paris, rue de la Calandre, n° 55.

Échantillons de pièces pour échappements à cylindres, faites mécaniquement; collection d'autres pièces travaillées pour l'horlogerie.

M. BASTINÉ, à Paris, rue Bourbon-Villeneuve, n° 49.

M. Bastiné, ouvrier qui s'adonne à faire les échappements et qui travaille pour plusieurs horlogers distingués, présente une série d'échappements modifiés par lui; de plus, une montre à force constante, dans laquelle il a fait l'application du remontoir de Lebon.

M. SANDOZ (Henri), à Besançon (Doubs).

Montres d'or et d'argent; calibre à la Lépine, d'une exécution satisfaisante.

M. ALLIER, à Paris, rue Saint-Antoine, n° 36.

Divers mouvements de montres, pouvant marcher, sans être montés, trois, huit et vingt jours. Il y a deux barillets dans le mécanisme; le second est établi de manière à ne fonctionner qu'après la détente du premier: disposition imaginée pour obtenir plus d'uniformité dans la force motrice.

Mentions
honorables. ## M. ROUSSEL, à Versailles (Seine-et-Oise).

Petits réveils dits universels, qui s'appliquent à toutes les montres ; leur bonne disposition les rend d'un usage commode.

M. KELBRER, à Paris, rue Furstemberg, n° 8 *ter*.

Appareil marquant l'heure au moyen d'une aiguille laquelle représente un serpent, qui tourne sur un axe ; il parcourt le cercle des heures par le déplacement successif du centre de gravité dans la masse du mouvement que renferme l'une des extrémités. Il y avait à vaincre des difficultés pour diminuer les frottements et pour obtenir un mouvement très-régulier.

CHAPITRE XXXI.

INSTRUMENTS DE MUSIQUE.

SECTION PREMIÈRE.

INSTRUMENTS À CORDES.

Les plus célèbres législateurs de l'antiquité, et les hommes d'état modernes, ont justement apprécié l'importance de la musique sur le caractère et la civilisation des peuples. C'est surtout depuis la révolution française, par la création du Conservatoire de musique, qu'on s'est efforcé de rendre cet art populaire en France. La musique instrumentale est devenue la profession d'un nombre d'artistes qui s'est accru par degrés rapides, en proportion de l'affluence d'amateurs qui tendait à se former dans la société. La fabrication des instruments a naturellement suivi ce progrès; nous nous sommes efforcés de confectionner ceux qu'auparavant nous achetions à l'étranger. L'exposition actuelle constate à cet égard nos progrès les plus récents : ils sont écrits en chiffres dans le tableau de notre commerce; pour les années qui correspondent aux trois dernières expositions.

ANNÉES.	IMPORTATIONS.	EXPORTATIONS.
1823	64,338^f	406,102^f
1827	105,705	473,680
1833	55,780	498,700

Il faut considérer les instruments de musique, 1° relativement à leur structure, au travail, au choix des matériaux qui les composent; 2° relativement à la qualité des sons.

Pour juger les instruments sous ce double point de vue, le jury s'est adjoint des artistes qu'il suffit de nommer : MM. Chérubini, Aubert, Baillot et Gallay.

Des essais comparatifs ont été faits dans une des salles du Louvre, entre tous les instruments de chaque genre, en présence des juges et des concurrents.

I. PIANOS.

La fabrication de certains instruments de musique a reçu, depuis 1827, les développements les plus remarquables. Des ateliers nouveaux et considérables se sont élevés; d'autres, anciens déjà, ont pris un nouvel essor. Ce progrès doit surtout être signalé pour les pianos; à Paris seulement il s'en fabrique 4,000 par année: 1,000 à 1,200 ouvriers sont employés à ce travail délicat.

C'est aux efforts des Érard, des Pfeiffer et des Petzold que la France est particulièrement redevable des grandes améliorations introduites dans la construction de ces instruments, avant la dernière exposition. Nous avons à signaler maintenant de nouveaux talents et de nouveaux succès.

Aujourd'hui, pour comparer avec équité les ouvrages des concurrents, il faut les diviser en trois classes, qui diffèrent essentiellement par la structure, par la qualité des sons, par le prix et la destination des instruments.

Au premier rang sont les pianos à queue, les plus importants pour la grandeur des dimensions, la difficulté de l'exécution et la puissance supérieure des sons qu'ils émettent. C'est ce qui les rend plus propres aux concerts.

Au second rang sont les pianos carrés, moins grands, moins chers que les pianos à queue, et procurant l'avantage de laisser entièrement à découvert la personne qui joue.

Au troisième rang sont les pianos verticaux, à cordes obliques ou verticales. Leur peu de volume permet de les placer dans les moindres appartements ; leur structure est encore plus simple que celle des pianos carrés qu'ils peuvent néanmoins égaler pour la force et la pureté des sons.

Telle était la richesse de l'exposition, qu'il a fallu prononcer entre 86 pianos présentés par 48 concurrents. Dix artistes ont paru dignes d'obtenir les récompenses que nous allons énumérer.

Voici quel est l'ordre dans lequel ont été classés les facteurs de pianos, d'après la qualité des sons de leurs instruments.

PIANOS À QUEUE : 10 CONCURRENTS.

EXPOSANTS RÉCOMPENSÉS.

1 MM. ÉRARD,
2   PLEYEL,
3   PAPE

PIANOS CARRÉS : 36 CONCURRENTS.

EXPOSANTS RÉCOMPENSÉS.

1 MM. PAPE,
2   KRIEGELSTEIN et ARNAUD,
3   ÉRARD,
4   PLEYEL,
5   GAIDON jeune,
6   BERNHARDT,
7   BOISSELOT.

PIANOS VERTICAUX : 18 CONCURRENTS.

EXPOSANTS RÉCOMPENSÉS.

1 MM. ROLLER,
2   SOUFFLETTO,
3   GIBAULT.

Après avoir ainsi classé le mérite relatif des facteurs de chaque espèce d'instruments, le jury central a rappelé ou donné les distinctions qui suivent.

RAPPEL DE MÉDAILLES D'OR.

Rappel de médailles d'or. M. ÉRARD (Pierre), à Paris, rue du Mail, n° 13.

Il a présenté deux pianos à queue, deux pianos carrés,

quatre pianos verticaux de petite dimension, et un piano horizontal d'une forme particulière.

Rappel
de médailles
d'or.

Tous ces instruments, exécutés avec un rare talent, sur les patrons et les dessins de M. Érard, sont d'une très-belle structure. Les deux pianos à queue ont été jugés de beaucoup supérieurs à tous les instruments du même genre.

Dans les pianos à queue, M. Érard emploie le double échappement imaginé par son oncle. Ce mécanisme permet de reprendre le son avant que la touche soit entièrement relevée; par ce moyen les exécutants habiles peuvent graduer à volonté l'intensité du son et donner à leur doigter une vitesse, une légèreté beaucoup plus grandes.

Le piano horizontal, à forme particulière, présenté par M. Érard, est considéré comme un très-bon instrument.

Neveu du célèbre Sébastien Érard, mort il y a peu d'années dans un âge fort avancé, M. Pierre Érard a relevé la fabrique que son oncle avait fondée et qu'il avait laissée languir, sur la fin de sa carrière. L'établissement occupe aujourd'hui 150 ouvriers et confectionne annuellement 400 instruments.

Cette fabrique a reçu la médaille d'or aux expositions précédentes, et le jury la juge autant que jamais digne de cette haute distinction.

M. PLEYEL et compagnie, à Paris, rue Bleue, n° 5.

Ils ont exposé un piano à queue, trois pianos carrés, un grand piano vertical et deux petits pianos verticaux.

M. Pleyel borne maintenant ses fabrications ordinaires

à l'imitation des pianos anglais. La seule modification qu'il ait apportée dans la structure de ces instruments, consiste à plaquer les tables sonores de sapin, avec un bois dur, tel que l'érable ou l'acajou, pour les rendre moins faciles à se fendre. Cette innovation n'est pas heureuse. En effet, le sapin a de tout temps été considéré comme le bois le plus convenable pour les tables sonores : qualité qu'il doit problablement à ses fibres alternativement molles et dures, qui, par leur succession régulière, contribuent beaucoup à renforcer le son des cordes vibrantes.

En 1827, M. Pleyel et compagnie obtinrent la récompense du premier ordre, principalement pour leurs pianos unicordes : en se bornant depuis, comme nous l'avons dit, à la confection des pianos imités de l'anglais, ils ont par degrés élevé la plus grande fabrique de pianos que possède la France; dans la seule année 1833, ils ont construit 563 instruments. Le jury, prenant ce succès commercial en considération, accorde à M. Pleyel le rappel de la médaille d'or.

NOUVELLES MÉDAILLES D'OR.

M. PAPE, à Paris, rue de Valois, n° 6.

Il a présenté trois pianos carrés, un piano à queue, un piano vertical.

La construction des pianos doit à M. Pape des améliorations importantes. Il a conçu l'idée d'établir au-dessus du plan des cordes le mécanisme qu'auparavant on plaçait toujours au-dessous. Cette disposition produit trois avantages notables : 1° elle réduit à trois centimètres au lieu de 16 la distance du plan des cordes au fond de l'instrument ; elle diminue dans le même rapport la longueur du bras de levier qui résiste au tirage des cordes ; elle réduit à proportion les dimensions des sommières et le fond de l'instrument. Cela rend l'instrument même moins massif et moins dispendieux.

2° Avec la position du marteau en dessus de la corde, le choc se transmet directement à la table par les chevalets ; tandis qu'attaquée en dessous, ce choc n'est transmis que par la réaction élastique de la corde à sa deuxième oscillation : nouvelle source d'intensité supérieure pour le son de l'instrument.

3° L'on fixe la table par tous les points de son contour ; elle n'a plus besoin, pour donner passage aux marteaux, d'être coupée dans toute sa longueur ; ce qui rend l'instrument plus solide, et donne aux sons plus de rondeur et d'intensité. Depuis l'exposition de 1827, M. Pape a construit un grand nombre de pianos d'après le système que nous venons de signaler.

Parmi tous les pianos carrés examinés par le jury, le piano à trois cordes, exécuté par ce fabricant, a présenté le plus de qualités réunies.

M. Pape est un artiste du talent le plus distingué, qui, par des efforts constants, s'occupe à perfectionner incessamment son art. Il ne doit qu'à lui sa fortune et sa célébrité : simple ouvrier dans le principe, il s'est élevé par degrés jusqu'à créer un établissement qui comptait 80 ouvriers en 1827, et qui maintenant en occupe et fait vivre 160, lesquels fabriquent par an 400 pianos. M. Pape, honoré deux fois de la médaille d'argent en 1823 et 1827, mérite aujourd'hui la médaille d'or.

MM. ROLLER et BLANCHET, à Paris, rue Hauteville, n° 16.

Ils ont exposé trois pianos verticaux, dont l'un est à transpositeur.

Les pianos de MM. Roller et Blanchet sont une modification très-importante des pianos verticaux anglais. Leurs cordes sont obliques, ce qui permet de donner aux cordes basses plus de longueur et par là plus de son. Il fallait, pour cette disposition nouvelle, un mécanisme également nouveau : celui de MM. Roller et Blanchet semble satisfaire à toutes les conditions désirables.

Les instruments de ces artistes réunissent l'élégance et la simplicité des formes au fini parfait de l'exécution. Présentés à l'exposition de 1827, ils ont reçu beaucoup d'améliorations pour arriver au degré d'excellence qui les caractérise aujourd'hui. Des préventions existaient contre ce genre de pianos, M. Roller les a vaincues : sa fabrique occupe aujourd'hui 70 ouvriers, qui font par an 200 pianos verticaux. Cependant plusieurs fabriques analogues ont été fondées par des ouvriers sortis de ses ateliers : tant est grand le nombre des instruments de ce genre, demandés maintenant par le public. Le jury décerne la médaille d'or à MM. Roller et Blanchet, qu'il considère comme les fondateurs d'une industrie nouvelle.

MÉDAILLES D'ARGENT.

MM. KRIEGELSTEIN et ARNAUD, à Paris, rue des Petites Écuries, n° 27.

Ils ont présenté deux pianos carrés, dont le mécanisme

est placé pour l'un en dessous des cordes, pour l'autre en dessus. Ce dernier est d'une exécution parfaite, et son mécanisme, qu'on ne doit pas confondre avec celui de M. Pape, est très-bien conçu. On a trouvé la qualité des sons de ce piano si belle, qu'on l'a mis au premier rang après le piano carré de cet artiste célèbre. *Médailles d'argent.*

MM. Kriegelstein et Arnaud, avec 20 à 25 ouvriers, exécutent 70 pianos par année. Le jury leur décerne la médaille d'argent.

M. SOUFFLETO, à Paris, boulevard Saint-Denis, n° 4.

M. Souffleto présente deux pianos verticaux, à cordes obliques, imités de M. Roller, chez lequel il s'est formé. Ces instruments sont d'une bonne structure et bien exécutés. L'exposant y adapte un mécanisme de son invention, qui semble parfaitement calculé pour le but qu'il doit atteindre; enfin, pour la qualité des sons, les pianos de M. Souffleto sont les meilleurs après ceux de M. Roller. Cet artiste mérite la médaille d'argent.

RAPPEL DE MÉDAILLES DE BRONZE.

M. BERNHARDT, à Paris, rue Saint-Maur, n° 17.

Rappel de médailles de bronze.

Il a présenté deux pianos, l'un carré, l'autre vertical. Il occupe 40 ouvriers à faire annuellement environ 150 pianos, qu'il livre à des prix peu élevés. Le jury prononce le rappel de la médaille de bronze décernée en 1827 à M. Bernhardt.

II. 19

M. WETZELS, à Paris, rue des Petits-Augustins, n° 9.

Il expose quatre pianos, un à queue, deux carrés, un vertical. Parmi les pianos carrés, il en est un dont le mécanisme est en dessus du plan des cordes. M. Wetzels occupe 50 ouvriers et fabrique par an 250 pianos, dont les prix sont très-modérés. Il mérite le rappel de la médaille de bronze qu'il obtint en 1827.

NOUVELLE MÉDAILLE DE BRONZE.

M. GAIDON jeune, à Paris, rue Montmartre, n° 121.

Il offre deux pianos carrés, soigneusement construits, avec l'échappement anglais, légèrement modifié : l'un de ces instruments porte un sommier prolongé en bois, dont la disposition appartient à l'exposant; les sons de ses pianos sont purs et très-agréables. M. Gaidon est digne d'obtenir la médaille de bronze.

MENTIONS HONORABLES.

M. GIBAUT, à Paris, rue Charlot, n° 43.

Pianos verticaux, à cordes obliques, imités de Roller, établis solidement et bien construits, eu égard au bas prix pour lequel M. Gibaut livre ses instruments. Il occupe 15 ouvriers, qui confectionnent environ 60 pianos chaque année.

M. Boisselot, à Marseille (Bouches-du-Rhône).

Mentions
honorables.

Un piano à queue; un piano carré, dans le genre anglais. M. Boisselot fabrique par an 150 pianos, dont une partie est envoyée à l'étranger. Ces instruments, bien exécutés, méritent la mention honorable.

M. Cluesman, à Paris, rue Favart, n° 4.

Deux pianos, l'un à queue, l'autre vertical : ils peuvent s'accorder par des vis agissant sur un bras de levier auquel la corde est attachée. Cette disposition paraît peu favorable à la pureté, à l'intensité des sons; mais elle ouvre la voie pour accorder les pianos aussi facilement que les harpes, et c'est un résultat éminemment désirable. Le jury renouvelle la mention honorable accordée en 1827 à M. Cluesman.

M. Koska, à Paris, rue des Vieux-Augustins, n° 18.

Un piano carré dans le genre anglais, d'une construction soignée jusqu'en ses moindres détails. Ce mérite d'exécution est digne de la mention honorable.

II. HARPES.

La fabrication des harpes, loin de s'accroître en France comme celle des pianos, semble avoir beaucoup diminué depuis 1827. Malgré tous les perfectionnements apportés au mécanisme ainsi qu'à la construction de ce magnifique instrument, on ne peut se dissimuler

19.

qu'il est menacé d'un abandon presque complet. Cinq facteurs seulement ont produit leurs harpes à l'exposition : trois ont mérité des récompenses.

RAPPEL DE MÉDAILLES D'OR.

M. ÉRARD (Pierre), à Paris, rue du Mail, n° 13.

Il a présenté dix harpes de diverses grandeurs : trois à simple et sept à double mouvement. Ces instruments sont construits d'après les principes du célèbre Sébastien Érard qui, dans sa longue carrière, a rendu cet instrument plus étendu, plus riche et plus parfait, sous tous les rapports de l'intensité des sons et de la facilité du jeu. Les harpes de M. Pierre Érard, mises en parallèle avec celles des autres exposants, ont sur ces dernières une supériorité notable ; elles se font distinguer par le fini du travail, et par la précision avec laquelle leur mécanisme fonctionne. M. Érard aurait mérité le rappel de la médaille d'or pour ses harpes, s'il ne l'avait pas obtenu pour ses pianos.

MM. PLEYEL et DIZI, à Paris, rue Bleue, n° 5.

Deux harpes, l'une à simple l'autre à double mouvement : ce sont les meilleurs instruments après ceux de M. Érard. Le jury reproche à MM. Pleyel et Dizi, pour les harpes comme pour les pianos, de plaquer en bois dur la table de leur instrument, ce qui diminue l'intensité du son. D'ailleurs, ces harpes sont très-bien construites, et le mécanisme adapté par M. Dizi est d'une simplicité remarquable. Ces fabricants ont obtenu le rappel de la médaille d'or au sujet de leurs pianos.

RAPPEL DE MÉDAILLE D'ARGENT.

M. DOMENY, à Paris, rue faubourg Saint-Denis, n° 82.

Il a présenté deux harpes à double mouvement, d'une belle exécution : elles offrent quelques modifications dans le mécanisme pour régler les demi-tons.

M. Domeny mérite le rappel de la médaille d'argent qu'il reçut en 1827.

III. GUITARES.

MÉDAILLE DE BRONZE.

M. COFFE-GOGUETTE, à Mirecourt (Vosges).

Guitare d'une belle exécution, ornée avec goût ; pour les qualités du son, et surtout pour l'intensité, cet instrument l'emporte sur tous ceux du même genre qu'on a présentés à l'exposition.

A Mirecourt, les guitares les plus ornées ne se vendent pas au delà de 100 francs ; les plus simples coûtent 5 fr. : s'en fabrique environ 2,000 par année.

Le jury décerne la médaille de bronze à M. Coffe-Goguette.

MENTION HONORABLE.

Mention
honorable.

M. La Prévotte, à Paris, rue de Riche-lieu, n° 10.

Guitares de diverses formes, exécutées avec beaucoup de soin par M. La Prévotte : il continue de mériter la mention honorable qu'il a reçue en 1827.

SECTION II.

INSTRUMENTS À ARCHET.

MÉDAILLE D'ARGENT.

Médaille
d'argent.

M. Vuillaume, à Paris, rue Croix-des-Petits-Champs, n° 46.

Violons, altos, basses, une contre-basse, archets en bois et en acier.

Cet artiste s'est proposé d'imiter les instruments des anciens luthiers les plus célèbres, Stradivarius, les Amatis, Maggini, etc. ; ses succès sont remarquables. Les instruments qu'il a construits trompent la vue par l'aspect et le genre du travail ; ils ont l'avantage infiniment plus précieux d'imiter avec tant de perfection la qualité des sons de l'instrument ancien pris pour modèle, que l'oreille la plus exercée peut s'y laisser tromper.

Avec huit ouvriers, et c'est beaucoup pour ce genre d'industrie, M. Vuillaume a construit, en 1833, cent quarante instruments, dont une partie s'est vendue à l'étranger : ses violons se vendent 200 francs. Honoré déjà de la médaille d'argent en 1827, le jury déclare ses nouveaux succès dignes d'une nouvelle récompense du même ordre.

MÉDAILLES DE BRONZE.

M. BERNARDEL, à Paris, rue Croix-des-Petits-Champs, n° 23.

Violons, basses, altos, fabriqués avec beaucoup de soin ; on leur reproche seulement d'être un peu trop faibles de bois dans la partie de la table qui correspond au chevalet. Le jury décerne la médaille de bronze à M. Bernardel.

M. NICOLAS, à Mirecourt (Vosges).

Violons, altos, basses. L'un des violons exposés était surtout remarquable pour la qualité des sons, quoiqu'on l'eût abandonné pendant deux mois à toutes les variations de la température et qu'il fût très-mal monté.

M. Nicolas est un des plus habiles luthiers de la ville de Mirecourt, où 600 ouvriers fabriquent par an pour plus d'un million d'instruments de musique. Les violons de M. Nicolas ne dépassent pas le prix de 60 francs. Ce prix serait bien modique pour la lutherie parisienne ; mais il est considérable à Mirecourt, où l'on fabrique une grande quantité de ces instruments, à 2 fr. 50 cent. la pièce. Le jury décerne la médaille de bronze à M. Nicolas.

MENTION HONORABLE.

M. PAGEOT, à Mirecourt (Vosges).

Archets de violon et de basse, très-bien faits, ornés avec art et d'une bonne qualité. M. Pageot est à Mirecourt un des premiers fabricants d'archets, ville où l'on en fabrique par an sept ou huit mille douzaines, depuis quinze francs la pièce jusqu'à cinq francs la douzaine.

SECTION III.

CORDES D'INSTRUMENTS DE MUSIQUE.

Il y a peu d'années encore, l'étranger approvisionnait exclusivement la France des cordes nécessaires à nos instruments de musique : on évalue à deux millions de francs la dépense des cordes à boyau que nous tirions de l'Italie.

I. CORDES FABRIQUÉES AVEC DES MATIÈRES ANIMALES.

MÉDAILLE D'ARGENT.

M. SAVARESSE, à Paris, Palais-Royal, n° 96.

En 1828, la société d'encouragement avait offert un prix pour la fabrication des cordes harmoniques; elle a fait constater par des commissaires la supériorité des cordes de M. Savaresse sur celles des autres concurrents;

elles ne sont pas même inférieures à celles de Naples.
L'expérience journalière des artistes et des luthiers a
confirmé ce jugement. M. Savaresse avait obtenu la médaille de bronze aux expositions de 1823 et 1827 ; le
jury lui décerne aujourd'hui la médaille d'argent.

RAPPEL DE MÉDAILLE DE BRONZE.

M. SAVARESSE, à Nevers (Nièvre).

Les cordes présentées par M. Savaresse, de Nevers,
très-belles et très-bien faites, ont été jugées seulement
un peu inférieures à celles de M. Savaresse, de Paris. En
1826, il a reçu de la société d'encouragement une médaille d'or de première classe ; à l'exposition de 1827,
il a mérité la médaille de bronze ; aujourd'hui le jury
central le croit très-digne de la même distinction.

MENTION HONORABLE.

M. NAVEAU, à Paris, place Saint-Sul-pice, n° 8.

Cet artiste a présenté des cordes sonores formées par
un assemblage de brins de soie tordus et réunis au moyen
d'une matière glutineuse. Elles sont parfaitement cylindriques ; à diamètre égal, elles supportent sans se rompre
un plus grand poids que les cordes à boyau. Leur emploi
peut être avantageux pour la harpe et pour la guitare ;
mais elles ne paraissent pas convenir pour les instruments
qui se jouent avec l'archet. M. Naveau mérite une mention honorable.

II. CORDES MÉTALLIQUES.

RAPPEL DE MÉDAILLE D'ARGENT.

Rappel
de médaille
d'argent
(d'ensemble.)

M. MIGNARD - BILLINGE , à Belleville (Seine).

Cordes en cuivre, en fer, en acier, pour pianos.

Jusqu'ici, par l'extrême difficulté d'avoir de l'acier convenable et des filières parfaites, la France laissait la Prusse et l'Angleterre presque seules en possession de fournir les cordes métalliques nécessaires à nos pianos. M. Mignard-Billinge, après beaucoup de tentatives, a vaincu toutes les difficultés : ses cordes, très-bien confectionnées, sont unies et rigoureusement cylindriques. M. Mignard a parfaitement apprécié le degré de roideur qu'il faut leur laisser pour qu'on puisse les boucler et néanmoins qu'elles produisent les sons désirables. M. Mignard-Billinge est digne du rappel de la médaille d'argent qu'il a reçue en 1827.

SECTION IV.

INSTRUMENTS À VENT.

I. CLARINETTES ET FLAGEOLETS.

RAPPEL DE MÉDAILLE DE BRONZE.

Rappel
de médaille
de bronze.

M. LEFÈVRE, à Paris, rue Saint-Honoré, n° 221.

Flûtes et clarinettes bien exécutées: ces instruments

sont très-estimés des artistes. Le jury confirme la médaille de bronze que M. Lefebvre obtint en 1827.

NOUVELLES MÉDAILLES DE BRONZE.

M. GODEFROY (Clair), à Paris, rue Montmartre, n° 67.

Flûtes, clarinettes et flageolets.

Cet artiste est au premier rang dans son genre; il excelle surtout à confectionner les flûtes. Ses instruments n'ont été surpassés par aucun de ceux que le jury central leur a comparés, pour la justesse et la pureté des sons. M. Godefroy, qui reçut en 1827 la médaille de bronze, mérite une nouvelle récompense du même ordre.

M. TULOU, à Paris, rue des Martyrs, n° 27.

Ses flûtes, bien exécutées, ont soutenu la concurrence pour les qualités des sons avec celles de M. Godefroy. Le jury décerne la médaille de bronze à M. Tulou.

M. MARTIN, à la Couture (Eure).

Flûtes, clarinettes et flageolets. Le village de la Couture est depuis longues années aussi renommé pour la fabrication des instruments à vent en bois, que Mirecourt pour celle des instruments à cordes. Cent cinquante ouvriers sur quatre cents habitants sont employés à ce genre d'industrie, qui procure encore du travail à cinquante ou soixante personnes des villages voisins. M. Martin, l'un des premiers fabricants de la Couture, occupe vingt ouvriers ; ses instruments sont à beaucoup meilleur marché que ceux de Paris, quoiqu'ils soient inférieurs de bien peu de chose à ces derniers, pour le choix des bois et la qualité des sons. M. Martin mérite la médaille de bronze.

II. HAUTBOIS ET BASSONS.

RAPPEL DE MÉDAILLE DE BRONZE.

M. TRIÉBERT , à Paris, rue Dauphine, n° 26.

Cors anglais, barytons et hautbois : ces derniers instruments ont été jugés supérieurs à tous ceux du même genre offerts à l'exposition. Ils méritent à M. Triébert le rappel de la médaille de bronze qu'il avait obtenue en 1827.

MÉDAILLE DE BRONZE.

M. WINNEN , à Paris, rue Saint-Denis, n° 398.

Flûtes, clarinettes, hautbois et bassons.

M. Winnen adapte un pavillon au basson. Il augmente ainsi beaucoup le diamètre de la colonne d'air mise en vibration, et par conséquent l'intensité du son : résultat important. En effet, les bassons aujourd'hui sont presqu'abandonnés dans les orchestres et dans les musiques militaires, parce qu'on trouve trop faibles les sons qu'on en peut tirer. Cependant l'absence de cet instrument laisse dans l'harmonie un vide essentiel à remplir : tel est le but atteint par le basson de M. Winnen. Il présente encore quelques notes qui ne sont pas d'une parfaite justesse; mais ce léger défaut peut aisément être corrigé. Le jury juge M. Winnen très-digne de la médaille de bronze.

MENTION HONORABLE.

M. DUJARIEZ, à Paris, rue Dauphine, n° 53.

Il a présenté des cors bien confectionnés et doués d'une fort belle qualité de sons.

III. ORGUES EXPRESSIVES.

MÉDAILLE DE BRONZE.

M. MULLER, à Paris, rue de la Ville-l'Évêque, n° 42.

Un orgue expressif à anches libres; un instrument du même genre, surmonté d'un piano.

Ces orgues sont imitées de celles que M. Grenier construisait il y a vingt ans; mais M. Muller apporte des modifications importantes à leur structure. Il adapte

Médaille de bronze. à chaque rasette une vis de rappel, ce qui permet d'accorder l'instrument avec une extrême facilité. Il remplace les tuyaux prismatiques et carrés par des tuyaux cylindriques ayant leur paroi formée d'une mince feuille de bois enroulée plusieurs fois sur elle-même ; disposition très-favorable à la solidité ainsi qu'à la durée de l'instrument. Le jury décerne la médaille de bronze à M. Muller.

CHAPITRE XXXII.

ÉCONOMIE DOMESTIQUE.

A chaque exposition, l'économie domestique acquiert une part plus considérable dans les récompenses accordées aux travaux de l'industrie nationale. En 1819 elle n'obtenait que trois médailles et une mention honorable; en 1834, elle reçoit trente-deux médailles, vingt-quatre mentions honorables et dix-huit citations favorables. Cependant le jury de 1834, loin d'être plus indulgent, s'est montré plus sévère que les précédents : il a pensé qu'il fallait à chaque exposition exiger davantage d'une industrie progressive, pour décerner les récompenses de chaque ordre.

Plus nous avançons dans les voies d'une vraie civilisation, plus nous accordons d'importance aux arts d'utilité populaire comparés avec les arts de luxe et d'agrément, plus nous appelons sur les premiers la féconde application des sciences, et plus aussi les succès d'une industrie bienfaisante répondent à cet appel.

SECTION PREMIÈRE.

ÉCLAIRAGE ET PYROTECHNIE.

I. ÉCLAIRAGE PAR COMBUSTION DES LIQUIDES, LAMPES.

MÉDAILLE D'OR.

Médaille d'or.

M. BORDIER-MARCET, à Paris.

M. Bordier-Marcet a consacré toute sa carrière industrielle à perfectionner les procédés d'éclairage. Il a varié sous mille formes ingénieuses ses appareils à réflecteurs paraboliques, avec un succès marqué pour l'éclairage des lieux publics, rues, places, etc. C'est à lui qu'on doit les lampes astrales, justement appréciées par les consommateurs. Il reçut en 1819 la médaille d'argent, qui fut rappelée d'abord en 1823 et confirmée en 1827. Le jury de 1834, pour récompenser l'ensemble des travaux et les succès de M. Bordier-Marcet, lui décerne la récompense du premier ordre.

MÉDAILLE D'ARGENT.

Médaille d'argent.

M. JEUBERT, à Paris, rue Saint-Denis, n° 376.

On doit à M. Jeubert d'avoir tellement simplifié les moyens de fabriquer les lampes à la Carcel, qu'il peut aujourd'hui vendre pour 35 francs une très-jolie lampe de ce genre, qu'en 1827 on aurait payée plus de 80 fr.

Ainsi désormais les lampes de Carcel, si supérieures aux lampes astrales par leurs effets et leur service, les remplaceront avec avantage, et comme elles sont mises à la portée d'un grand nombre d'acheteurs, l'emploi s'en multipliera considérablement.

Pour assurer plus de durée au mécanisme et diminuer les chances de réparation, M. Jeubert fait en ivoire, au lieu de cuivre, la roue qui s'engrène sur la vis sans fin. Cet artiste construit aussi des lampes de luxe, mais d'un prix très-inférieur à celui de ses concurrents.

Le jury se plaît à récompenser l'un des services les plus importants qu'on puisse rendre dans les arts économiques, le notable bon marché d'objets toujours bien fabriqués. C'est à ce titre qu'il décerne la médaille d'argent à M. Jeubert.

RAPPEL DE MÉDAILLES DE BRONZE.

M. GAGNEAU, à Paris, rue du Faubourg Saint-Denis, n° 17.

Il a de nouveau présenté les lampes mécaniques pour lesquelles il reçut en 1819 la médaille de bronze; ces lampes ont eu beaucoup de succès. Leur auteur a continué de les améliorer et de leur donner des formes plus commodes et plus élégantes; il est toujours digne de la même récompense.

M. GOTTEN, à Paris, place des Victoires, n° 1.

Il a reproduit : 1° ses lampes où l'ascension de l'huile est

II.

opérée presque sans intermittence, par un triple jeu de pompes; 2° ses lustres dont les lampes reçoivent l'huile par des mouvements agissant à la fois sur la même masse de fluide combustible : cela rend impossible un accident particulier à l'une des lumières, dans le cas où quelque mouvement particulier viendrait à se déranger. M. Gotten continue de mériter la médaille de bronze qu'il a reçue en 1823 et qui fut confirmée en 1827.

MM. CHOPIN et MELON, à Paris, rue Saint-Denis, n° 374.

Lampes riches et bien exécutées, mais sans innovations quant à l'éclairage et au mécanisme. Le jury rappelle à ces fabricants la médaille de bronze, pour récompenser le mérite d'exécution et d'ornement de leurs produits.

NOUVELLES MÉDAILLES DE BRONZE.

MM. THILORIER et SERRUBOT, à Paris, rue du Bouloi, n° 4.

Ils ont exposé de nouveau leurs lampes hydrostatiques, récompensées en 1827 par la médaille de bronze. Depuis cette époque, elles ont été trouvées d'un bon usage pour les phares à petits appareils catadioptriques. Le grand nombre de particuliers qui font usage de ces lampes en atteste les avantages. Le jury décerne aux exposants une nouvelle médaille de bronze.

M. GÉRAUD, à Paris, rue des Quatre-Fils, n° 21.

Lampes qui brûlent sans laisser charbonner la mèche,

bien que la flamme soit assez élevée au-dessus du bec. Quoique ces lampes n'aient aucun mécanisme, leur éclat égale presque celui des lampes à la Carcel; mais elles exigent un réservoir supérieur au bec, et nuisible à la beauté de l'aspect. Ce qui les caractérise, c'est que l'huile arrive au niveau du bec, au lieu de rester, comme dans les anciennes lampes d'Argant, à six ou huit millimètres plus bas, d'où résultait, après quelque temps d'allumage, la carbonisation de l'huile et de la mèche. Dans les lampes de M. Geraud, comme dans celles de M. Carcel, la mèche est également élevée et l'huile monte à l'extrémité, sans pouvoir déborder lorsqu'on transporte la lampe. Deux dispositions très-simples, l'une pour les lampes mobiles, l'autre pour les lampes fixes, empêchent le dégorgement.

Le perfectionnement que l'on doit à M. Geraud permet aux lampes les plus économiques de brûler avec un très-bel éclat. Les prix du nouveau système sont d'ailleurs extrêmement modérés; 4 francs 50 centimes par bec de lustre ou d'applique. M. Geraud mérite la médaille de bronze.

MM. JOANNE frères, à Paris, rue de Limoges, n° 8.

Lampes où l'huile s'élève par la chute d'un piston pesant, qui se meut dans le corps de la lampe.

Ce mode d'ascension, applicable peut-être aux lampes à courant d'air, l'est à coup sûr aux petites lampes portatives à mèches plates, avec lesquelles on remplace très-bien les chandelles : c'est leur usage populaire et leur simplicité que le jury récompense par la médaille de bronze.

MENTIONS HONORABLES.

M. DECAN, à la Chapelle-Saint-Denis (Seine).

Lampe mécanique d'un jeu très-régulier, remarquable pour sa transformation de mouvement circulaire en mouvement alternatif, et pour son nouveau mécanisme de pompe, lequel fonctionne bien et n'est guère susceptible de se déranger.

MM. CAZALAT et GRANCOURT, à Paris, galerie Colbert, n° 4.

Lampes hydrostatiques, d'après le principe de la fontaine de Héron, comme celles de Girard; mais le service en est amélioré.

M. GARNIER, à Paris, rue des Fossés-Saint-Germain-l'Auxerrois, n° 43.

Lampes dites *élastiques*; c'est la lampe de Girard perfectionnée par M. Darlu. Elle est devenue plus élégante dans ses formes, d'un niveau plus constant et d'un service plus simple. Cependant il faut encore la renverser pour la remplir.

M. MILAN aîné, à Paris, rue de la Paix, n° 13.

Dès 1827 il obtenait la mention honorable pour ses belles lampes suspendues : il a depuis perfectionné ses moyens de suspension.

M. SILVANT, à Paris, rue de la Harpe, n° 117.

Lampes hydrostatiques à la Girard avec amélioration. Par le moyen de deux réservoirs superposés, dont les pressions s'ajoutent, il a pu donner des formes agréables et nouvelles à ses lampes que le public apprécie.

M. MERKEL, à Paris, rue du Petit-Lion-Saint-Sauveur, n° 13.

Allumettes et briquets d' ~~~~ nouvelles et très-commodes. Ses allumettes son.   bougies qui durent assez longtemps pour être utiles : ses moyens de fabrication sont ingénieux et ses travaux considérables, grâces au succès rapide de ses inventions.

CITATIONS FAVORABLES.

MM. DOMBROWSKI et GAIEWSKI, à Paris, rue Saint-Honoré, n° 343.

Lampes imitant celles de Carcel, mais moins coûteuses. Les moins chères se vendent 70 francs au lieu de 90 francs.

MM. GRIVART et HEYSE, à Paris, rue Neuve-des-Petits-Champs, n° 79.

Lampes de Carcel sans modifications, mais moins chères.

Citations
favorables.

M. GALIBERT, à Paris, rue Neuve-Saint-Augustin, n° 34.

Lampes de Carcel, modifiées et moins coûteuses.

M. CHASTAGNAC, à Paris, boulevart Montmartre, n° 16.

Lampes d'une bonne fabrication, qui l'ont déjà fait citer dans les précédentes expositions.

M. PALLUY, à Paris, rue Grénetat, passage de la Trinité, n° 65.

Lampes hydrostatiques, où l'ascension de l'huile est produite par la pression d'une colonne de dissolution de sel marin. Elles éclairent bien, avec la mèche élevée, sans la laisser charbonner avant une certaine durée d'allumage. (Voyez au chapitre *métaux* les soufflets présentés par M. Palluy.)

II. ÉCLAIRAGE PAR COMBUSTION DES SOLIDES.

RAPPEL DE MÉDAILLE D'ARGENT.

Rappel
de médaille
d'argent.

MM. GENSE et LAJONKAIRE, au Petit Mont-Rouge (Seine).

Ils ont exposé des bougies de blanc de baleine parfaitement épuré. Leur fabrique, honorée en 1827 de la médaille d'argent, n'a nullement dégénéré dans ses moyens d'épuration : le jury confirme aujourd'hui cette récompense, et regrette la diminution qu'on remarque dans les importations de blanc de baleine. Cependant il faut attribuer une partie de cette diminution aux progrès de la pêche que font les bâtiments français, et par conséquent à la quantité de blanc de baleine qui n'est pas signalée dans les importations, bien qu'elle soit versée sur le marché national.

NOUVELLE MÉDAILLE D'ARGENT.

MM. DEMILLY et MOTARD, à Paris, rue Dauphin-Rivoli, n° 1.

Bougies d'acide margarique, éclairant et brûlant au moins aussi bien que la bougie de cire. Cet acide, extrait des suifs dont il n'a pas les inconvénients, présente un éclairage plus agréable et plus beau. MM. Demilly et Motard fabriquent annuellement plus de 60,000 kilogrammes de leur bougie margarique. Le prix n'est pas encore assez inférieur à celui de la bougie; mais le temps amènera par la concurrence l'abaissement des prix. Dès ce moment le jury décerne la médaille d'argent à MM. Demilly et Motard.

MENTION HONORABLE.

M. WERNET (Bernard), à Paris, rue du Bac, n° 32.

Bougies en cire, mentionnées dès 1827 pour leu belle qualité.

CITATIONS FAVORABLES.

M. Mougenot-Berthier, à Chaumont
(Haute-Marne).

Fabrique de bougie blanche.

M. Lagrange, à Paris, rue du Fauboug-
Saint-Honoré, n° 16.

Bougie diaphane, et chandelle.

III. PYROTECHNIE.

MENTION HONORABLE.

M. Ruggiéri, à Paris, rue de Clichy,
n° 88.

Ce serait plutôt au chapitre du superflu, s'il existait
dans ce rapport, qu'au chapitre réservé pour l'économie
domestique qu'il faudrait placer la pyrotechnie. C'est un
éclairage instantané, réservé pour le seul plaisir des sens.
Depuis 1740 les Ruggiéri ont perfectionné cet art en
France; les enveloppes de leurs pièces sont très-bien
confectionnées. Ils ont suivi les progrès de la chimie
pour améliorer la fabrication de la matière combustible.
Considérée comme un art d'agrément où l'imagination
combine des tableaux variés, tour à tour imposants et
gracieux, la pyrotechnie appartient à l'application de l'industrie aux beaux-arts : sous ce dernier point de vue
M. Ruggiéri réunit tous les suffrages, et son talent s'i-
dentifie avec les solennités nationales, qu'il grave dans

les souvenirs du peuple, par les dernières, les plus vives et peut-être les plus durables impressions pour ceux qui n'en reçoivent que par les sens.

SECTION II.

CHAUFFAGE.

RAPPEL DE MÉDAILLES D'ARGENT.

M. LEMARE, à Paris, quai Conti, n° 3.

M. Lemare s'occupe avec une rare constance du perfectionnement de ses appareils économiques autant qu'ingénieux. La fabrication de ses caléfacteurs a trouvé de nombreux imitateurs.

M. Lemare et M. Jametel aîné ont produit à l'exposition un appareil nouveau, très-intéressant, pour cuire le pain dans une capacité inaccessible à la fumée, ainsi qu'à l'air de la combustion ; ils font seulement circuler un air pur échauffé dans des cavités dont les surfaces sont en contact avec le foyer. Le pain cuit de la sorte est d'une propreté remarquable. Enfin la cuisson peut être continue, objet naturel d'économie ; mais le temps seul et l'expérience feront connaître jusqu'où cette économie pourra s'étendre.

En attendant, le jury mentionne honorablement ce procédé, et dès à présent il confirme une nouvelle fois à M. Lemare la médaille d'argent qu'il a trois fois méritée.

M. HAREL, à Paris, rue de l'Arbre-Sec, n° 50.

Cet artiste a rendu de grands services à l'économie

domestique; ses fourneaux et ses appareils culinaires sont toujours très-recherchés des consommateurs; ils continuent d'être confectionnés avec le même soin et la même intelligence; ils méritent le rappel de la médaille d'argent, décernée dès 1819, et confirmée lors des expositions subséquentes.

MÉDAILLES DE BRONZE.

MM. LASALLE et BELLOC, rue Saint-Dominique, n° 25.

Ces deux exposants sont les successeurs de M. Bronzac propriétaire du brevet d'invention pour les cheminées à foyer mobile; ils ont apporté des perfectionnements notables à cet ingénieux et agréable appareil de chauffage domestique.

MM. POUILLET (Charles et Auguste), à Paris, rue Saint-Dominique, n° 211.

Cheminée qui contient un récipient d'air chaud, placé au-dessus de sa flamme, sans néanmoins empêcher qu'on pénètre dans la cheminée pour la ramoner. Le récipient dans lequel passe l'air qui s'échauffe est mobile sur deux portions d'axes creux qui tournent dans des cylindres concentriques. Cette disposition facilitera l'application du chauffage de l'air dans les cheminées, qui participeront ainsi de la puissance calorifère des poêles. MM. Pouillet méritent la médaille de bronze.

M. VUILLIER (Augustin), à Dôle (Jura).

Il a présenté deux poêles de ménage, en tôle et en

fonte, ayant des dimensions différentes : ils servent à la fois pour la cuisine et le chauffage d'une habitation. L'exposant a déjà fait exécuter un grand nombre de ces poêles, qui sont très-économiques, et dont l'usage ne saurait devenir trop général : le jury lui décerne la médaille de bronze.

MENTIONS HONORABLES.

M. LETURC, à Paris, rue Miromesnil, nº 37.

Calorifère à circulation en spirale, d'une structure facile à réparer, et d'un grand effet produit par les surfaces chauffantes ainsi que par la section des conduits d'air chaud. Ce calorifère occupe peu de place, et n'est pas d'un prix trop élevé.

M. JACQUINET, rue Grange-Batelière, nº 19.

Il a fait des améliorations notables aux cheminées à foyer mobile ; il interrompt facilement et très-bien les courants d'air dans ces cheminées, auxquelles il a joint des tuyaux de chauffage par l'air pur, ce qui les rend d'un meilleur effet.

M. MAUPRIVEZ fils, à Paris, cour des Petites-Écuries, nº 67.

Calorifères et cheminées, d'après le système de Désarnod. L'exposant continue à les confectionner avec les mêmes soins qui lui valurent en 1827 la mention honorable.

M. MILLET, à Paris, passage Saunier, n° 4 *bis*.

Il applique à ses cheminées le foyer mobile et le chauffage de l'air, pour renouveler celui de l'appartement.

M. LHOMOND, à Paris, rue Coquenard, n° 44.

Il confectionne toujours avec beaucoup de soin les cheminées auxquelles il a dû les mentions honorables de 1823 et 1827.

M. GILLE, à Paris, rue du Temple, n° 129.

Chauffage domestique à la vapeur, par les becs de gaz ou de lampe. Poêle utilisant la chaleur d'un éclairage de rez-de-chaussée, au profit de l'étage supérieur. Cette idée vraiment heureuse est d'un succès certain; avec l'achat d'un petit poêle pour toute dépense, elle va procurer une douce température à des appartements qui, par économie, n'étaient pas échauffés : ainsi l'éclairage d'une boutique deviendra le foyer d'échauffement de la pièce supérieure.

M. SOREL et compagnie, à Paris, passage Choiseul, n° 47.

Fourneaux économiques, munis d'un régulateur par dilatation d'air; ils sont fort ingénieux.

Mme LAROCHE, à Paris, rue Neuve-Saint-Étienne, n° 15.

Mentions honorables.

Appareils très-commodes et très-économiques pour les petits ménages.

CITATIONS FAVORABLES.

M. VIENNOT (Jean-Louis), à Paris, boulevart Saint-Martin, n° 18.

Citations favorables.

Cheminées à foyers suspendus qui peuvent avancer et reculer à volonté; leur forme est élégante, mais leur prix est élevé.

M. HUREZ, à Paris, rue Coquenard, n° 41.

Cheminées dont une ovale, imitée de la Flandre française, et de plus donnant à l'appartement de l'air chaud et pur.

M. DELAROCHE, à Paris, rue du Bac, n° 38.

Cheminée avec chauffage d'air pour renouveler celui de l'appartement.

M. BECQUERELLE, à Paris, rue Montholon, n°. 26.

Cheminées avec dispositions fort commodes pour éviter la fumée et brûler à volonté du bois ou de la houille.

M. MORIN, à Paris, rue Neuve-Saint-Augustin, n° 20.

Divers fourneaux de cuisine perfectionnés, grils à côtelettes et fours à pâtisseries qui méritent d'être cités.

M. BORRANI, à Paris, place de la Bourse, n° 6.

Fourneaux économiques soignés dans leurs détails.

SECTION III.

DISTILLATION.

RAPPEL DE MÉDAILLE D'OR.

M. Charles DEROSNE, à Paris, rue des Batailles, n° 7.

M. Charles Derosne s'est acquis une juste célébrité par ses nombreuses recherches et par ses succès dans l'art de combiner et d'exécuter les appareils distillatoires. Cet ingénieux artiste se présente à l'exposition de 1834 avec des titres nouveaux; nous ne pouvons en donner ici que l'indication :

1° Appareil de distillation continue, porté maintenant au plus haut degré de perfection. L'usage en est très-répandu en France et chez l'étranger; dans les colonies, il sert à la fabrication du rhum. Avec le plus grand appareil exposé en 1834, on peut distiller, par vingt-quatre heures, jusqu'à 12,000 litres de vin.

2° Appareil de distillation continue, monté sur un fourneau portatif, à l'usage des petits cultivateurs; il n'occupe pas plus de place qu'un poêle et peut se placer partout sans dispositions extraordinaires.

3° Plans et coupes d'un appareil pour la distillation continue des matières pâteuses : il est appliqué de la manière la plus avantageuse à la distillation des pommes de terre dont les résidus servent à nourrir les troupeaux.

4° Appareil pour concentrer les sirops dans le vide, au moyen d'un condensateur à grandes surfaces et par évaporation : on l'emploie avantageusement dans les raffineries de sucre. M. Derosne présente un condensateur remarquable pour l'économie qu'il rapporte dans l'emploi de l'eau de condensation.

5° Colonne évaporatoire, appliquée avec succès à la concentration du jus de betterave et du sirop de dextrine.

M. Derosne ajoute à ces titres par son nouvel engrais composé de sang desséché et de noir de Ménat : engrais puissant et qui seul serait digne d'une haute récompense. N'oublions pas que c'est à M. Derosne que le raffinage du sucre doit l'importante application du noir animal.

Le jury décerne à M. Derosne le rappel le plus honorable de la médaille d'or qu'il obtint en 1827, et l'étend à ses travaux distillatoires qui n'avaient reçu précédemment que la médaille d'argent.

SECTION IV.

SUBSTANCES ALIMENTAIRES.

Quelle que soit la richesse rapidement croissante des produits de l'agriculture française, on ne peut se refuser à reconnaître un fait attristant : nos concitoyens n'ont pas encore à consommer, terme moyen, la moitié du poids assez exigu de la viande accordée aux soldats pour leur ration journalière. Cependant l'expérience a prouvé que les hommes employés à de rudes travaux corporels ont une force physique d'autant plus grande qu'ils admettent la viande en proportion plus considérable dans leur nourriture habituelle.

Quant à la nourriture fondamentale de la population, les céréales, de vastes parties du royaume se nourrissent encore de grains d'espèces inférieures, qu'une meilleure culture échangerait pour les grains de l'espèce la plus belle, ou remplacerait par des végétaux préférables.

L'exposition de 1834 offre la preuve consolante que, depuis 1827, d'importantes recherches ont été faites pour améliorer le régime alimentaire du peuple. Le jury central a jugé ces travaux avec tout l'intérêt que peuvent inspirer l'amour de la science et l'amour de la patrie.

I. SUBSTANCES ANIMALES.

INDUSTRIEL HORS DE CONCOURS.

Industriel hors de concours.

M. DARCET, de l'Académie des sciences, à la Monnaie.

Notre savant confrère M. Darcet, membre du jury

central depuis quatre expositions, s'est trouvé quatre fois hors de concours, et quatre fois privé volontairement de la plus haute récompense qu'auraient dû recevoir ses recherches et ses découvertes philanthropiques, soit pour rendre moins dangereuses les industries insalubres, soit pour ajouter aux moyens d'alimentation du peuple.

Industriel
hors
concours.

MÉDAILLE D'ARGENT.

MM. BOWENS, VAN COPPENAAL et compagnie, à Paris.

Médaille
d'argent.

Suivant l'usage ordinaire, le bouillon tiré de la viande est préparé dans chaque ménage, avec une dépense de combustible, d'emplacement et d'ustensiles à laquelle ne peuvent suffire un grand nombre d'habitants de la capitale. Les exposants ont imaginé de préparer en grand un bouillon substantiel et de la viande cuite vendus dans un grand nombre de dépôts, à des prix modérés. Cette entreprise, qui reçut le suffrage de l'Académie des sciences, est récompensée par un vaste succès. Le jury central, pour honorer un service qui s'étend à toutes les classes laborieuses, décerne la médaille d'argent à MM. Bowens et Van Coppenaal.

MÉDAILLE DE BRONZE.

M. DELEUIL, à Paris, rue Dauphine, n° 22.

Médaille
de bronze
(d'ensemble).

Modèle d'appareil employé dans plusieurs hospices pour extraire la gélatine des os, d'après les principes de

Médaille
de bronze
(d'ensemble).

M. Darcet. Avec ce modèle, on peut préparer par jour quarante rations de soupe; il fonctionne très-bien. La chaudière, dont le couvercle est muni d'un thermomètre et d'un manomètre, réunit tous les moyens désirables de sûreté; elle serait avantageusement employée dans les cours scientifiques, pour les démonstrations relatives à l'emploi de la vapeur. Ce modèle a servi très-efficacement à propager l'usage des grands appareils chez l'étranger. M. Deleuil reçoit du jury, pour l'ensemble de ses produits, la médaille de bronze.

CONSERVATION DES SUBSTANCES ALIMENTAIRES ANIMALES ET AUTRES.

Conserver un temps considérable les aliments qui se corrompent naturellement avec rapidité, ce n'est pas seulement prolonger les jouissances du riche au delà des limites posées par les saisons ou resserrées en des espaces plus étroits encore, c'est multiplier pour un grand nombre de classes de citoyens, les facilités de vivre sainement en des circonstances auparavant les plus fâcheuses.

Les procédés d'Appert pour la conservation des aliments offrent un bel exemple de semblables services rendus à la société. Grâce aux préparations de cet ingénieux fabricant, les marins, les voyageurs et les personnes sédentaires qui veulent goûter, dans leur saveur native et fraîche, des aliments préparés en des lieux éloignés, peuvent aujourd'hui s'approvisionner en accroissant modérément leur dépense. On peut ainsi prévenir les maladies funestes, telles que le scorbut, qui finissaient par attaquer les gens de mer, lorsqu'ils se nourrissaient de salaisons plus ou moins imparfaitement préparées et conservées.

L'art de préparer les aliments suivant le système

d'Appert s'est propagé notablement depuis 1827. Les conserves alimentaires qu'on a présentées ont été trouvées de la meilleure qualité. Le jury n'a pas pu marquer de préférence entre trois nouveaux concurrents; en conséquence il décerne à chacun d'eux une médaille de bronze, et les place ici dans l'ordre alphabétique.

MÉDAILLES DE BRONZE.

M. CONEAU et compagnie, au Mans (Sarthe);

M. LEYDIG et compagnie, à Nantes (Loire-Inférieure);

MM. MILET et CHEVEAU, à Nantes (Loire-Inférieure).

Médailles de bronze.

II. SUBSTANCES ALIMENTAIRES TIRÉES DU RÈGNE VÉGÉTAL.

SCORTICATION DES LÉGUMES.

MÉDAILLE D'ARGENT.

M. PÉPIN (Théodore), à Paris, quai de la Gare-d'Ivry, n° 30.

Médaille d'argent.

Les légumes secs sont recouverts d'une enveloppe que l'eau bouillante attaque difficilement et qui s'oppose autant à leur cuisson qu'à leur digestion facile. Enlever cette écorce, *monder* ces légumes avec une faible dépense, c'était rendre un service remarquable à l'écono-

mie domestique. La société d'encouragement en avait
fait l'objet d'un prix, dont M. Pépin a non-seulement
rempli, mais dépassé les conditions. Il a donné le plus
grand développement à son industrie, par la réunion de
forces motrices de la vapeur et de l'eau, équivalentes à
celles de trente-six chevaux. Il livre au commerce des
légumes dépouillés de leur enveloppe, aux prix même
que les détaillants font payer les mêmes graines non
préparées. Par ses succès, il a fait cesser l'importation
de l'orge perlée, en fabricant ce produit aussi bien et
plus économiquement que les Hollandais: ses procédés
sont simples et parfaits; ses produits ne laissent rien à
désirer. Le jury lui décerne la médaille d'argent.

PANIFICATION.

Depuis quelques années on fait beaucoup d'essais
pour introduire la farine de pomme de terre dans le pain
de froment, mélange qui s'opère aujourd'hui très en
grand. Ce mélange a diminué notablement la consommation du blé dans les villes, et pourtant le peuple
n'en a pas profité, puisque les taxations du pain sont
restées dans les mêmes rapports avec le prix des
céréales.

MENTIONS HONORABLES.

M. Quest, à Arpajon (Seine-et-Oise).

M. Quest nous a présenté, 1° du pain fait entièrement
avec de la pomme de terre; 2° du pain de pomme de
terre, qu'il amène à l'état de pain de froment, par une
addition suffisante de *caseum* et de sirop de *dextrine*.

Il a publié ses procédés, qui sont bien raisonnés et faciles à suivre.

Le pain exposé par M. Quest est préférable à celui que les paysans consomment dans beaucoup de villages ; l'exposant s'en nourrit ainsi que sa famille et les gens de sa ferme. Il ne lui coûte que deux sous le kilogramme au lieu de quatre à six que coûte le pain de froment, dans beaucoup de localités. On peut l'animaliser autant que le pain de froment, sans le renchérir ; enfin la pomme de terre, réduite en farine conservable et paniliable, serait pour les classes les moins aisées un immense bienfait.

Le jury se plaît à reconnaître le zèle, la persévérance et les succès de M. Quest, en lui décernant la mention la plus honorable.

MM. Payen et Buran, à Paris, rue Favart, n° 8.

Ils ont exposé de la dextrine gommeuse et du sirop de dextrine.

C'est à MM. Payen et Persoz qu'est due la connaissance de la *diastase*, l'étude bien faite de l'action de cette substance sur la fécule, et plusieurs applications de ces recherches à l'industrie manufacturière.

La fabrication de la dextrine gommeuse et du sirop de dextrine n'a pas encore reçu la sanction d'une longue expérience. Dès à présent, le jury central récompense les procédés de confection dus à MM. Payen et Buran par la mention honorable.

M. Porcheron (Gaspard), à Paris, passage Choiseul, n° 16.

Il a présenté de nombreux assortiments de farines de

Mentions
honorables. légumes cuits : pour les convertir en aliments, il suffit de les délayer dans de l'eau chaude.

Ces farines, bien conservables, faciles à transporter, d'un emploi commode, économique, sont éminemment propres au service de la marine, à l'approvisionnement des places de guerre, des petits ménages et des voyageurs. Le jury, pour encourager M. Porchon à poursuivre cette industrie inventée par M. Duvergier, lui décerne la mention honorable.

CITATION FAVORABLE.

Citation
favorable. ## M. MOUCHOT, à Paris, rue de Grenelle-Saint-Germain, n° 37.

M. Mouchot, boulanger fort instruit, a le premier fait usage en grand du sirop de dextrine pour améliorer la fabrication de ses pains de luxe. Ses petits pains et ses babas, renouvelés chaque jour à l'exposition, ont eu le plus grand succès. Son zèle et la bonne direction qu'il a su prendre méritent une citation favorable.

PÂTES.

MÉDAILLE DE BRONZE.

Médaille
de bronze. ## MM. JONARD et MAGNIN, à Clermont (Puy-de-Dôme).

Pâtes françaises à l'imitation des pâtes d'Italie. MM. Jonard et Magnin ont établi très en grand cette industrie dans le département du Puy-de-Dôme ; ils ont contribué

puissamment à nous affranchir de l'importation des pâtes
étrangères. Ils emploient pour leurs fabrications du froment rouge glacé, très-abondant aux environs de Clermont, et qui ne peut pas donner de farine blanche.
MM. Jomard et Magnin vendent leurs produits à bas
prix. Le jury leur décerne la médaille de bronze.

*Médaille
de bronze.*

CITATION FAVORABLE.

M. Chochinat, au Bourget (Seine).

*Citation
favorable.*

Pâtes alimentaires, tapiocas, riz de fécule, etc. Une
longue expérience a prouvé que ces préparations, utiles
à notre commerce, sont bien fabriquées par M. Chochinat,
qui, dès 1827, obtint une citation favorable.

FABRICATION DES HUILES ALIMENTAIRES
ET D'ÉCLAIRAGE.

MÉDAILLE DE BRONZE.

M. Delaveau fils aîné, à Lannaguet (Haute-Garonne).

*Médaille
de bronze.*

La fabrication étendue qu'il développe est surtout
remarquable dans une partie de la France où les manufactures sont généralement au-dessous du niveau de l'industrie française. Il présente diverses espèces d'huile
bien préparées ; il cultive les plantes oléagineuses ; il
purifie l'huile de baleine ; il emploie vingt mille pieds de

Médaille de bronze.

bœuf fournis par l'abattoir de Toulouse. Pour encourager cette grande fabrication, le jury décerne à M. Delaveau la médaille de bronze.

MENTION HONORABLE.

Mention honorable. (d'ensemble).

MM. BERNHEIM frères, à Paris, rue d'Antin, n° 6.

MM. Bernheim sont les plus forts fabricants d'huile de pieds de bœuf, à Paris. Ils en vendent jusqu'à 500 barils par an ; leurs huiles sont bien clarifiées et ne forment aucun dépôt.

FABRICATION DES SUCRES.

MÉDAILLES D'ARGENT.

Médailles d'argent (d'ensemble).

M. BRAME-CHEVALIER, à Lille (Nord).

L'appareil évaporatoire de M. Brame-Chevalier, où les sirops et toutes les dissolutions de matières, soit végétales, soit animales, semblent pouvoir être concentrées, promet de grands perfectionnements dans la fabrication et le raffinage du sucre. Il opère la cuisson des sirops à basse température ; l'insufflation de l'air chaud accélère à tel point l'évaporation, que la cuisson du sirop peut se faire en 8 à 9 minutes lorsqu'on opère sur 200 kilog. de sucre. Déjà cet appareil offre en sa faveur la sanction d'une heureuse expérience, dans plusieurs manufactures ; il se propage avec rapidité ; il promet des perfectionnements considérables à plusieurs autres indus tries. Dès à présent le jury décerne à M. Brame-Chevalier la médaille d'argent.

MM. Reybaud frères et Legrand, à Marseille (Bouches-du-Rhône).

Ces fabricants produisent par jour 6,000 kilogrammes de sucre raffiné; ils opèrent à la température de 55° la cuisson de leurs sirops; ils ont diminué de moitié la consommation de la houille et la quantité de mélasse; ils emploient moins d'eau de condensation qu'on ne le fait ordinairement.

En 1827, M. Legrand avait reçu la médaille de bronze pour la cuisson des sirops sous une pression moindre que celle de l'atmosphère. La nouvelle association continue à suivre cette carrière de perfectionnements; le jury lui décerne la médaille d'argent.

MM. Roth et Bayvet, à Paris, rue de la Roquette, n° 72.

Appareil d'une très-bonne construction pour la cuisson du sucre dans le vide, lequel est produit directement par la vapeur, et maintenu par une abondante quantité d'eau froide. C'est ainsi qu'on évite les machines à vapeur et pneumatiques nécessaires dans l'appareil de Howard. Le moyen de MM. Roth et Bayvet n'est peut-être pas le plus économique pour supprimer l'emploi de ces machines; mais il peut en beaucoup de cas mériter la préférence et produit des résultats utiles dans plusieurs raffineries. Le jury leur décerne la médaille d'argent.

MÉDAILLE DE BRONZE.

M. LEROUX-DUFIÉ, à Paris, rue Blanche, n° 17.

Appareil pour l'égout des formes après la formation des pains de sucre.

Dans l'usage ordinaire, chaque forme était posée sur un pot pour égoutter; il fallait autant de récipients que de formes. Ces pots devaient varier de dimension selon la grandeur des formes qu'ils avaient à recevoir pleines de sirop; ils étaient lourds, embarrassants à porter; leur usage, qui demandait beaucoup de main-d'œuvre, était sujet à de nombreux accidents; il occasionnait une grande perte de sirop. On avait essayé de remédier à ces inconvénients avec des gouttières placées au-dessous des formes rangées en file; mais le sirop, exposé à l'air en sortant des formes, se cristallisait et bouchait les trous qu'il fallait continuellement rouvrir, les gouttières s'obstruaient et souvent elles étaient renversées. Les avantages d'un tel procédé se trouvaient donc en grande partie compensés par des inconvénients graves; aussi n'est-il aujourd'hui que rarement employé. M. Leroux-Dufié a conçu l'heureuse idée de remplacer les pots et les gouttières par un seul réservoir à fond très-incliné; ce réservoir est recouvert d'une planche mobile percée d'autant de trous qu'on peut y placer de formes. Les formes étant coniques, elles s'adaptent quelles que soient leurs dimensions dans des ouvertures vides percées sur ce plancher. Le sirop, garanti de l'action vaporisante des courants d'air, ne cristallise plus en sortant des formes; ni même notablement lorsqu'il coule sur le fond du ré-

servoir. Il se rend ainsi, sans perte de temps ni de ma-
nutention, dans des réservoirs, d'où, par un simple tuyau,
il est conduit aux chaudières.

Il y a donc ici facilité, célérité, économie de main-
d'œuvre, augmentation de produits. Pour récompenser
la réunion de ces avantages, le jury décerne à M. Leroux-Dufié la médaille de bronze.

SUCRE DE BETTERAVES.

Depuis 1827 la production du sucre de betteraves
s'est développée avec une rapidité, une régularité remarquables, de manière à commencer la concurrence la
plus sérieuse avec le sucre des colonies grevé d'impôts
très-considérables, établis sur la matière même et sur
tous les accessoires de la navigation.

Cette année, trente-neuf sucreries indigènes sont
en activité dans les seuls arrondissements de Valenciennes, Douai, Lille et Cambrai; l'établissement d'un
plus grand nombre se prépare. Divers départements rivalisent avec celui du Nord. Une foule de localités offrent
déjà de petites exploitations qui s'établissent dans les
fermes.

Des perfectionnements notables sont réalisés; d'autres
qu'on a proposés sont étudiés avec soin.

Beaucoup de fabricants ont exposé leurs produits,
mais les jurys départementaux ont négligé presque partout de présenter leurs titres à des récompenses : voici
celles que le jury décerne.

RAPPEL DE MÉDAILLE DE BRONZE.

Rappel de médaille de bronze.

M. LIGNIÈRES fils aîné, à Toulouse (Haute-Garonne).

Il avait reçu la médaille de bronze en 1827 pour ses belles minoteries.

NOUVELLES MÉDAILLES DE BRONZE.

Nouvelles médailles de bronze.

M. CORTYL-VANMERIS, à Bailleul (Nord);

M. GRATZ-WOOG, à Valenciennes (Nord).

MENTION HONORABLE.

Mention honorable.

M. LACROIX fils, à Roquetaille (Haute-Garonne).

CITATIONS FAVORABLES.

Citations favorables.

Mme veuve DUVIVIER, à Villeneuve-sur-Verberie (Oise);

MM. ROUFFIER et CHARBONNEAU frères, à Crest (Drôme).

SECTION V.

FABRICATION D'ENGRAIS POUR LA PRODUCTION DES SUBSTANCES ALIMENTAIRES.

RAPPEL DE MÉDAILLE D'OR.

M. Charles DEROSNE, à Paris, rue des Batailles, n° 7.

Le résidu noir des raffineries, une fois reconnu comme engrais puissant, fut bientôt vendu jusqu'à 10 et 12 fr. l'hectolitre. M. Charles Derosne, adjudicataire de tout le sang des abattoirs de Paris, et propriétaire des mines de schiste bitumineux de Ménat, employa ces matières à fabriquer un engrais pareil au résidu noir des raffineries. Il livra bientôt au commerce de grandes quantité de son nouvel engrais, qu'il appela *noir de sang*, et qu'il vendit 6 francs l'hectolitre.

M. Charles Derosne prouve aujourd'hui qu'il continue de s'occuper avec succès des arts chimiques, dans leur application la plus efficace à l'agriculture : le jury le déclare plus que jamais digne de la médaille d'or qu'il a reçue en 1827.

MÉDAILLE D'ARGENT.

MM. SALMON, PAYEN et BURAN, à Paris, rue Favart, n° 8.

L'insalubrité des villes tient en grande partie à l'accumulation, à la putréfaction des débris de matières animales et végétales, jetées sur la voie publique ou bien entassées dans les voiries; en même temps ces matières pourraient fournir à notre agriculture des engrais puissants qu'elle réclame avec urgence. Mais il fallait que l'administration secondât les efforts de l'industrie, et c'est avec une extrême lenteur qu'elle s'est décidée à prendre ce parti.

M. Salmon, récompensé par un prix de l'Académie des Sciences, a conçu l'heureuse idée de calciner à vase clos la boue de Paris, et d'employer les poudres résidues qui contiennent un charbon très-divisé, pour désinfecter instantanément et dessécher les matières fécales et d'autres déjections le plus souvent perdues et pouvant devenir très-utiles à l'agriculture.

Il dirige avec MM. Payen et Buran, à Grenelle, un grand atelier pour exploiter d'une manière salubre les chevaux morts, en les faisant cuire à la vapeur, en séparant les os, en comprimant les chairs cuites qu'ils font sécher, soit à l'air, soit à l'étuve, puis en les réduisant en poudre propre à la nourriture de divers animaux, et surtout à la confection d'engrais puissants.

Déjà les savants que nous citons ont établi leurs procédés à Bordeaux, à Lyon, à Gray; Paris s'est borné, et cela depuis seulement une année, à permettre qu'ils exploitent par jour 12 chevaux morts et 300 tinettes de vidange. Le jury désire que des expériences prolongées, faites dans le voisinage des grandes cités, portent jusqu'à l'évidence les précieux avantages de ces innovations qu'il récompense dès aujourd'hui par la médaille d'argent, et qui mériteront davantage après avoir reçu la sanction indispensable du temps.

SECTION VI.

CONSERVATION DE LA PROPRETÉ DES VÊTEMENTS.

MENTION HONORABLE.

M. DIER, à Paris, rue Saint-Honoré, n° 129.

Il a conservé les traditions des Machanet, dont le père eut l'honneur, en 1788, de voir la bonté de ses procédés pour remettre à neuf les vieux habits, reconnus par les savants Bertholet et Brisson.

M. Dier a fait part au jury d'une liste très-remarquable extraite de ses livres, et constatant que les personnages les plus éminents et les plus opulents ne dédaignent pas de faire un fréquent usage de son industrie, pour maintenir leurs vêtements dans la fraîcheur de la nouveauté, malgré l'usage et les taches accidentelles qu'ils peuvent recevoir. Une expérience de près d'un demi-siècle démontre la bonté des procédés que M. Dier emploie pour rendre aux draps longtemps portés leur apprêt et leur lustre primitifs. Il a lui-même notablement perfectionné ces procédés. Si l'industrie de M. Dier est devenue nécessaire aux classes les plus riches, elle est indispensable aux classes moyennes et mérite d'être encouragée; c'est ce que fait le jury central par la mention la plus honorable.

CITATION FAVORABLE.

M. SCHINDLER, à Paris, rue de Seine, n° 23.

Il a présenté de vieux habits très-bien remis à neuf;
le jury se plaît à lui donner une citation favorable.

CHAPITRE XXXIII.

FABRICATION DES PRODUITS CHIMIQUES.

SECTION PREMIÈRE.

ACIDES, ALCALIS, SELS, ETC.

I. PRODUITS MÉTALLIQUES.

Les arts chimiques sont la gloire de l'industrie française. Depuis les Lavoisier, les Bertholet, les Guyton, les Chaptal, les Vauquelin et les Fourcroy, jusqu'à leurs célèbres et dignes successeurs, que nous nommerions ici s'ils n'étaient la plupart membres du jury, les chimistes les plus illustres, par leurs découvertes fécondes, ont fait naître une foule d'arts inconnus à nos pères, et qui sont aujourd'hui pour nous une source de richesse et de puissance. Une moitié des professions utiles est principalement éclairée et dirigée par la chimie, l'autre l'est par la mécanique et la géométrie; le plus grand nombre emprunte à la fois les lumières et les secours de ces trois sciences.

Nous ne comprenons dans ce chapitre que les arts

II.   22

particuliers destinés à la fabrication de ce qu'on appelle plus spécialement *des produits chimiques.*

Voici, pour l'année 1833, les exportations de ces produits fabriqués en France :

Oxydes, acides................	542,274
Alcalis.....................	84,077
Sels......................	6,956,833
Teintures et couleurs...........	2,070,705
Produits divers	209,228
Produits pharmaceutiques.........	2,322,210
Savons....................	1,779,099
Colles....................	79,187
TOTAL pour 1833.......	14,043,613
TOTAL pour 1827......	10,790,749

MÉDAILLES D'OR.

M. GUYMET, à Lyon (Rhône).

Il a présenté trois grands vases qui contenaient plusieurs kilogrammes d'outremer, substance autrefois plus chère que l'or, et qu'on ne trouvait qu'en petit nombre d'hectogrammes dans les magasins les mieux approvisionnés. Guidé par l'analyse chimique, M. Guymet a produit artificiellement, avec abondance, de l'outremer aussi beau que celui qu'on extrayait à grand peine et par grains, du lapis lazuli : pour nous résumer en un mot, le nouvel outremer est *deux cents fois* moins cher que l'ancien. Le jury décerne la récompense du premier ordre à cet admirable succès.

MM. Saint-André, Poisat et compagnie, à Lyon (Rhône).

Médailles d'or.

Ils ont exposé les produits qui résultent de l'affinage de l'argent par le beau procédé de M. Darcet neveu, qu'ils pratiquent avec une grande étendue. Ils ont tellement diminué la dépense de cette opération, qu'aujourd'hui l'on peut avec avantage faire arriver de très-loin des valeurs énormes en argent, pour en extraire l'or qui s'y trouve, et qui, sans le perfectionnement de l'art, eût été perdu pour toujours. MM. Poisat et compagnie ont fait du procédé de M. Darcet une application si grande et si fructueuse, qu'ils sont jugés dignes de recevoir la médaille d'or.

RAPPEL DE MÉDAILLES D'ARGENT.

Société des mines de Bouxwiller (Bas-Rhin).

Rappel de médailles d'argent.

Ensemble de produits chimiques : alun, sulfate de fer, ammoniaque, colle de Flandre excellente. Les travaux importants de cette grande fabrique continuent de mériter la médaille d'argent, accordée en 1823 et confirmée en 1827.

MM. Bobée et Lemire, à Choisy-le-Roi (Seine).

Les produits de leur fabrique de charbon, de vinaigre et d'acétates continuent de mériter leur bonne réputation : nouveaux produits chimiques, la creosote et l'enpione. Rappel de la médaille d'argent obtenue en 1819.

22.

MM. Bérard et fils, à Montpellier (Hérault).

Alun épuré, acétate de plomb, produits de la fabrique célèbre fondée par MM. le comte Chaptal et Bérard père. Ces produits, qui ne laissent rien à désirer, continuent de mériter la médaille d'argent précédemment accordée. Cette fabrique produit annuellement :

100,000 kilog.	d'alun extra-pur,	à	54^f	les 100^k
200,000	d'alun purifié,	à	46	*idem.*
10 à 12,000	de sel de Saturne,	à	150	*idem.*
8 à 10,000	de sel d'étain,	à	180	*idem.*

MM. Salmon, Payen et Buran, à Grenelle (Seine).

Sel ammoniac et noir animal ; pour ces produits les habiles exposants obtinrent en 1819 une médaille d'argent, rappelée en 1823 ; le jury la confirme en 1834.

MM. Pluvinet et compagnie, à Clichy (Seine).

Sels ammoniacaux, prussiate de potasse et noir animal. Par les perfectionnements apportés à leurs fabrications ils ont pu diminuer beaucoup les prix de vente. Le jury leur confirme la médaille d'argent qu'ils ont reçue en 1819 avec M. Payen, et qui fut rappelée en 1823.

NOUVELLES MÉDAILLES D'ARGENT.

COMPAGNIE ANONYME de Saint-Gobain, à Chauny (Aisne).

Produits de la décomposition du sel marin par l'acide sulfurique, et du sulfate de soude par la craie et le charbon.

Les carbonates de soude cristallisés ou secs sont d'une grande pureté, l'acide muriatique et le chlorure de chaux sont très-bien fabriqués.

L'établissement de la compagnie à Chauny emploie maintenant six fois autant de sel qu'en 1827, c'est-à-dire plus de 30,000 quintaux au lieu de 5,000 employés annuellement à cette époque; en même temps le prix des produits a diminué d'environ 20 pour 0/0, quoique le prix du soufre soit doublé; tant les procédés ont reçu d'améliorations. Le jury décerne à la compagnie une médaille d'argent pour sa fabrique de soude.

RÉGIE DES SALINES DE L'EST, fabrique de soude à Dieuze (Meurthe).

Les appareils et les bâtiments de cette fabrique ont été complétement renouvelés depuis 1827. Malgré le renchérissement du soufre, ses produits sont remarquables pour leur bas prix et leur pureté; elle livre au commerce le carbonate de soude sec, à un degré beaucoup plus élevé que les autres fabriques du même genre. C'est un progrès de l'art qui réduit à la fois les frais de transport les moyens de fraude et les erreurs. Sous peu de temps la fabrique de Dieuze consommera par an 30,000 quintaux de sel. Cette fabrique avait obtenu en 1823 une médaille de bronze rappelée en 1827 : elle obtient aujourd'hui la médaille d'argent.

M. VALLERY (Charles), à Saint-Paul-sur-Risle (Eure).

Pulvérisation des bois de teinture ; elle s'opère au moyen d'un mécanisme inventé par M. Vallery ; il livre par jour au commerce 2,000 kilogrammes d'une poudre extrêmement divisée et par là bien perméable à l'eau. Cette poudre est surtout précieuse pour la teinture de la laine ; elle dispense de toute décoction préliminaire. On la jette dans la chaudière en même temps que la laine, qu'on dégage ensuite du résidu ligneux, avec la plus grande facilité ; l'économie du temps et du combustible est considérable. Ce perfectionnement mérite la médaille d'argent.

M. LEFEBVRE (Théophile) et compagnie, à Lille (Nord).

Très-belle céruse fabriquée par le procédé hollandais. Dès 1827 M. Lefebvre obtint pour ce genre de produits la médaille d'argent. Depuis cette époque son établissement a pris un accroissement extraordinaire, par le succès complet du procédé hollandais introduit en France. L'importation du blanc de céruse étranger qui s'élevait en moyenne à 1,200,000 kilogrammes de 1827 à 1828, s'est réduit à 80,000 kilogrammes pour 1831 et 1832. Le jury récompense, par la médaille d'argent, ce résultat avantageux pour la France.

RAPPEL DE MÉDAILLES DE BRONZE.

MM. CARTIER fils et GRŒU, à Paris, rue des Cinq-Diamants, n° 20.

Fabrication d'acide sulfurique, de chromates, d'acide oxalique, etc. Ces produits, toujours de bonne qualité, méritent la confirmation de la médaille de bronze accordée en 1823 et rappelée en 1827.

M. JULLIEN et compagnie, à Paris, rue de la Vieille-Monnaie, n° 9.

Acide nitrique, sels mercuriels, nitrate de plomb, bien fabriqués : rappel de la médaille de bronze décernée en 1827.

M. BURAN et compagnie, à Charenton (Seine).

Sel ammoniac, sublimé, calomel, huile pour voitures. Ces produits continuent de mériter la médaille de bronze qu'ils ont obtenue en 1823.

NOUVELLES MÉDAILLES DE BRONZE.

MM. BONNAIRE et DELACRETAZ, à Vaugirard (Seine).

Chromates et bis-chromates de potasse, acides oxalique et tartrique, sels mercuriels et magnésiens; ces produits sont d'une grande beauté. La fabrique est considérable; elle mérite la médaille de bronze.

M. Tochi, affineur de métaux, à Arène-sur-Marseille (Bouches-du-Rhône).

Il a le premier substitué, en fabrique, les chaudières de fonte aux vases de platine, dans l'affinage de l'or et de l'argent; cette économie a contribué sensiblement à l'extension si remarquable que, depuis peu d'années, cette savante industrie a reçue en France. Le jury décerne à M. Tochi la médaille de bronze.

MM. Pallu jeune et fils, à Portillon près Tours (Indre-et-Loire).

Céruse de bonne qualité, présentant comme l'exigent les consommateurs une cassure conchoïde très-compacte, quoique fabriquée par précipitation. La fabrique de MM. Pallu est considérable; le jury leur accorde la médaille de bronze.

M. Dupré, au Pecq (Seine-et-Oise).

Céruse bien fabriquée; manufacture importante. La médaille de bronze.

MM. Payen et Buran, à Grenelle et à Saint-Denis (Seine).

Borax obtenu par la combinaison de la soude avec l'acide borique importé de Toscane. C'est une industrie nouvelle exploitée avec succès : le borax qu'elle produit est supérieur à celui qui vient des Indes ; elle mérite à MM. Payen et Buran une médaille de bronze.

MENTIONS HONORABLES.

M. HULOT, à Monceaux, près Paris (Seine).

Sulfate et muriate d'ammoniaque de bonne qualité, retirés des eaux infectes écoulées des usines de l'éclairage par le gaz : c'est un mérite d'avoir rendu productif un résidu très-incommode dont il importait de détruire le plus promptement possible l'insalubrité.

M. GUICHARD, à Nantes (Loire-Inférieure).

Céruse bien fabriquée.

MM. SIMON et BESANÇON, au Pecq (Seine-et-Oise).

Céruse bien fabriquée.

M. FAURE (Louis), à Wazemmes (Nord).

Céruse bien fabriquée.

M. MILIUS, à Paris, rue des Blancs-Manteaux, n° 25.

Chromates de plomb à nuances très-bien préparées, et d'une bonne fabrication.

M. DUCOUDRÉ, à Paris, rue du Roi-de-Sicile, n° 27.

Prussiate de potasse et bleu de Prusse d'une belle qualité.

Mentions
honorables.

MM. Caire, Raymond et compagnie, à Toulouse (Haute-Garonne).

Produits de la distillation du bois : fabrique assez importante pour le pays ; elle occupe 40 ouvriers et distille annuellement 1,600 stères de bois.

MM. Couturier et Lebucholet, à Cherbourg (Manche).

Ces manufacturiers, mentionnés honorablement en 1827, fabriquent par an 80 kilog. d'iode, 800 kilog. d'hydriodate de potasse, 100 mille kilogrammes de muriate de potasse, et 200 mille kilogrammes de sel de warech.

M. Goyon (Jean-Baptiste), à Paris, rue Richer, n° 20.

Il a donné une assez grande extension à ses moyens de nettoyer et de conserver les ornements métalliques.

CITATIONS FAVORABLES.

Citations
favorables.

Mme veuve Guilhem aînée, et fils, au Conquet (Finistère).

Elle fabrique l'iode, l'hydriodate et le muriate de potasse, la soude et le sel de warech.

M. Pitay, à Ivry (Seine).

Fabrique de sel ammoniac, de prussiate de potasse et d'acétate de plomb.

M. BRENIER, à Grenoble (Isère).

Fabrique de couperose pour les teintures de Lyon.

M. KESLER et compagnie, à Boulay (Moselle).

Fabrique de sulfate d'ammoniac et de prussiate de potasse : industrie nouvelle pour le département de la Moselle.

SECTION II.

PRODUITS CHIMIQUES, SPÉCIALEMENT PHARMACEUTIQUES.

MÉDAILLE D'ARGENT.

M. LEROUX, pharmacien à Vitry (Seine).

Il y a longtemps qu'on avait employé l'écorce de saule comme fébrifuge; on avait fait de nombreuses tentatives pour en extraire le principe médical et l'obtenir à l'état pur, séparé de toute fibre ligneuse. Cette découverte importante était réservée à M. Leroux. Il a nommé *salicine* cette substance qu'il a trouvée en 1829, et pour laquelle il a reçu, de l'Académie des sciences, un des grands prix Monthyon.

M. Leroux s'est empressé d'établir en grand l'extraction de la salicine; mais le bas prix de l'écorce de quinquina, depuis la paix, et l'économie, si considérable aujourd'hui dans la fabrication du sulfate de quinine, ont mis obstacle au développement de la manufacture de M. Leroux. Néanmoins sa découverte est certaine. Il est dé-

Médaille
d'argent.

montré que la silicine peut remplacer le sulfate de
quinine dans le traitement des fièvres. Si, par un effet
quelconque de guerres ou de révolutions commerciales,
le quinquina manquait, ou seulement renchérissait, il
serait aussitôt remplacé par un produit de notre sol et
de notre industrie. Lorsque cinq nouvelles années d'expérience auront accru l'emploi de la salicine, le service
rendu par sa découverte méritera la récompense du
premier ordre : dès à présent le jury décerne à M. Leroux la médaille d'argent.

RAPPEL DE MÉDAILLE DE BRONZE.

Rappel
de médaille
de bronze.

M. LEVAILLANT, à Paris, Vieille-Rue-du Temple, n° 27.

Ses beaux produits de sulfate de quinine continuent
à justifier la réputation qu'il s'est acquise. Le jury remarque avec intérêt la diminution de prix de ce sel, si
précieux pour l'humanité : diminution qui résulte du
perfectionnement des procédés de fabrication. Le jury
confirme à M. Levaillant la médaille de bronze qu'il a
reçue en 1827.

NOUVELLE MÉDAILLE DE BRONZE.

Nouvelle
médaille
de bronze.

M. DELONDRE (Auguste), à Nogent-sur-Marne (Seine).

Produits remarquables de sulfate de quinine, obtenus

dans la grande manufacture fondée et parfaitement
établie par M. Delondre : elle met en œuvre le *tiers*
du quinquina que le commerce importe en France. Le
jury décerne la médaille de bronze à M. Delondre.

Nouvelle
médaille
de bronze.

MENTIONS HONORABLES.

M. BELLISLE-FOURNIER, à Nîmes (Gard).

Mentions
honorables.

M. Bellisle-Fournier a, de concert avec son beau-
père, introduit en France la culture du ricin, et l'extraction de l'huile que peut fournir cette plante, huile
qui nous venait d'Amérique où souvent elle était mal
préparée. Dès à présent les ateliers de M. Bellisle-Fournier produisent par jour de 60 à 100 kilogrammes
d'huile de ricin : c'est une conquête pour la France.

M. GISCLARD, à Alby (Tarn).

Essence d'anis vert, fort blanche et bien préparée.
M. Gisclard, ancien élève de l'école polytechnique, a le
premier introduit dans le département du Tarn la culture de l'anis et de la badiane. Depuis 1827 il extrait en
grand, de ces graines, des huiles essentielles tellement
pures et suaves, qu'elles remplacent aujourd'hui dans le
commerce l'huile essentielle d'anis fournie par les pays
chauds, et l'huile de badiane que nous tirons de Russie.
Un tel succès mérite la mention la plus honora'le.

SECTION III.

SAVONS.

Le jury regrette de n'avoir pas vu paraître à l'exposition les produits des grandes savonneries du midi de la France; car ces fabriques, par l'étendue de leurs opérations, les difficultés du travail et la perfection des résultats, doivent occuper le premier rang dans cette partie importante de l'industrie nationale.

Nous renouvellerons le vœu des jurys précédents, de voir le consommateur, plus éclairé sur ses vrais intérêts, mieux apprécier les savons faits avec un mélange de suif et de résine : ce sont les meilleurs de tous, surtout relativement à leur bon marché. C'est particulièrement à la classe la moins aisée qu'il est essentiel de faire connaître cette vérité, car elle peut concourir à son bien-être.

La fabrique des savons de toilette et de ménage s'est développée depuis 1827 ; ses exportations sont augmentées : elle laisse aujourd'hui peu de chose à désirer.

RAPPEL DE MÉDAILLE D'ARGENT.

Rappel de médaille d'argent. **M. OGER**, à Paris, rue Culture-Sainte-Catherine, n° 17.

M. Oger est le successeur de MM. Decroos et Roëland qui, les premiers, ont fait en France de bons savons de toilette. Ses savons sont bien fabriqués ; ils méritent la confirmation de la médaille d'argent, accordée dès

1801 à ses prédécesseurs, et rappelée à toutes les expositions subséquentes.

———•◦•———

NOUVELLES MÉDAILLES D'ARGENT.

M. Houzeau-Muiron, à Reims (Marne).

Huiles et savons tirés des vieilles eaux du savonnage
et du dégraissage des laines. M. Houzeau fait en même
temps servir le résidu gras de ses opérations à l'éclairage
de la ville, par leur conversion en gaz.

Il a de la sorte changé des résidus, non-seulement
sans valeur mais nuisibles, en produits dont la vente
surpasse 20,000 francs par an. Dans l'intérêt de l'art, et
surtout de la salubrité publique, le jury souhaite que
cette nouvelle industrie (elle est établie depuis 1828)
soit propagée partout où sont actuellement perdues, en
grande quantité, les vieilles eaux de savonnage et les
débris de laine huilée : il décerne, comme récompense,
comme exemple et comme encouragement, à M. Hou-
zeau-Muiron, la médaille d'argent.

Rappelons que M. Ternaux avait commencé d'orga-
niser cette industrie, à Reims même; mais il n'avait eu
que le mérite d'offrir un exemple important, sans atteindre un grand développement.

MM. Laugier père et fils, à Paris, rue Bourg-l'Abbé, n° 41.

Savons de ménage et de toilette bien fabriqués et
d'une bonne composition. MM. Laugier, éclairés par la
théorie, ont essayé d'appliquer à la fabrication des
savons mous transparents la partie liquide des corps

Nouvelles
médailles
d'argent. gras : le jury les place au premier rang des exposants de savons, en 1834, et leur décerne la médaille d'argent.

RAPPEL DE MÉDAILLE DE BRONZE.

Rappel
de médaille
de bronze. **M. BOURBONNE, successeur de M. DEMARSON, à Paris, rue de la Verrerie, n° 95.**

Il expose des savons d'une bonne qualité qu'atteste l'importance de ses ventes : 800,000 francs par an. Le jury lui confirme la médaille de bronze, accordée en 1823 à M. Demarson, et rappelée en 1827.

NOUVELLE MÉDAILLE DE BRONZE.

Nouvelle
médaille
de bronze. **M. RAYBAUD (Pierre), à Paris, rue Saint-Denis, n° 125.**

Il expose une belle collection de savons de toilette et de ménage ; quelques applications nouvelles du savon transparent, des pots de moutarde et deux cent neuf échantillons d'huiles volatiles. C'est, parmi tous les savonniers qui concourent à l'exposition de 1834, celui qui présente la plus grande variété de produits. Au lieu de rappeler simplement en sa faveur la médaille de bronze accordée en 1827 à M. Camus, dont il est successeur, le jury lui décerne une nouvelle médaille de bronze.

CITATION FAVORABLE.

MM. Violet et Monpelas, à **Paris**, rue
Saint-Denis, n° 185.

Savons bien fabriqués.

SECTION IV.

COLLES.

Il y a peu d'années, les colles fabriquées en France étaient bien inférieures aux colles fabriquées à l'étranger. L'extraction de la gélatine des os, par l'action des acides, nous a donné presque subitement la supériorité. Aujourd'hui les colles obtenues dans nos ateliers suffisent à peu de chose près à notre consommation.

Cependant plusieurs fabricants, pour abaisser le prix de leurs produits, ont employé des matières premières moins pures, et surtout de la gélatine extraite des os par la vapeur. Le jury les rappelle dans la saine voie, en leur demandant de ne plus sacrifier au bon marché la bonne qualité. Les meilleurs procédés leur étaient signalés dès 1827.

RAPPEL DE MÉDAILLES D'ARGENT.

Mme veuve Jullien, à **Paris**, rue du Faubourg-Poissonnière, n° 1.

Colles à vin; divers ustensiles à l'usage des négociants en vins et liquides analogues.

Le collage ou la clarification des vins s'opère en général avec le blanc d'œuf; il en faut une quantité considérable, ce qui soustrait à notre consommation alimentaire une substance fortement animalisée et précieuse pour la population.

Lorsque Ch. Jullien fit paraître en 1819, au concours de l'industrie nationale, son procédé de collage, le jury s'empressa d'en attester l'importance industrielle et philanthropique en lui décernant, en 1823, la médaille d'argent, rappelée honorablement en 1827. Ce qui nuit à l'adoption rapide de ce procédé, c'est l'intérêt sordide de quelques ouvriers colleurs qui préfèrent la consommation des blancs d'œufs, *laquelle leur procure le revenant bon des jaunes d'œufs;* c'est aussi l'esprit de routine qu'il est si difficile et si long de surmonter. Mme veuve Jullien continue les louables efforts de feu son mari pour atteindre ce but, et le jury l'encourage en lui confirmant la médaille d'argent jadis attribuée à M. Jullien.

M. PERROT, à Paris, rue et île des Cignes, n° 4.

M. Perrot est le successeur de M. Robert qui, le premier, a préparé en grand la gélatine alimentaire, en traitant les os par les acides. M. Perrot expose cette espèce de gélatine et de la colle de gélatine pure. C'est principalement dans sa fabrique et dans celle de M. Grenet qu'on prépare la gélatine employée par les restaurateurs et les cuisiniers des grandes maisons. Le jury confirme à M. Perrot la médaille d'argent, accordée dès 1819 à son prédécesseur, puis rappelée en 1823 ainsi qu'en 1827.

M. Estivant de Braux, à Givet (Ardennes).

Rappel de médailles d'argent.

Il a présenté de la colle-forte en planches; elle est bien fabriquée et d'une belle couleur ambrée-rougeâtre. Le jury confirme de nouveau la médaille d'argent que M. Estivant a reçue en 1819 et qui fut rappelée en 1823 et 1827.

M. Estivant fils aîné, à Givet (Ardennes).

Colle-forte grand carré; colle-forte façon de Hollande. Tous ces produits sont bien fabriqués, à l'exception d'une feuille de colle qu'on a trouvée trop soluble à l'eau froide, et de mauvaise qualité. Cet exposant mérite encore la médaille d'argent qu'il obtint en 1823 et qui fut rappelée en 1827.

NOUVELLE MÉDAILLE D'ARGENT.

M. Grenet, à Rouen (Seine-Inférieure).

Nouvelle médaille d'argent.

Ses feuilles de colle et de gélatine sont de la plus grande beauté; quelques-unes ont la transparence du verre, d'autres sont colorées en diverses teintes toutes sont pures, à peine solubles dans l'eau froide et d'une excellente qualité.

M. Grenet a reçu la médaille de bronze en 1827. Il occupe aujourd'hui le premier rang parmi les fabricants de colles françaises : il est digne de la médaille d'argent.

MÉDAILLES DE BRONZE.

Médailles de bronze.

M. LEFÉBURE, à Paris, rue Charenton, n° 100.

1° Colle de différentes qualités, bien fabriquée et justement appréciée dans le commerce; 2° gélatine. Il obtient la médaille de bronze.

M. LAINÉ (Pierre), à Paris, rue de Paradis, n° 10, au Marais.

Fabricant de gélatine et d'engrais. La gélatine est bien confectionnée. Il s'est rendu créateur d'une utile branche d'industrie, en faisant servir les résidus de sa manufacture et d'un grand nombre d'autres établissements, les écailles d'huîtres, etc., pour produire un engrais qui se vend 3 fr. 50 cent. l'hectolitre : cet engrais est recherché par les cultivateurs. Pour récompenser M. Lainé, qui travaille ainsi dans l'intérêt de la richesse publique, le jury lui décerne une médaille de bronze.

MENTIONS HONORABLES.

Mentions honorables.

M. GOMPERTZ, à Metz (Moselle).

Gélatine préparée pour la clarification des vins, pour les bains et pour les apprêts. Ces produits bien confectionnés ont été cités en 1827; ils méritent maintenant la mention honorable. —

MM. Tesson frères, à Paris, rue Guérin-Boisseau, n° 5.

Mentions
honorables.

Colles-fortes façon anglaise et façon de Paris, huile de pieds de bœuf et de mouton, plaques en ergots de bœuf. Dès 1827, MM. Tesson étaient déjà mentionnés honorablement.

M. Liénard de Merles, à Fives (Nord).

Colle-forte de bonne qualité, d'une belle couleur ambrée malgré l'épaisseur des feuilles.

CITATION FAVORABLE.

Mme Hesse, à Puttelange (Moselle).

Citation
favorable.

Colle façon de Flandre, bien fabriquée et de bonne qualité.

SECTION V.

CIRE À CACHETER.

La fabrication de la cire à cacheter ne présente aucune difficulté réelle; néanmoins elle était autrefois très-imparfaite en France; mais depuis 1819 elle a fait des progrès rapides. Ce n'est plus aujourd'hui que les qualités supérieures qui peuvent être trouvées meilleures en Angleterre.

Les belles cires anglaises ne se boursouflent pas

lorsqu'on les liquéfie sur le papier : elles procurent ainsi des cachets plus nets et plus polis. Les cires françaises se boursouflent, parce qu'on leur donne, avec de l'huile essentielle de térébenthine, le degré convenable de fusibilité. Du reste, pour la beauté, pour la graduation des couleurs, les formes et le moulage, nos cires à cacheter ne laissent rien à désirer. Il faut seulement, à l'exemple des Anglais, trouver une substance difficilement vaporisable, susceptible de s'allier à la gomme-laque, et qui donne à la cire un degré suffisant de fusibilité : tel est le problème dont le jury réclame et dont il espère la solution pour l'exposition prochaine.

RAPPEL DE MÉDAILLES DE BRONZE.

Rappel de médailles de bronze.

M. HERBIN, à Paris, rue Michel-le-Comte, n° 21.

M. Herbin est le plus habile des fabricants de cire à cacheter, celui dont les cires sont les plus pures et dont les teintes sont les mieux nuancées. Le jury lui confirme la médaille de bronze qu'il obtint en 1823 et qui fut rappelée en 1827.

M. MARESCHAL, à Paris, rue d'Orléans-Saint-Honoré, n° 19.

Belle collection de cires à cacheter. M. Mareschal a reçu, comme M. Herbin, en 1823, la médaille de bronze rappelée en 1827; le jury la confirme en 1834.

NOUVELLE MÉDAILLE DE BRONZE.

M. DE BRAUX d'Anglure, à Paris, rue du Faubourg Saint-Honoré, n° 60.

Cires à cacheter remarquables, pour la netteté du moulage, la régularité des formes et la pureté des nuances ; mais elles brûlent difficilement et se boursouflent trop : elles auraient mérité la médaille d'argent si leur bonté avait été comparable à leur beauté. Dans leur état actuel elles méritent la médaille de bronze.

MENTIONS HONORABLES.

M. ROUMESTANT jeune, à Paris, rue de Montmorency, n° 10.

Cires à cacheter, de diverses nuances, bien fabriquées, et d'un très-bon marché, qui paraît résulter de nouveaux procédés pour le moulage et le polissage. M. Roumestant fournit la maison du Roi.

M. THIBAULT, à Paris, rue Bar-du-Bec, n° 3.

Cires bien colorées, mais de nuances peu variées : bonne qualité. Mention honorable accordée dès 1827 et toujours méritée.

CITATION FAVORABLE.

Citation favorable.

M. ZEGELAAR, ancien fabricant de cire à cacheter en Hollande, à Paris, rue de la Corderie, n° 1, au Marais.

Ses cires, qui se boursouflent peu, donnent des cachets assez bien polis, mais qui n'adhèrent pas assez au papier.

PAINS À CACHETER.

RAPPEL DE MÉDAILLE DE BRONZE.

Rappel de médaille de bronze.

Mlle QUENEDEY, à Paris, rue Neuve-des-Petits-Champs, n° 15.

Pains à cacheter et papier glacé, faits en gélatine transparente. Ce papier est très-utile aux dessinateurs pour obtenir des épreuves d'un dessin calqué à la pointe sèche. L'emploi des pains à cacheter transparents peut faire éviter aux négociants une foule de difficultés qui naissent de l'altération du texte des lettres, lorsque les cachets ordinaires ont fait disparaître quelques lettres ou quelques mots. Le jury confirme la médaille de bronze accordée en 1823 et rappelée en 1827, en faveur de Mlle Quenedey, pour son utile industrie.

MENTION HONORABLE.

M. GARDET-HOYAU, à Paris, rue Montmorency, n° 4, au Marais.

Pour les pains à cacheter ordinaires, M. Gardet-Hoyau fut cité favorablement en 1827. Depuis, la fabrication des fleurs artificielles avec des feuilles découpées dans la pâte de pains à cacheter, a donné plus d'importance au travail de cette pâte; les fabricants ont appris à l'embellir par des couleurs plus vives et mieux nuancées. La confection des pains à cacheter faits en France a profité de ces perfectionnements. Aussi, maintenant, ils ne le cèdent en rien à ceux des Anglais: c'est ce que prouvent les produits de M. Gardet-Hoyau.

SECTION VI.

PRODUITS DIVERS.

CONSERVATION DES BOIS.

MENTION EXTRAORDINAIRE.

M. BRÉANT, à Paris (Seine).

L'emploi du bois de construction intéresse au plus haut degré l'industrie particulière et les services publics; on doit donc être étonné de voir que, depuis un demi-siècle de succès admirables dans tous les genres d'utilité nationale ou privée, la chimie n'ait rien fait encore pour arrêter ou prévenir la détérioration si rapide de ces précieux matériaux.

L'on ne sait par quelle fatalité ce genre de recherches, qui serait surtout d'un haut intérêt pour les puissances maritimes, n'est étudié sérieusement, en Angleterre même, que depuis très-peu d'années; et l'on ne peut concevoir qu'un problème dont toutes les données sont connues, dont toutes les difficultés sont appréciables, n'ait pas encore attiré l'attention des savants, des ingénieurs ou des manufacturiers français.

Des tentatives isolées ont été faites; elles n'ont pas eu de suite. Nos constructeurs sont encore obligés d'employer les bois sans préparations, et de les laisser soumis aux influences d'hygrométrie, de température, etc., qui tendent à les détruire.

M. Bréant, honoré plusieurs fois dans les expositions précédentes par des récompenses du premier ordre, a tenté de résoudre ce beau problème. Il a fait établir de grands appareils, avec lesquels il peut introduire jusque dans le cœur des bois de fortes dimensions, les liquides conservateurs les mieux appropriés.

Il a soumis, à l'exposition, des bois de diverses dimensions, parmi lesquels était un mât d'un mètre de circonférence. Tous ces bois étaient entièrement pénétrés d'huile de lin; ils ont donné l'idée la plus favorable du procédé de M. Bréant, mais il faut attendre la sanction suprême de l'expérience et les résultats du temps. Si ces effets sont tels que le jury se plaît à les espérer, ils mériteront, à l'ingénieux et savant artiste auquel ils sont dus, la récompense du premier ordre.

COULEURS ET VERNIS.

RAPPEL DE MÉDAILLE D'ARGENT.

M. LANGE-DESMOULINS, à Paris, rue du Roi-de-Sicile, n° 32.

Son vermillon égale au moins en beauté celui de la Chine; son carmin a le plus vif éclat; ses laques de garance et ses jaunes de chrome sont bien préparés. Le beau-père de ce fabricant, M. Desmoulins, obtint en 1823 la médaille d'argent, pour la préparation des mêmes couleurs : le gendre mérite le rappel de cette récompense.

MÉDAILLE DE BRONZE.

M. PANIER, à Paris, rue de Cléry, n° 9.

Il réussit très-bien dans la fabrication des couleurs fines. Ses couleurs broyées avec soin sont d'un emploi facile et couvrent au degré convenable. Ses couleurs au miel sont également bien confectionnées; mais chaque jour leur emploi devient moins général, parce qu'elles sèchent difficilement. Les arts sont très-redevables à la perfection apportée par M. Panier dans la préparation de ses couleurs; elles diffèrent aujourd'hui très-peu des meilleures qui nous viennent d'Angleterre. On doit donner le même éloge aux couleurs qu'il prépare pour la miniature; elles sont bien broyées et d'un ton très-chaud. Le jury décerne à M. Panier la médaille de bronze.

MENTION HONORABLE.

M. SOEHNÉE, à Paris, rue Contrescarpe-Saint-Antoine, n° 50.

Il fabrique très en grand des laques et des vernis de bonne qualité; ses ateliers occupent une machine à vapeur et 75 ouvriers.

CITATION FAVORABLE.

MM. BOURGOIS et BAUBE, à Paris, rue Bourg-l'Abbé, n° 18.

Vernis très-peu coloré; couleurs préparées de manière à sécher vite, sans odeur sensible. C'est une qualité précieuse pour réparer les peintures d'un appartement qu'on habite ou qu'on doit habiter sur-le-champ. Lorsqu'on emploie ces couleurs, on peut coucher sans danger dans une pièce peinte quelques heures auparavant. Ces résultats sont dus à Mme Cosseron mentionnée honorablement en 1823, et dont la fabrique encore existante est toujours fort estimée du commerce. MM. Bourgois et Baube n'étant que des imitateurs, reçoivent seulement une citation favorable.

CRAYONS ARTIFICIELS.

MENTION HONORABLE.

M. LEMOINE, à Paris, rue J.-J. Rousseau, n° 3.

Crayons noirs, blancs, gris et bruns, qui jouissent depuis longtemps d'une grande réputation; ceux qui sont renfermés dans du bois de cèdre sont un peu moins bons que les autres. Ses pastels méritent beaucoup d'éloges, les tons en sont vifs et brillants, les pointes s'en conservent assez bien. Il serait à désirer qu'il y eût deux numéros pour la dureté. C'est dans la fabrication des crayons coloriés diversement que M. Lemoine est très-supérieur à ses concurrents.

Mentions honorables.

ENCRES.

MÉDAILLES DE BRONZE.

M. BEAULÈS, à Paris, rue Saint-Julien, n° 4.

Médailles de bronze.

Encre d'imprimerie fabriquée très en grand. En 1823, MM. Beaulès et Cavaignac, associés, obtinrent la mention honorable, rappelée en 1827; M. Beaulès, aujourd'hui seul chef du même établissement qu'il a beaucoup développé, mérite la médaille de bronze.

M. MANTOUX, à Paris, rue du Paon-Saint-André, n° 1.

Encre et papier lithographiques d'une bonne qualité reconnue dans le commerce. Ces produits ont mérité la récompense du premier ordre décernée en 1832, par la société d'encouragement. Le jury les juge dignes de la médaille de bronze.

MENTIONS HONORABLES.

M. Bosc, à Paris, rue d'Ulm, n° 20.

Le gouvernement, frappé de la multiplication des faux en écritures privées, consulta sur cet objet l'Académie des sciences. L'Académie s'occupa de cette question, qui devint pour notre savant collègue, M. Darcet, le sujet d'un immense travail. De toutes les encres dites *indélébiles* qui furent examinées, celle de M. Bosc fut déclarée la meilleure. Le jury la signale en décernant la mention honorable à ce fabricant.

MM. CORNUAULT et CAVAIGNAC, à Paris, rue Coq-Héron, n° 3.

Encre destinée à l'imprimerie : elle est estimée du commerce. M. Cavaignac, en compagnie de M. Beaulès, avait obtenu la mention honorable en 1823 et 1827; il la reçoit maintenant avec son nouvel associé.

CITATION FAVORABLE.

M. Vidocq, à Paris, rue Cloche-Perche, n° 12.

Papiers de sûreté : leur pâte contient des réactifs qui rendent, non pas impossible, mais assez difficile la falsification des écritures tracées sur cette espèce de papier.

NOIR ANIMAL ET NOIR D'IVOIRE.

CITATION FAVORABLE.

M. LARUE, à Mondeville, près Caen (Calvados).

Il fabrique du noir animal pour la raffinerie, et du noir d'ivoire pour les beaux-arts. Ses produits annuels s'élèvent de 60 à 65 mille francs.

CHAPITRE XXXIV.

ARTS CÉRAMIQUES.

Afin de faire apprécier l'importance respective et le degré d'avancement de nos divers arts céramiques, nous présenterons les résultats suivants de nos ventes à l'étranger :

VENTES À L'ÉTRANGER.

Poteries de terre, grossières..............	300,728^f
Faïences...........................	249,158
Poteries de grès commun..............	30,707
Poteries de grès fin..................	10,716
Porcelaines.......................	4,522,870
TOTAL pour 1833....	5,114,179^f
TOTAL pour 1827...	4,346,924^f
TOTAL pour 1823...	4,276,623^f

Ainsi nos exportations s'accroissent avec beaucoup de lenteur entre 1823 et 1827, et trois fois plus vite de 1827 à 1833. C'est à la porcelaine seulement qu'il faut attribuer ce progrès.

Dans la seule année 1832, les Anglais ont exporté,

de leurs poteries et de leurs porcelaines, pour une somme de 11,474,125 fr. : c'est plus du double de nos exportations actuelles. Mais les Anglais trouvent, dans les Indes et dans leurs innombrables colonies, des marchés privilégiés qui reçoivent une très-grande part de ces produits. Quelques-uns des progrès que nous allons signaler pourront donner un nouvel essor à nos ventes de faïences dans les pays étrangers. C'est vers ce côté que le commerce doit porter ses vues.

SECTION PREMIÈRE.

TERRES CUITES, BRIQUES, TUILES ET CARREAUX.

Le jury central n'a pas trouvé que les terres cuites présentées à l'exposition, réunissent les avantages extraordinaires et nouveaux annoncés par les exposants. Dans les produits de ce genre, la consommation est extrêmement restreinte, à cause des frais de transport. Les circonstances locales relatives aux prix de main-d'œuvre, à la qualité des terres, à la valeur du combustible, ont la plus grande influence. Ainsi tel procédé, très-bon dans la Haute-Garonne, ne pourrait pas trouver d'application dans la Côte-d'Or, le Calvados et maint autre département. On a pourtant remarqué, parmi les objets exposés, quelques produits dignes d'être signalés, pour des qualités utiles, heureusement obtenues.

Deux manufacturiers des environs de Toulouse ont établi très en grand, l'un à Miremont, l'autre à Valentine, des fabriques de matériaux de construction et d'ornements d'édifices en terre cuite. Ils ont rappelé dans la Haute-Garonne l'art si fréquemment pratiqué chez les

II.

24

anciens, sous le nom de *plastique* : il s'étendait non-seulement aux constructions de l'architecture, mais encore à la statuaire.

MÉDAILLE D'ARGENT (D'ENSEMBLE).

MM. Fouque, Arnoux et compagnie, à Valentine, près Saint-Gaudens (Haute-Garonne).

La fabrication des briques taillées sous toutes les formes, et semblables à celles de MM. Virebent, fait partie de la grande manufacture céramique formée par MM. Fouque et Arnoux, à Valentine, auprès de Toulouse. La plastique a reçu, dans cet établissement, toutes les applications dont elle paraît susceptible. Les propriétaires ont fait une riche collection de modèles d'ornements de toute espèce, qu'ils exécutent soit en pâtes argileuses, soit en pâte de porcelaine dite *biscuit*. Une force motrice de cent chevaux est fournie par un cours d'eau; il y a trois fours à faïence, trois fours à porcelaine et 300 ouvriers ou manœuvres. Les bois, les carrières d'argiles et de kaolin, tout est à proximité, dans le voisinage de la Garonne. Le jury décerne la médaille d'argent à MM. Fouque et Arnoux pour l'ensemble de leurs produits.

MÉDAILLES DE BRONZE.

MM. Virebent frères, à Miremont (Haute-Garonne).

Ils établirent en 1830, à Miremont près Toulouse,

un genre de fabrication qu'ils ont nommé *plinthotomie.* **Médailles de bronze.** Il consiste à préparer, taillés et profilés, les briques, les tuiles, et les matériaux analogues, nécessaires à la construction, à l'embellissement des édifices. Ces produits sont parfaitement cuits, d'une grande dureté, d'une belle couleur naturelle, et contournés avec une précision remarquable. Les formes sont obtenues par des moyens mécaniques habilement combinés ; enfin l'établissement est vaste et les produits considérables : en 1833 MM. Virebent ont fabriqué 800,000 pièces. Ces habiles manufacturiers méritent la médaille de bronze.

M. GOURLIER, à Paris, rue de l'Odéon, n° 2.

Il obtint en 1827 une médaille de bronze, pour la fabrication des briques cintrées, propres à l'érection des tuyaux de cheminée ; il a fait d'heureuses additions au mode d'appareil et de liaison des briques destinées à composer des tuyaux de ce genre. Il peut donner, avec des formes plus simples, des dimensions plus variées à ces tuyaux, sans qu'il y ait excédant ni défaut de matière. Il fabrique des manchons en terre cuite, rectangulaires, avec les angles arrondis ou cylindriques, à surface extérieure cannelée ; ils sont disposés pour faire des tuyaux de cheminée qui, ne pouvant pas entrer dans l'épaisseur des murs, s'appliquent contre les parois. M. Gourlier a fort bien et fort industrieusement disposé toutes les parties de sa fabrication. Ses résultats, perfectionnés depuis 1827, sont assez nombreux, assez importants pour mériter une nouvelle médaille de bronze.

24.

MENTION HONORABLE.

M SARGENT, à Paris, allée d'Antin, n° 19.

Il reçut en 1819 une mention honorable pour ses briques, préparées et cuites par des procédés aussi efficaces qu'économiques. Il continue avec succès.

CITATION FAVORABLE.

M. COURTOIS, à Vaugirard (Seine).

Ajustement ingénieux de tuiles pour chaperons de mur; les unes sont en biscuit, les autres sont vernies et fort bonnes.

SECTION II.

CREUSETS.

Il est difficile de reconnaître la réalité des qualités attribuées aux creusets présentés comme échantillons. La constance dans ces qualités, lorsque la fabrication s'opère en grand, est encore plus difficile à vérifier qu'à maintenir. L'opinion du commerce et des consommateurs est l'unique moyen d'obtenir un jugement certain sur ce produit de la céramique.

RAPPEL DE MÉDAILLE DE BRONZE.

M. GILBERT (Laurent), à Orléans (Loiret).

Rappel
de médaille
de bronze.

Ce manufacturier qui reçut dès 1823 la médaille de bronze, confirmée en 1827, pour la bonté de ses creusets, continue avec succès ce genre d'industrie ; ces creusets se vendent dans toutes les parties de la France et dans nos colonies. Il fabrique aussi des cornues très-recherchées ; des formes à sucre fort estimées dans les raffineries, des briques refractaires, etc. Depuis 1830, M. Gilbert (Laurent) a tiercé le nombre de ses ouvriers, nombre qui s'élève actuellement de 100 à 120 : il mérite le rappel de la médaille de bronze.

MENTION HONORABLE.

M. VOULAND (Louis), à Montpellier (Hérault).

Mention
honorable.

M. V...land a présenté des creusets en graphite, matière prise en France : ces creusets, dont la bonne qualité se trouve garantie par des savants de Montpellier, nous semblent un peu plus argileux que ceux de Passone. C'est la première fois qu'on fait en France des creusets en ce genre, qu'on doit encourager.

SECTION III.

POTERIES COMMUNES À PÂTE GROSSIÈRE, LÂCHE, COLORÉE,
AVEC COUVERTE PLOMBIFÈRE.

Un seul potier d'une seule ville, Dieu-le-Fit, a présenté des produits à l'exposition. Ce genre de fabrication est pourtant très-actif dans cette ville, où l'on compte plus de °00 ouvriers qui produisent une vente annuelle qu'on évalue à 900,000 francs.

CITATION FAVORABLE.

Citation
favorable.

M. VIGNAL, à Dieu-le-Fit (Drôme).

Il a fait de louables efforts pour donner à la poterie de son pays, en général si grossière, quelque finesse et plus de légèreté, avec une couleur et des formes plus agréables : malheureusement quelques défauts dans le vernis ne permettent pas de porter plus haut nos éloges.

SECTION IV.

I. FAÏENCE COMMUNE, À COUVERTE OPAQUE, ORDINAIREMENT
STANNIFÈRE.

Ce genre de produits céramiques est presque abandonné; à peine figurait-il à l'exposition. Il se trouve actuellement dans une situation qui mécontente tout le monde. Il est trop cher pour les classes pauvres qui préfèrent la poterie vulgaire, dont les formes deviennent

par degrés moins grossières et le vernis moins mauvais ;
en même temps, la faïence commune, moins agréable et
moins susceptible d'offrir des formes élégantes et délicates, est éclipsée par les faïences fines perfectionnées,
qui maintenant sont à peine d'un prix supérieur aux
produits de l'enfance de l'art.

II. FAÏENCE FINE À PÂTE FINE ET DENSE AVEC VERNIS PLOMBIFÈRE TRANSPARENT, TERRE DE PIPE, CAILLOU-TAGE, etc.

C'est à Wedgwood, c'est aux pièces élégantes et légères sorties de sa manufacture, qu'il faut attribuer la
vogue extraordinaire de cette poterie : elle a beaucoup
perdu de sa réputation depuis dix années, en perdant les
qualités précieuses qu'elle devait aux travaux du célèbre
potier anglais. Cette décadence est due, non pas à l'oubli des procédés, non pas au défaut des matières premières ; mais à l'excessif abus de la concurrence, qui, réduisant toujours les prix, finit par rendre impossible la
conservation des qualités d'une fabrication soignée. On
a pu faire des faïences fines, pour lesquelles la préparation et la cuisson coûtaient moins que pour les premières
terres de pipe confectionnées suivant les procédés de
Wedgwood, et dont les qualités *apparentes* étaient à
peu près les mêmes. On a pu livrer à beaucoup plus bas
prix ces faïences dégradées. Un tel rabais a frappé bien davantage les consommateurs, qu'une différence intrinsèque
de bonté, manifestée seulement par l'usage et la durée.
Voilà comment l'ancienne terre de pipe, qui, même bien
fabriquée, conserve le défaut assez grave d'avoir un vernis
trop tendre, abandonnée presque totalement chez les
Anglais, est sur le point de l'être en France : bientôt on

n'aura plus à s'en occuper. Nous ne pouvons néanmoins passer sous silence quelques échantillons de ces faïences, produits par des fabriques nouvellement établies dans le Midi.

Il faut avant tout, comme exception, rappeler une récompense du premier ordre accordée à la plus belle fabrique de l'est de la France, pour un admirable ensemble de produits.

RAPPEL DE MÉDAILLE D'OR (D'ENSEMBLE).

Rappel de médaille d'or (d'ensemble).

MM. UTZSCHNEIDER et FABRY, à Sarreguemine (Moselle).

Les faïences fines sont l'objet principal de leurs fabrications ; elles se distinguent toujours par la finesse de la pâte, l'élégance et la commodité des formes, la variété, l'éclat des fonds rouge, brun, jaune ou noir ; enfin par le bas prix d'une foule de produits.

Ajoutons à ces titres la perfection des poteries en grès, si variées et si jolies, et nous conclurons justement que MM. Utzschneider et Fabry continuent de mériter les médailles d'or qu'ils ont obtenues aux expositions précédentes. C'est la *septième* fois, depuis 1801, qu'ils sont jugés dignes de la récompense du premier ordre, pour leurs efforts infatigables et leurs perfectionnements successifs !

MÉDAILLE D'ARGENT.

Médaille d'argent (d'ensemble).

MM. FOUQUE, ARNOUX et compagnie, à Valentine (Haute-Garonne).

Si MM. Fouque et Arnoux ne fabriquaient que la

faïence fine ordinaire, dite *terre de pipe*, ils n'auraient pas droit au rang où nous les plaçons.

Mais on a déjà vu quels beaux succès ils ont obtenus en créant la manufacture de Valentine, si remarquable pour son étendue et sa bonne administration, pour la variété des produits céramiques de genres très-divers qu'on y fabrique, et pour les moyens mécaniques judicieusement mis en usage.

Là tout est confectionné, depuis la brique jusqu'à la porcelaine. La faïence fine ou terre de pipe de Valentine a cela de remarquable que le vernis qui la recouvre ne renferme pas notablement de plomb; l'acide boracique en tient lieu. Par là le vernis est plus dur et beaucoup moins altérable : c'est en quelque sorte une réhabilitation de cette faïence.

MM. Fouque et Arnoux fabriquent en outre des grès très-solides et très-bien faits, de la porcelaine fort belle, plus belle même que certaines porcelaines de Paris et de Limoges; elle est faite avec du kaolin et du feld-spath extraits dans le voisinage de Tarascon.

Cette magnifique série de travaux et de succès justifie de plus en plus la médaille d'argent accordée à MM. Fouque et Arnoux pour l'ensemble de leurs travaux.

MÉDAILLE DE BRONZE.

M. DECAEN, à Arboras, près Givors (Rhône).

Il a présenté des faïences fines manufacturées par les procédés ordinaires, mais en améliorant la composition de la pâte, et celle du vernis dans lequel il introduit de l'acide boracique. Il emploie l'ingénieux moyen de

sécher les pâtes en produisant le vide par la condensation de la vapeur; il substitue le coke au bois dans
toutes ses cuissons. Quoiqu'il réduise la dépense du
combustible, il cuit ses faïences sous une température
assez élevée pour parfondre un vernis plus dur, et par
conséquent moins susceptible des défauts ordinaires à
celui des terres de pipe.

MENTION HONORABLE.

M. BONNET, à Apt (Vaucluse).

M. Bonnet expose de jolies pièces, en grand et petit
creux, destinées surtout aux usages culinaires; ces
faïences ont pour caractères la finesse et la dureté du
biscuit, l'éclat et l'égalité dans le glacé du vernis, la
vivacité, la variété des couleurs de fond.

CITATION FAVORABLE.

M. BASTENAIRE, à Nîmes (Gard).

Il vient d'établir sous la raison *Plantier et Bou-
coiran*, une fabrique de faïence fine; les résultats obtenus sont déjà fort estimables. On doit en attendre de
meilleurs encore pour l'exposition prochaine.

SECTION V.

FAÏENCE DURE, DITE PORCELAINE-OPAQUE.

Il s'agit ici d'une sorte de poterie nouvelle pour nous;

elle règne actuellement presque seule en Angleterre où depuis longtemps elle a paru sous le nom de *iron-stone-china :* littéralement porcelaine-pierre-de-fer, pour en exprimer la résistance et la dureté. On commence à l'introduire en France. Nos fabricants la désignent sous les noms un peu ambitieux de *porcelaine opaque* ou *demi-porcelaine ;* ce qui tend à confondre deux genres de poterie tout à fait distincts. Sans doute la poterie nouvelle renferme aussi dans sa pâte du kaolin et du feld-spath ; mais elle en diffère essentiellement par l'absence d'une qualité précieuse, la *translucidité.* L'importance des produits n'est pas fondée sur cette demi-transparence ; mais sur une liaison nécessaire, intime, entre la translucidité d'une part, et de l'autre l'homogénéité de la pâte, le parfait mélange et l'agrégation compacte des matières premières, la dureté du vernis et son adhérence avec ce qu'on appelle le biscuit. On sent quels avantages, dans tout emploi des poteries, dérivent de ces propriétés. Dès lors on apprécie la supériorité que la porcelaine proprement dite, qui les possède toutes, aura toujours sur les poteries qui ne les réunissent pas.

Que le nom n'en impose donc à personne : la prétendue porcelaine opaque ou soi-disant demi-porcelaine, est une faïence fine, à biscuit plus dur, à vernis moins attaquable que celui des faïences fines dites terres de pipe ; mais leur prix étant de beaucoup inférieur à celui des porcelaines, se rapprochant déjà de celui des faïences, et pouvant encore diminuer, il est présumable que celles-ci disparaîtront totalement par la redoutable concurrence que nous signalons ici.

La découverte de la nouvelle faïence est donc un grand progrès de l'art céramique. Mais nous croyons devoir dire qu'elle n'est pas due, au moins entièrement, aux exposants de cette poterie; son introduction en France ne leur appartient même pas complétement. Cette belle faïence, ou du moins une poterie semblable par toutes les qualités extérieures, était fabriquée en Angleterre, par Spode surtout, il y a plus de vingt ans, sous le nom déjà rappelé de *iron-stone:* nom donné d'ailleurs à quelques autres espèces de poteries. M. de Saint-Amand qui séjourna longtemps en Angleterre, dont il visita plusieurs faïenceries, a rapporté la plupart des procédés suivis pour les diverses sortes de fabrications céramiques, si multipliées et si variées dans ce pays. Il les a pratiquées à Sèvres, sous les yeux de M. Brogniard, le savant et célèbre directeur de cet établissement royal. Nous avons connaissance certaine qu'il a pareillement pratiqué ces procédés à Creil et même à Montereau. La collection céramique de Sèvres possède des échantillons de cette faïence fine et dure, tout à fait semblable à celle qui sera l'objet de nos récompenses, et que MM. Louis Lebœuf et Thibault livrent au commerce depuis trois ou quatre ans; échantillons fabriqués les uns à la manufacture de Sèvres, et les autres à Creil: ces derniers portent la marque particulière de la fabrique de Creil. C'est donc aux idées répandues par M. de Saint-Amand, c'est aux procédés communiqués et même publiés par lui, quelque inexacts qu'on les suppose, qu'est due la première idée de fabriquer en France de la faïence dure, une partie des procédés, et l'élan qu'a pris cette fabrication. Une telle impulsion a mis en mouvement plusieurs manufactures de France : celles de Creil, de Montereau, de Choisy, de Valentine, près Toulouse, qui font déjà plus ou moins bien de la faïence fine dure.

MÉDAILLE D'OR.

MM. Louis LEBŒUF et THIBAULT, à Montereau (Oise);

M. SAINT - CRICQ - CAZEAUX, à Creil, (Seine-et-Oise).

C'est à MM. Louis Lebœuf et Thibault, et bientôt après à M. Saint-Cricq-Cazeaux, que nous devons la véritable introduction industrielle de cette belle et bonne poterie, c'est-à-dire une fabrication en grand. Nous leur devons les efforts et les frais qu'il a fallu faire pour porter si rapidement cette fabrication au degré de mérite où nous la voyons parvenue.

Déjà, dans le rapport général sur l'exposition des produits de 1827, le jury central avait déclaré relativement aux essais présentés alors pour M. de Saint-Amand, que si cet habile exposant avait pu présenter une fabrication en activité, ses résultats, entièrement nouveaux pour la France, eussent mérité la médaille d'or.

En partant du même principe nous devons accorder la récompense du premier ordre à MM. Louis Lebœuf et Thibault, ainsi qu'à M. Saint-Cricq-Cazeaux; ceux-là pour leur nouvelle faïence un peu moins chère, celui-ci pour une faïence au moins aussi belle et aussi bonne, mais un peu plus coûteuse.

Nous devons citer aussi M. de Saint-Cricq-Cazeaux pour ses belles imitations de vases grecs.

SECTION VI.

GRÈS CÉRAME OU POTERIE DE GRÈS.

Ce genre de poterie, fait avec des ornements si riches à la Chine, il y a déjà tant d'années, reproduit par les Allemands des bords du Rhin, aux XVIIe et XVIIIe siècles, offre deux variétés bien distinctes : l'une qui présente des ustensiles et des vases grossiers, mais remarquables par la dureté, par l'imperméabilité de la pâte ; l'autre qui souvent est agréablement colorée, dont la pâte fine et très-facile à travailler, reçoit et conserve avec une grande netteté les reliefs les plus délicats ; elle porte le nom de *grès fin* et s'applique à des objets d'ornement.

Si déjà nous n'avions cité **MM.** Utzschneider, Lebœuf et Saint-Cricq, au sujet des faïences fines, nous aurions à louer les charmantes pièces de ce genre qui sortent de leurs fabriques.

Le reste des exposants n'a présenté que des vases et des ustensiles d'usage ordinaire ; les uns en grès commun, n'ayant de vernis que celui de leur surface ; les autres en grès plus fin et recouvert d'un vernis terreux, à la manière de la porcelaine. C'est à ce dernier genre qu'appartiennent les deux mentions suivantes.

MENTION HONORABLE.

Mention
honorable.

M. RÉVOL, à Saint-Use (Drôme).

Cette manufacture mérite qu'on renouvelle en sa faveur la mention honorable qu'elle obtint en 1827 pour ses grès fins.

CITATION FAVORABLE.

MM. Oriol et compagnie, à Saint-Valier (Drôme).

Leur fabrication est soignée autant qu'agréable.

SECTION VII.

PORCELAINE DURE.

La supériorité des Français, pour la fabrication des belles porcelaines dures, est incontestable : ils doivent tout faire pour la conserver. Mais ce n'est pas dans la vue d'abaisser le prix, en rendant sous tous les rapports l'exécution moins parfaite, qu'ils mériteront de conserver la préférence; c'est en s'efforçant d'approcher du bon marché par des procédés qui simplifient, qui expédient sans rien détériorer, et qui surtout économisent le combustible sans altérer la solidité de la pâte. Trop de fabricants français se sont égarés en oubliant la sagesse de ces préceptes.

C'est par une application judicieuse des moyens mécaniques; c'est par un perfectionnement dans la construction des fourneaux de cuisson; c'est par des dispositions ingénieuses dans les moyens d'enfournement et d'encastage; c'est enfin par une judicieuse préférence dans le choix des pâtes et du combustible, que nous pourrons conserver à notre porcelaine les qualités qui la font rechercher dans toute l'Europe, en obtenant le bon marché qu'il faut atteindre pour ne pas redouter sous un autre point de vue la concurrence étrangère.

Le jury central a gradué ses récompenses, en comparant ainsi les procédés de la fabrication et les qualités des produits, avec les prix courants de vente.

RAPPEL DE MÉDAILLE D'OR

M. NAST, à Paris, rue des Amandiers-Popincourt, n° 14.

M. Nast a présenté peu de produits nouveaux, mais ceux qu'il expose ont toujours le caractère d'exécution soignée et de perfection sous tous les rapports qui lui valurent dès 1819 la médaille d'or rappelée en 1823, puis en 1827, et maintenant pour la troisième fois.

MÉDAILLE D'ARGENT.

M. CHALOT, à Chantilly (Oise).

Les porcelaines qu'il a présentées sont belles à la fois pour la blancheur de la pâte et pour le glacé de la couverte; elles ont un autre mérite bien plus rare. Un grand nombre de pièces sont ovales et d'autres à pans, enrichies de gaudrons, de cannelures et de pans coupés, d'ouvertures même qui, faites à la main ou dans le moule, eussent été moins parfaites et trop coûteuses; toutes ces pièces sont entièrement fabriquées sur le tour à guillocher. Enfin, ce qu'il y a de plus nouveau, le guillochage et le gaudronnage ont été faits par le même procédé, tant à l'extérieur qu'à l'intérieur des pièces.

Le gaudronnage extérieur et l'application des ornements par la molette ne sont pas des moyens nouveaux, bien qu'on les emploie peu dans les fabriques particulières; celles-ci sont tellement empressées de façonner, qu'elles trouvent ces procédés exacts, et pourtant si rapides, encore trop longs, comparativement au grossier façonnage fait à la hâte par des apprentis.

Ici nous voyons pour la première fois le tour ovale travailler les porcelaines, et le tour à guillocher agir dans l'intérieur des pièces. Les pièces rondes ou plates, telles que les plats et les assiettes, ont été tournées et régularisées au moyen du calibre, pour leur donner la forme, la grandeur et l'épaisseur désirables. Ce procédé n'appartient pas à M. Chalot; mais, entre tous les exposants, il est le seul qui l'ait mis en pratique.

Le jury, pour récompenser les perfectionnements qu'on vient d'énumérer, décerne à M. Chalot une médaille d'argent.

Médaille d'argent.

RAPPEL DE MÉDAILLES DE BRONZE.

M. BERNARD-LALLOUETTE, à Villedieu (Isère).

Rappel de médailles de bronze

La fabrique de porcelaine que M. Bernard possède à Villedieu est habilement dirigée par M. Lalouette. En 1823, lorsqu'elle appartenait à M. Blanc, elle obtint la médaille de bronze, pour une suite de pièces en blanc d'une exécution remarquable. Cet établissement continue de mériter la même récompense.

Mme veuve LANGLOIS, à Bayeux (Calvados).

La manufacture de Mme veuve Langlois continue la

II.

fabrication de porcelaine économique, très-solide, et supportant bien l'action du feu, qui fut fondée par son mari. Ce fabricant mérita, dès 1819, une médaille de bronze rappelée en 1823 et 1827. Mme veuve Langlois obtient la confirmation de cette médaille.

M. DENUELLE, à Paris, rue de Crussol, n° 8.

La porcelaine de M. Denuelle n'est pas belle, nous devons le déclarer, et ce n'est pas pour cette qualité qu'il a droit au rappel de la médaille de bronze accordée en 1823. C'est pour un nouveau moyen d'encaster les assiettes plates et d'autres pièces de service : le procédé dont il s'agit permet de laisser le couvercle sous le pied de la pièce dont la pose au four est par là rendue plus commode.

NOUVELLE MÉDAILLE DE BRONZE.

M. HONORÉ, à Paris, boulevart Poissonnière, n° 4.

M. Honoré secondé par M. Grouvelle, inventeur d'une presse mécanique, est le premier qui l'ait employée à la dessiccation des pâtes de porcelaine. Depuis plus de deux ans, MM. Honoré et Grouvelle font usage de ce procédé, pour lequel ils possèdent un brevet d'invention; ils ont concédé la faculté de s'en servir à quelques fabricants de faïence et de porcelaine.

M. Honoré se distingue par des porcelaines bien fabriquées, recouvertes d'un émail bien glacé et par des pièces d'usage, plats et cuvettes, d'une grande dimension. Il est jugé digne de la médaille de bronze.

MENTIONS HONORABLES.

M. JACOB - PETIT, à Paris, rue Basse-Saint-Denis, n° 18.

Nous accordons la mention honorable à M. Jacob-Petit, non pour les contours bizarres et difficiles qu'il donne à la plupart de ses pièces ; mais pour la hardiesse d'exécution par laquelle sont vaincues de telles difficultés. Tous les décorateurs avouent que les innovations de M. Jacob-Petit ont rendu l'essor au commerce de la porcelaine d'ornement.

M. DISCRY, à Paris, rue Popincourt, n° 68.

On doit mentionner honorablement M. Discry pour la perfection des arêtes, des angles et des parties droites, dans les pièces qu'il a présentées.

SECTION VIII.

PORCELAINE TENDRE.

La seule porcelaine tendre, à pâte frittée, à couverte plombifère, que nous fassions encore, est celle qui par

25.

assimilation s'appelle *porcelaine de Tournai*. Malgré son épaisseur massive, sa couleur d'un blanc jaunâtre, sa couverte tendre et rayable, malgré son prix plus que double de celui de la porcelaine dure, la porcelaine tendre est très-recherchée des restaurateurs et des limonadiers, pour son étonnante tenacité, si grande en effet qu'on a de la peine à écorner et même à casser les assiettes de cette porcelaine, en les jetant avec violence sur le parquet.

Depuis que Tournai n'appartient plus à la France, deux fabriques de cette porcelaine tendre ont été créées à Saint-Amand-les-Eaux; elles méritent d'être citées favorablement.

CITATIONS FAVORABLES.

Citations favorables.

M. DE BETTIGNIES, à Saint-Amand-les-Eaux (Nord).

M. de Bettignies a fondé sa manufacture dès qu'on a séparé la Belgique de la France. Ses produits sont fort bons.

M. TRIBOUILLET, à Saint-Amand-les-Eaux (Nord).

M. Tribouillet, élève de la manufacture royale de Sèvres, a depuis peu créé son établissement, qui fait présager pour un prochain avenir une fabrication savante, plus variée en couleur de pâte et de couverte, en applications et en dessins.

SECTION IX.

MATIÈRE PLASTIQUE.

MENTION HONORABLE.

M. SOUILLARD, à Paris, passage de l'Opéra, n° 14.

Mention
honorable.

Ce fabricant a présenté, comme aux expositions de 1823 et 1827, les produits d'une industrie qui, bien que peu considérable, a pourtant son utilité. M. Souillard fut cité favorablement aux expositions précédentes; il mérite aujourd'hui la mention honorable. Nous classons ses travaux dans le chapitre des arts céramiques, quoiqu'il ne pratique pas un art où la matière plastique soit soumise à l'action du feu.

CHAPITRE XXXV.

VERRERIE.

La fabrication des verreries de toutes sortes a depuis longtemps été protégée en France. Afin d'attirer les artistes étrangers et d'encourager leur naturalisation, nos rois leur avaient accordé la noblesse, qu'ils se transmettaient sous le titre de gentilhommes verriers. Aujourd'hui la libre concurrence obtient, par l'émulation de l'égalité, le stimulant que produisait jadis le privilége. On en jugera par le tableau de nos exportations.

VENTES À L'ÉTRANGER.

Glaces et grands miroirs................	712,699ᶠ
Petits miroirs........................	196,298
Bouteilles pleines....................	2,395,302
Bouteilles vides.....................	548,225
Cristaux	776,068
Verrerie ordinaire	2,019,780
Verres pour lunettes et cadrans.........	61,344
TOTAL pour 1833........	6,709,716
TOTAL pour 1827........	6,397,110
TOTAL pour 1823........	4,562,158

Ici nous trouvons un résultat inverse des produits céramiques : un accroissement très-rapide entre les expositions de 1823 et 1827 ; tandis que l'accroissement devient presque insensible entre les expositions de 1827 et de 1834.

SECTION PREMIÈRE.

GLACES.

Nos deux grandes manufactures de glaces, Saint-Gobain et Saint-Quirin, ont vivement excité l'attention du public par les magnifiques produits qu'elles ont présentés à l'exposition.

RAPPEL DE MÉDAILLE D'OR.

MANUFACTURE ROYALE DE SAINT-GOBAIN, à Saint-Gobain (Aisne).

Rappel de médaille d'or.

La manufacture royale de Saint-Gobain est la continuation du superbe établissement fondé par Colbert pour donner à la France la fabrication des glaces de grandes dimensions. Cet établissement possédait à Paris un magnifique atelier de polissage, opération qui s'effectue maintenant avec un moteur mécanique, dans le département de l'Aisne. Depuis l'exposition de 1827, la compagnie de Saint-Gobain a considérablement augmenté ses ateliers. Les produits chimiques qu'elle prépare, en partie pour ses vitrifications, en partie pour la vente immédiate, obtiennent une médaille d'argent

Rappel
de médaille
d'or.

(*voyez* page 341). Les glaces qu'elle a soumises à l'exposition prouvent qu'elle en perfectionne de plus en plus la fabrication et le polissage qui présente d'extrêmes difficultés pour obtenir la précision dans les grandes dimensions. Les vastes glaces sans tain que le public admirait à l'exposition, pour leur étendue et leur pureté, offraient surtout ce genre de mérite : la principale avait $4^m,14$ de hauteur sur $2^m,52$ de largeur. La manufacture de Saint-Gobain est plus que jamais digne de la médaille d'or qu'elle a précédemment reçue.

MÉDAILLE D'OR.

Médaille
d'or.

Manufacture de Saint-Quirin, à Saint-Quirin (Meurthe), le baron Rœderer, administrateur.

Dès 1827 la compagnie qui possède la manufacture de Saint-Quirin employait douze cents ouvriers dans ses divers établissements. Elle fabrique à Cirey les petits miroirs façon de Nuremberg, dont elle a considérablement diminué l'importation ; à Saint-Quirin même elle coule des glaces des plus grandes dimensions et d'une beauté remarquable. La principale glace qu'elle a présentée à l'exposition, et qui avait $4^m,06$ sur $2^m,65$, comparable sous tous les rapports avec celles de Saint-Gobain, que nous venons de signaler, partageait l'admiration du public et des connaisseurs. La fabrique de Saint-Quirin, trois fois jugée digne de la médaille d'argent, mérite aujourd'hui de recevoir la médaille d'or.

SECTION II.

VERRERIE, CRISTALLERIE, GOBELETTERIE.

Un grand progrès s'est accompli depuis la dernière exposition; c'est le moulage des cristaux pour les pièces dont les ornements sont en relief, et dont les vives arêtes sont aujourd'hui produites par une forte pression. Par ce moyen l'on donne à ces ornements la netteté, la pureté des arêtes qu'auparavant la taille seule parvenait à produire.

En suivant ce procédé, véritablement industriel, on fait des pièces de service et d'ornement en cristal, qui n'étonnent pas moins par la richesse, l'éclat et la netteté des reliefs, que par la modicité des prix. Deux fabriques exploitent ce genre avec autant d'activité que de succès.

RAPPEL DE MÉDAILLE D'OR.

M. GODART, à Baccarat (Meurthe).

Rappel de médaille d'or.

La verrerie de Baccarat, qui reçut eu 1823 une médaille d'or, rappelée en 1827, mérite à tous égards de conserver cette haute distinction. La beauté, la variété de ses produits, ne sont comparables qu'à l'art avec lequel elle sait mettre en œuvre le procédé du moulage. Cette grande manufacture occupe 700 ouvriers; ses ventes à l'étranger se font principalement en Amérique, en Italie, en Allemagne, en Suisse, en Espagne, etc.

Rien n'était plus riche et plus remarquable que la nombreuse collection exposée par M. Godart : objets en tailles courantes, cristaux moulés en plein, tailles riches et lustreries, tous les genres étaient mis en parallèle et traités avec supériorité. Le seul obstacle à la perfection des produits c'est leur prix indispensable, qui malgré le rabais, effet des progrès de l'art, met encore les plus beaux objets au-dessus de la presque totalité des fortunes françaises. On préfère la simplicité, l'élégance, l'éclat, et la demi-perfection qui satisfait tous les regards, excepté ceux des connaisseurs consommés. Mais, dans ce médium, les consommations offrent les progrès les plus rapides et les plus satisfaisants.

MÉDAILLE D'OR.

COMPAGNIE DES VERRERIES DE SAINT-LOUIS, canton de Bitche (Moselle).

Cette compagnie a pour administrateur M. Seiler et pour directeur M. Lorin. Elle emploie 550 ouvriers avec une machine à vapeur. Elle excelle à mouler les cristaux à vives arêtes que, la première, elle a fabriqués en France; elle produit d'excellent flint-glass pour les instruments d'optique. Elle paraît pour la première fois dans le grand concours de l'industrie nationale; mais elle y paraît avec tant d'avantages, que le jury la récompense immédiatement par la médaille d'or.

MÉDAILLES D'ARGENT.

M. BONTEMPS, à Choisy-le-Roy (Seine).

Médailles
d'argent.

M. Bontemps a présenté cette année des produits
très-variés, très-beaux et très-bons. Ils appartiennent à
la gobeletterie de cristal, moulée par pression lorsqu'elle
en est susceptible. Le cristal blanc est d'une belle teinte;
les cristaux colorés sont variés et vifs de couleur. Dans
la verrerie de Choisy, comme dans les autres fabriques,
nous remarquons avec plaisir l'abandon des verres
à boire d'une épaisseur et d'un poids désagréables, et
le retour aux verres d'une élégance et d'une ténuité
bien plus flatteuses. Nous avons distingué des cages de
verre soufflées, d'une netteté et surtout d'une dimension
remarquables; des verres à vitre blancs, des masses de
cristal pour faire des objectifs de lunette, estimées des
opticiens. Nous signalons en général les vitres colorées
dans toutes les couleurs que la fusion en grand peut leur
donner, mais surtout des jaunes beaux et variés de tons,
des bleus à deux couches; enfin de superbes rouges
obtenus par le cuivre, teinte que les anciens faisaient
très-bien : c'est le seul de leurs procédés que l'industrie
moderne ait eu quelque peine à retrouver dans sa perfection, lorsqu'on a voulu faire revivre l'art des vitraux
peints.

La verrerie de Choisy pratique cet art avec intelligence, mérite et succès. Ses pièces exposées prouvent
le bon emploi de toutes les couleurs et de tous les procédés, depuis la peinture sur verre blanc jusqu'à la
composition d'ornements, de figures et même de tableaux, au moyen de verres teints dans la masse et réunis.

par des plombs; enfin le procédé d'ornements en blanc, imitant la mousseline, procédé qu'on appelle improprement *le dépoli*, et celui de la mise en plomb, et en très-petits plombs convenablement subdivisés et bien ajustés; tous ces procédés nous semblent atteindre un très-haut degré de perfection. Pour l'ensemble de ses travaux et pour la nouvelle industrie pratiquée dans sa fabrique, M. Bontemps mérite une nouvelle médaille d'argent.

MM. BURGUN, WATTER et compagnie, à Mersenthal et Goetzenbruck (Moselle).

Cette association s'est particulièrement distinguée en dotant la France d'une fabrication intéressante, celle des verres de montre. On les tirait autrefois de l'Angleterre et de la Suisse; on payait les beaux verres plats dits *chivés*, jusqu'à 2 francs la pièce. La verrerie de Goetzenbruck les donne de la même qualité, pour 50 fr. la grosse, c'est-à-dire pour 35 centimes la pièce. Ce grand établissement occupe 500 ouvriers, et fabrique par jour de 35 à 40 mille verres. Le jury récompense cette belle et récente industrie par la médaille d'argent.

Mme veuve GUINAND et MM. BERTHET et DAGUET, au Lac, près Villers (Doubs).

Feu M. Guinand, mort en 1824, aux Brenets, en Suisse, avait trouvé le moyen de produire des disques de très-beau flint-glass. Il a laissé ses procédés à sa veuve, qui s'est associée à MM. Daguet et Berthet, avec lesquels elle a fondé la fabrique du Lac, près Villers, en 1828. Ils présentent à l'exposition dix disques dont les diamètres varient depuis 27 millimètres jusqu'à deux décimètres. Ils en ont même exécuté qui avaient deux décimètres et demi. Ils ont envoyé leurs produits à Londres, à Saint-Pétersbourg et jusqu'en Chine. Le jury leur décerne la médaille d'argent.

RAPPEL DE MÉDAILLE DE BRONZE.

MM. DE VIOLAINE frères, à Prémontré (Aisne).

MM. de Violaine reçurent en 1823 une médaille de bronze confirmée en 1827, pour leur fabrique de glaces : ils ont présenté cette année des glaces soufflées, des verres à vitre blancs et de couleur, des cylindres de verre, etc. Leur établissement, dès 1827, employait 800 ouvriers. Les produits sont remarquables pour la force de la matière. MM. de Violaine continuent d'être dignes de la médaille de bronze.

NOUVELLE MÉDAILLE DE BRONZE.

M. HUTTER et compagnie, au Grand-Terrier, à Rive-de-Gier (Loire).

Cette compagnie puissante emploie 1,100 ouvriers; elle a 20 grands fours à fabriquer des bouteilles, 8 pour les vitres et 5 pour la gobeletterie : tels sont les établissements de Rive-de-Gier, sans compter ceux que la com-

Nouvelle
médaille
de bronze.
pagnie possède à Givors. On a remarqué surtout ses cages
de verre, qui sont d'une grandeur surprenante, des verres
à vitre et des verres pour estampes, d'une belle qualité.
Cette fabrique possède et pratique pour l'étendage un
procédé remarquable : il consiste principalement dans
un sol d'étendage mobile, qui vient chercher la vitre et
la porte dans le four, sans qu'elle éprouve de frottements
qui tendent à la priver du poli naturel qu'elle reçoit du
feu. La compagnie Hutter est très-digne de la médaille
de bronze.

MENTION HONORABLE.

Mention
honorable.

MM. Tissot (Martin) et compagnie, à Pouilly-Saint-Genis (Ain).

MM. Tissot et compagnie ont établi, pour la fabrication des verres de montre, une manufacture à l'imitation de celle dont MM. Burgun et Watter sont les
fondateurs. Elle a beaucoup moins d'importance et n'est
fondée que depuis très-peu de temps; mais elle mérite
d'être encouragée.

CHAPITRE XXXVI.

FABRICATION, EMPLOI DES COULEURS VITRIFIABLES.

SECTION PREMIÈRE.

FABRICATION ET PROCÉDÉ D'APPLICATION DES COULEURS VITRIFIABLES.

Pour que des couleurs vitrifiables soient complétement satisfaisantes, il faut d'abord qu'elles soient belles; il faut qu'elles glacent sans écailler, et qu'elles cuisent toutes également, bien, au même feu; il faut qu'elles soient d'un emploi facile, et surtout qu'elles donnent par leurs mélanges normaux les tons demandés, en résistant toujours au feu qui doit les parfondre. Toutes ces qualités sont importantes; sans elles, l'aspect des objets courants est privé de la vivacité, de l'éclat qui en font le principal mérite; sans elles, un tableau qu'un habile artiste aura mis deux ans à peindre, n'obtiendra ni succès, ni valeur.

Il est impossible de juger toutes les qualités de ces couleurs par le simple résultat de ce qu'on appelle leur *inventaire*, surtout quand chaque couleur est inventoriée sur une petite plaque isolée.

Ce n'est donc pas d'après les inventaires imparfaits de MM. Mortelèque et Colville qu'on pourrait juger le mérite des couleurs qu'ils préparent : c'est d'après la connaissance de leur talent et de leurs succès habituels.

RAPPEL DE MÉDAILLE D'ARGENT.

M. MORTELÈQUE, à Paris, Faubourg-Saint-Martin, n° 120.

Cet habile fabricant est à juste titre estimé de tous les artistes qui font usage de couleurs vitrifiables, pour la qualité de la plupart de ses couleurs, et spécialement de ses gris, de ses bruns et de ses pourpres : il en a justifié l'emploi par quelques peintures sur porcelaine, exposées comme inventaires.

On lui doit un blanc d'émail dont il couvre les plaques de lave et les plaques de porcelaine; ces plaques sont alors comme des espèces de toile sur lesquelles on peut, avec les couleurs vitrifiables qu'il a préparées, exécuter tous les genres de peinture.

Antérieurement, la peinture en couleurs vitrifiables, qui réunit si bien l'éclat à la solidité, ne pouvait s'exécuter que sur des plaques en porcelaine à petites dimensions, et, malgré leur petitesse, difficiles à produire planes et droites. Mais les plaques de porcelaine en biscuit peuvent être beaucoup plus grandes et très-régulières. Les plaques de lave s'obtiennent grandes et planes avec encore plus de facilité; elles peuvent s'ajuster l'une contre l'autre avec une extrême précision, de manière à présenter d'immenses surfaces parfaitement droites et continues dans tous les sens. On pourrait donc couvrir les parois intérieures et l'extérieur d'un édifice avec des peintures vitrifiées, brillantes, inaltérables par le soleil et l'humidité. Il serait facile aujourd'hui de faire bien, en grand et à peu de frais, ce qu'on n'obtenait jadis qu'avec d'extrêmes difficultés et des frais énormes, au moyen de la mosaïque.

Par cette application d'un émail durable sur la lave, et d'une peinture solide, en couleurs vitrifiables, on ouvre par conséquent une carrière nouvelle à la peinture monumentale. C'est un art complétement créé, dont les conceptions étaient très-difficiles à mettre en pratique. M. le directeur de la manufacture royale de Sèvres en donne la plus haute idée, en déclarant avec cette noble modestie qui sied si bien aux talents supérieurs : « Nous connaissons les difficultés que M. Mortelèque avait à vaincre par celles que nous-mêmes n'avons pas pu surmonter ; nous les connaissions par les pièces que cet artiste industrieux a déposées dans la collection céramique de Sèvres, en 1820 ; à cette époque elles étaient loin de la perfection. La différence est immense entre ces ébauches et les pièces qu'expose en 1834 M. Mortelèque. Si ces dernières laissent encore quelque chose à désirer, comme produits industriels, si elles montrent encore trop de petites dépressions à leur surface, si les couleurs n'ont pas encore la transparence et l'éclat qu'on pourrait désirer, nous ne doutons pas que bientôt elles acquerront ces qualités. » En définitive, M. Mortelèque a rendu deux grands services à l'art de peindre en couleurs vitrifiables ; il mérite plus que jamais la médaille d'argent qu'il a reçue en 1827.

MÉDAILLE D'ARGENT.

MM. HACHETTE, HITTORF et compagnie, à Paris, rue Coquenard, n° 40.

L'art dont nous venons de signaler l'importance a pris un grand développement entre les mains de M. Hachette, gendre de M. Mortelèque, auquel ce dernier en a cédé l'exploitation. M. Hachette a soumis à l'exposition une belle collection de meubles et d'ornements en lave émaillée, peints d'après les procédés que nous venons d'indiquer et d'après les dessins de M. Hittorf, directeur de cette nouvelle fabrication. Le jury croit doubler la récompense méritée par M. Mortelèque en décernant une médaille d'argent à MM. Hachette, Hittorf et compagnie.

MENTIONS HONORABLES.

M. COLVILLE, à Paris, rue des Vinaigriers, n° 24.

Il mérite la mention honorable pour quelques-unes de ses couleurs vitrifiables, telles que les pourpres et les bleus mats.

M. DROPSY, à Paris, boulevart Beaumarchais, n° 3.

Il recouvre d'un bel émail les laves domites qu'il emploie pour poêles et cheminées.

CITATION FAVORABLE.

M. LEDRU, à Clermont (Puy-de-Dôme).

Pour ses tables en lave domite, émaillées.

SECTION II.

EMPLOI DES COULEURS VITRIFIABLES SUR LA PORCELAINE, LE VERRE, LES PIERRES ET LES MÉTAUX.

Un assez grand nombre de fabricants parisiens s'occupent à faire décorer en couleurs vitrifiables la porcelaine et le verre. Cette industrie, car c'en est une, consiste à couvrir d'ornements variés, durables, brillants et peu coûteux, les porcelaines et les verres qu'ils achètent dans les manufactures. Il est tel de ces décorateurs qui fait pour plus de 150,000 francs de ventes annuelles, ayant pour base un achat d'environ 80,000 francs de porcelaine blanche.

Moins importante que l'industrie mentionnée dans l'article précédent, elle est néanmoins digne d'attention.

RAPPEL DE MÉDAILLE D'ARGENT.

M. LEGROS D'ANIZY, à Paris, rue de Poitou, n° 9.

M. Legros d'Anizy reçut en 1823 la médaille d'argent pour ses procédés d'impression, soit en or, soit en couleurs vitrifiables, sur la porcelaine, la faïence et le

26.

verre. Plusieurs pièces exposées en 1834 prouvent
qu'il a rendu ses moyens d'opérer encore meilleurs,
et ses résultats plus satisfaisants. Il mérite le rappel de
la médaille d'argent.

MENTIONS HONORABLES.

M. ANDRÉ (Maurice), à Paris, rue de Vendôme, n° 21.

M. André pratique ave succès l'art de dorer la por
celaine; il obtint en 1827 une mention honorable don
il est toujours digne.

M. JULIENNE, à Paris, rue du Bac, n° 50

Au milieu du mauvais goût qui n'a pas plus épargn
la peinture sur porcelaine que les autres application
des beaux-arts, M. Julienne a su reproduire la beaut
des formes et les décorations gracieuses qui caractérisen
le style et les couleurs propres à la Grèce antique.

M. CHAPELLE, à Paris, rue du Faubourg Saint-Denis, n° 19.

M. Chapelle mérite une mention fort honorable
relativement à l'étendue, à la variété de ses fabrication
et surtout à la parfaite dorure de ses cristaux taillé
dorures assez solides, et tellement appropriées au cri
tal, qu'on les cuit sur les pièces les plus délicates, sa
que la température nécessaire pour fixer l'or soit ass
élevée pour ramollir un verre si tendre.

M. POCHET-DEROCHE, à Paris, rue Jean-Jacques-Rousseau, n° 16.

Inscriptions, étiquettes vitrifiées, sur flacons, sur vitres, etc. M. Lutton, l'un des plus habiles faïenciers, a le premier su fixer, sur les flacons des pharmacies et des laboratoires, des inscriptions et des étiquettes en couleurs vitrifiables, et par conséquent en matière inaltérable; il a créé ce genre de travail, maintenant très-répandu. M. Pochet-Deroche a porté la même industrie plus loin que M. Lutton, quant à la variété des formes et des couleurs, quant à la perfection, à la solidité, enfin quant au bon marché : la réduction de ses prix n'est pas moindre de 60 pour cent.

MM. GAUDIN et DUCLOS-BLERZY, à Paris, rue du Faubourg-Montmartre, n° 33.

Ils ont exposé les résultats d'un nouveau procédé de bronzage, qu'ils ont découvert et dont ils ont fait l'application avec le plus grand succès, au plâtre, au carton-pierre, à la terre cuite. Ces fabricants imitent ainsi parfaitement la couleur et l'apparence du cuivre mis au vert antique; ils font mieux à cet égard que tous leurs devanciers; enfin, leur nouveau procédé de bronzage peut contribuer à développer d'autres branches d'industrie. MM. Gaudin et Duclos-Blerzy méritent une mention honorable.

CHAPITRE XXXVII.

ORNEMENTS MOULÉS.

SCULPTURE EN CARTON.

On a renouvelé pour les décors, sous le nom de carton-pierre, l'emploi d'ornements moulés en pâte de carton; cette industrie, remise en faveur depuis peu de temps, a déjà pris un grand développement et fait des progrès remarquables. Les produits soumis à l'exposition sont en général bien exécutés; le moulage s'opère avec une perfection telle qu'on obtient les surfaces les plus continues, les plus nettes, et les contours les plus fins, presque sans reparage. Cette industrie offre d'immenses ressources à nos architectes; mais il faut que le fabricant les leur ménage par un choix heureux de dimensions et de formes assez multipliées pour satisfaire aux besoins les plus divers. Nos encouragements appartiennent avant tout à quiconque réunira, dans chaque type architectural, le plus grand nombre de pièces remarquables, faciles à s'adapter aux combinaisons les plus variées. Le carton-pierre, c'est de l'art à bon marché, qui doit servir à multiplier nos jouissances, à satisfaire tous nos goûts, et même nos caprices; ses types doivent être modelés sur les monuments les plus complets de chaque genre. Par ce moyen le carton-pierre sera pour la sculpture, ce que l'imprimerie a fait pour l'écriture; non-seulement elle conservera des chefs-d'œuvre, mais elle en mettra les copies à la portée des plus modestes fortunes.

RAPPEL DE MÉDAILLES D'ARGENT.

MM. VALET et HUBERT, à Paris, rue Porte-Foin, n° 3.

Rappel de médailles d'argent.

Ils exposent un nombre considérable de cartons-pierre moulés sur des modèles de l'art antique ou d'après les ouvrages de nos sculpteurs modernes. Les reproductions qu'ils présentent sont toujours d'un choix heureux; leurs imitations de la renaissance sont d'un style fidèle et d'une grande finesse de détails. Entre les mains de MM. Valet et Hubert, le carton-pierre fait revivre les inspirations du statuaire; il se prête avec une fidélité merveilleuse à l'exécution des décorations les plus délicates ou les plus colossales de l'architecture. Le jury rappelle la médaille d'argent que ces artistes ont obtenue en 1827.

M. ROMAGNESI, à Paris, rue Paradis-Poissonnière, n° 12.

M. Romagnesi présente cette année une riche collection des produits de sa manufacture. Ils sont exécutés avec délicatesse et précision; les ornements offrent tout le relief et l'effet pittoresque de la sculpture. Nous avons remarqué particulièrement une table de grande dimension, des figurines, un tabernacle et des candélabres dont les profils sont d'une pureté parfaite. Le jury déclare que M. Romagnesi mérite toujours la médaille d'argent qu'il reçut lors de la dernière exposition.

MÉDAILLES DE BRONZE.

M. TIRARD, à Paris, rue de la Paix, n° 11.

Les produits qu'on doit à M. Tirard sont d'une bonne exécution. Cet artiste, qui paraît pour la première fois au grand concours de l'industrie nationale, est digne de recevoir la médaille de bronze.

M. DESCHAMPS, à Paris, rue Chabrol, n° 14.

M. Deschamps n'a présenté qu'un petit nombre de pièces dues à sa fabrique, mais l'exécution en est fort satisfaisante. A ce titre le jury lui donne la médaille de bronze.

CHAPITRE XXXVIII.

ÉBÉNISTERIE.

L'ébénisterie est une des industries le plus habilement exercées dans la capitale ; nos meubles sont recherchés dans tous les pays où l'on attache quelque prix à l'élégance des formes, à la beauté du travail. Les produits de cette année ne sont malheureusement très-remarquables que sous le point de vue de l'exécution manuelle. L'imagination et le goût artistique semblent sommeiller. A l'exception de deux ou trois fabricants que nous citerons en première ligne, peu d'entre eux ont paru jaloux de réclamer les lumières et le secours des beaux-arts.

Dans les ouvrages exposés, la marqueterie et les bois de couleurs variées jouent un très-grand rôle. Nous regardons comme un perfectionnement l'emploi du cuivre jaune et du cuivre rouge, quoique ces métaux n'aient pas toujours été mis en œuvre avec discernement. Mais nous nous tairons, dans l'intérêt des fabricants, sur ces meubles à décorations en ogives, entremêlés de créneaux et de mâchi-coulis, et sur la plupart des sujets dits chinois, qu'on a fabriqués cette année avec une profusion déplorable.

RAPPEL DE MÉDAILLES D'ARGENT.

M. WERNER, à Paris, rue de Babylone, n° 33.

Ce célèbre ébéniste expose entre autres meubles un bureau qui ferme à serrure mécanique, une table à manger à coulisses, plusieurs secrétaires et des commodes en bois indigènes. Ces produits méritent le rappel de la médaille d'argent que M. Werner a reçue en 1819.

M. BELLANGÉ, ébéniste du Roi, à Paris, passage Saulnier, n° 8.

M. Bellangé présente une commode, un lit, un secrétaire, une table à thé surchargée d'incrustations et de bronzes dorés. Ce fabricant paraît s'être proposé de reproduire le style des meubles du XVIᵉ siècle. Il n'a pas atteint ce but; mais comme il a fait de louables efforts et que ses meubles sont d'une exécution très-distinguée, le jury le déclare toujours digne de la médaille d'argent qu'il obtint en 1827.

MÉDAILLES D'ARGENT.

M. FICHER, à Paris, impasse Guéménée.

On doit à M. Ficher des meubles d'une forme élégante et merveilleusement confectionnés; les ornements en bronze doré sont répartis avec un tel discernement que, malgré leur éclat, ils ne nuisent pas à l'effet général de l'ensemble. Un bureau à cylindre, une table de

travail et deux consoles nous ont paru les plus remarquables de l'exposition. Le jury décerne la médaille
d'argent à M. Ficher.

M. MEYNARD, à Paris, rue du Faubourg-Saint-Antoine, n° 52.

M. Meynard expose des meubles en bois de palissandre orné d'incrustations en cuivre rouge. M. Meynard est un des fabricants qui font de ce métal l'application la plus judicieuse; nous le plaçons parmi nos
premiers ébénistes. A ce titre il doit recevoir la médaille
d'argent.

MÉDAILLES DE BRONZE.

M. DURAND, à Paris, rue du Harlay, n° 5.

Il présente un ameublement en bois d'angica, incrusté en buis de France, une petite table de travail en
palissandre; l'exécution de ces pièces est fort remarquable. M. Durand a combiné dans la structure de ses
lits un moyen ingénieux pour les monter et les démonter avec une grande facilité, sans emprunter le secours
d'aucune vis, ni d'aucun instrument. Cet ébéniste obtint
en 1827 une citation; le jury lui décerne la médaille
de bronze.

M. CHABERT, à Paris, rue Montmorency, n° 14.

M. Chabert confectionne des meubles où le cuivre
jaune, le cuivre rouge et l'ivoire, sont incrustés d'une

manière fort habile ; ce talent d'exécution fait regretter davantage de ne point trouver dans ses ouvrages, d'un travail si remarquable, un goût plus large et plus pur. M. Chabert a prouvé, par le fini des objets qu'il expose, combien il eût mieux réussi s'il avait pris conseil d'un artiste de talent. Il reçoit la médaille de bronze.

MENTIONS HONORABLES.

M. GROHÉ, à Paris, rue Grenelle-Saint-Germain, n° 107.

Ce fabricant expose des meubles en palissandre, ornés d'incrustations qu'il appelle *gothiques*. Ces meubles sont loin d'être parfaits quant aux emprunts faits à l'art du dessin ; mais nous louerons, dans l'ameublement égyptien de M. Grohé, l'emploi de la sculpture. La forme des différentes pièces qui composent cet ameublement nous paraît assez appropriée à nos usages. Avec un caractère plus vrai dans les détails incrustés, ces meubles auraient pris un rang très-élevé dans l'estime des connaisseurs.

M. BERG, à Paris, rue Saint-Antoine, n° 195.

Il emploie le cuivre, pour ornements de meubles, d'une manière plus heureuse et plus hardie que beaucoup de ses concurrents.

M. DENARD, à Paris, rue Sainte-Avoie, n° 42.

Cet industriel a présenté des meubles avec incrustations, bien confectionnés.

INDUSTRIES ACCESSOIRES.

I. MEUBLES FAITS AU TOUR.

MÉDAILLE DE BRONZE.

MM. GUÉRIN et FRÉMINET, à Paris, boulevart Beaumarchais, n° 29.

Médaille de bronze.

Ils ont exposé des rouets, des corbeilles et d'autres petits meubles d'une charmante exécution. La délicatesse avec laquelle ces produits sont fabriqués en fait autant d'objets de luxe. La maison de MM. Guérin et Fréminet est fort estimée pour la beauté et l'importance de ses produits : elle mérite la médaille de bronze.

II. DÉCOUPAGE POUR L'ÉBÉNISTERIE.

MÉDAILLE DE BRONZE.

M. BLECHSCHMIDT, à Paris, place Royale, n° 16.

Médaille de bronze.

M. Blechschmidt présente un tableau de bois d'ébène incrusté de nacre de perle, de cuivre, d'ivoire et de bois variés : ce tableau, d'une exécution vraiment remarquable, résume pour ainsi dire toutes les difficultés de l'art. Les belles incrustations qui décorent les meubles exposés par MM. Meynard, Chabert et Denard sont dues à M. Blechschmidt; le jury lui décerne une médaille de bronze.

III. INCRUSTATIONS EN NACRE DE PERLE.

MENTION HONORABLE.

M. HÉRARD-DEVILLIERS, à Paris, rue de Crussol, n° 1.

M. Hérard fabrique de petits meubles incrustés de nacre de perle avec des ornements peints dans le genre chinois; ces pièces sont d'une exécution assez remarquable.

CHAPITRE XXIX.

TYPOGRAPHIE, CALCOGRAPHIE, LITHOGRAPHIE, GÉOGRAPHIE.

SECTION PREMIÈRE.

TYPOGRAPHIE.

Depuis longtemps la typographie est parvenue, en France, nous dirons presque aux limites de la perfection, pour la beauté des caractères, le choix des papiers, la pureté du tirage et l'extrême correction dans les éditions destinées à reproduire dignement les chefs-d'œuvre de notre littérature. C'est surtout à Paris que s'est formée et développée cette magnifique industrie. Aujourd'hui nous voyons avec un vif sentiment de satisfaction la typographie d'un de nos départements, celui de l'Allier, se présenter au concours national avec une production qui prend un rang éminent parmi les chefs-d'œuvre de l'art. Nous espérons qu'aux expositions prochaines, d'autres départements, où la typographie fut jadis célèbre se présenteront à leur tour dans cette carrière, ne fût-ce que pour reproduire les antiquités, les monuments, les souvenirs, les annales des anciennes provinces, et conserver ainsi, par la puissance de l'industrie, tous les souvenirs dont se compose le passé de la patrie.

Il est une autre typographie qui ne travaille ni pour exciter l'admiration des contemporains, ni pour obtenir les suffrages des siècles futurs; mais qui s'occupe seulement de satisfaire aux besoins usuels avec simplicité, économie et rapidité. Cette presse populaire a fait les progrès les plus marqués depuis la dernière exposition.

Elle a profité des perfectionnements de la papeterie, et surtout des papiers sans fin. L'usage des presses mécaniques, encore si restreint en 1827, a pris une grande étendue. Cette innovation diminuait proportionnellement le travail des pressiers, classe d'hommes robustes et chèrement rétribués. Dans les premiers mois de 1830, l'usage des presses mécaniques et des papiers sans fin avait permis de multiplier les grandes entreprises de livres classiques et d'ouvrages populaires, en compensant l'extrême bon marché par le très-grand nombre d'exemplaires. Aucun ouvrier n'était oisif et les impressions s'accroissaient dans un rapport beaucoup plus grand que celui des travailleurs typographes. Le premier effet de la révolution de 1830 fut de ralentir subitement l'impulsion donnée à l'imprimerie; il fallut laisser inoccupées un grand nombre de presses mécaniques pour conserver aux ouvriers le travail nécessaire à leur existence. Par degrés l'état social a repris son équilibre primitif; la détresse même où s'est trouvé le commerce de l'imprimerie et de la librairie a fait redoubler d'efforts afin d'imprimer à des condititions plus favorables à la fois pour le consommateur et pour le producteur. On a, plus que jamais, recherché le bas prix des ouvrages dans les productions tirées à grand nombre, et l'instruction générale des citoyens a profité des souffrances, heureusement passagères, de toutes les professions relatives à la typographie ainsi qu'à la librairie.

GRAVURE ET FONTE DE CARACTÈRES.

La perfection des caractères de typographie n'est pas, comme quelques esprits bizarres ont paru le penser dans ces derniers temps, un résultat du caprice et de l'imagination. Des caractères parfaits doivent satisfaire à des conditions sévères et nombreuses, qui rendent pour ainsi dire unique la solution du problème. Aussi, les plus beaux caractères sont-ils encore, à quelques raffinements près dans la proportion des pleins et des déliés, ce qu'ils étaient il y a trente ans et plus, lorsque les Pierre et les Firmin Didot produisaient ces éditions classiques si belles à tous égards, et qui resteront à jamais parmi les chefs-d'œuvre comparables à ce que les presses françaises pourront produire de plus parfait.

C'est probablement parce que nos plus habiles graveurs de caractères ont senti qu'ils ne pouvaient plus se surpasser eux-mêmes, qu'on ne les a pas vus se présenter à l'exposition de 1834. Nous n'avons décerné par conséquent que des récompenses secondaires aux artistes estimables qui se sont présentés en l'absence des premiers maîtres de l'art.

MÉDAILLES DE BRONZE.

M. RIGNOUX, à Paris, rue Francs-Bourgeois-Saint-Michel, n° 8.

Médailles de bronze.

Beaucoup de belles éditions, publiées récemment par

nos plus habiles imprimeurs sont faites avec des caractères que M. Rignoux grave avec beaucoup de talent :
il en a perfectionné la fonte. Le jury lui décerne la
médaille de bronze.

M. DESCHAMPS (Louis-Charles), à Paris, rue Saint-Jacques, n° 67.

Vignettes pour la typographie, exécutées avec délicatesse et pureté, très-variées dans leur dessins. Il obtient
en 1827 une mention honorable; aujourd'hui le jury le
déclare digne de la médaille de bronze.

MENTIONS HONORABLES.

M. LOMBARDOT (François-Lucien), rue du Petit-Pont, n° 25.

Poinçons pour la typographie, gravés avec un soin
très-remarquable.

M. DALLUT, à Paris, place de Grève, n° 8.

Gravure en caractères d'imprimerie, estimée des plus
habiles typographes.

I. M. LEGRAND (Marcellin), à Paris, rue du Cherche-Midi, n° 99;

II. M. LŒUILLET, à Paris, rue Poupée-Saint-André-des-Arts, n° 7.

Gravure en caractères d'imprimerie, produits distingués par le jury.

M. GARNIER, à Paris, rue Garancière,
n° 10.

Épreuves des caractère d'imprimerie : cet artiste est toujours digne de la mention honorable qu'il obtint en 1827.

CITATIONS FAVORABLES.

M. CHESLES, à Paris, rue de la Montagne-
Sainte-Géneviève, n° 24.

Déjà cité favorablement en 1827 pour ses gravures à l'usage de la typographie et de la reliure.

M. PETITBON, à Paris, rue des Noyers,
n° 8.

Bons caractères d'imprimerie.

GRAVURE DE CARACTÈRES ÉTRANGERS À L'IMPRIMERIE.

MÉDAILLE DE BRONZE.

M. LESACHÉ (J.-J.), à Paris, Palais-
Royal.

M. Lesaché grave les presses à timbre sec, les cachets, les armoiries, etc. Cet artiste, recommandable à la fois pour le bon goût du dessin, pour la délicatesse et la pureté de son burin, mérite la médaille de bronze.

MENTION HONORABLE.

Mention
honorable.

M. SAUNIER (Thomas-Marie), à Paris, rue d'Ulm, n° 12.

Pour avoir gravé l'écusson des billets de la banque et pour les lettres qu'il exécute en relief sur acier, avec habileté.

CITATION FAVORABLE.

Citation
favorable.

M. TEXIER (Victor), à Paris, rue Saint-Honoré, n° 348.

Gravure sur cuivre, à l'usage du commerce.

PRODUITS DE TYPOGRAPHIE.

RAPPEL DE LA MÉDAILLE D'OR.

Rappel
de
la médaille
d'or.

MM. FIRMIN DIDOT et compagnie, à Paris, rue Jacob, n° 24.

Les deux fils du célèbre Firmin Didot marchent avec succès sur les traces de leur père. Ils ont ce rare mérite d'exceller à la fois dans les deux branches de la typographie artistique, et de la typographie économique et populaire. Ils poursuivent avec constance une entreprise qui seule mériterait la récompense du premier ordre ; c'est *le Trésor de la langue grecque*, vaste monument des Étienne, les Didot du siècle de François Iᵉʳ. Parmi les ouvrages populaires, nous citerons l'*Univers pittoresque*, publié par souscription, au nombre de dix-huit mille exemplaires.....

MM. Firmin Didot ont en outre exposé des produits très-remarquables de la belle papeterie qu'ils ont établie dans le département de l'Eure. Ainsi, gravure des caractères, production du papier, impression, connaissance profonde des langues savantes, goût exquis dans l'exécution typographique, les Firmin Didot réunisent à la fois tous les éléments de la supériorité. Voilà comment ils continuent de mériter la médaille d'or, qui n'est pas sortie de leur maison depuis la première exposition en 1797.

Rappel de la médaille d'or.

RAPPEL DE MÉDAILLE D'ARGENT.

M. CRAPELET, à Paris, rue Vaugirard, nᵒ 9.

Rappel de médaille d'argent.

M. Crapelet tient un rang très-honorable parmi les typographes qui s'efforcent d'atteindre à la perfection de leur art. Parmi ses beaux ouvrages publiés avec la pureté du goût des temps modernes, on doit citer en premier lieu son édition de *Lafontaine*. Il faut citer ensuite sa collection des *Anciens monuments de l'histoire et de la langue française*, publiée sur les manuscrits de la Bibliothèque royale. M. Crapelet excelle à reproduire les caractères gothiques, et les miniatures charmantes qui décorent certains manuscrits du moyen âge. Ajoutons que M. Crapelet, comme éditeur des sciences mathématiques, a parfaitement réusi dans ce genre spécial et difficile. Il réunit aujourd'hui des titres supérieurs encore à ceux qu'il présentait en 1827. Le jury pense qu'il mérite plus que jamais la médaille d'argent qu'il obtint à cette époque.

NOUVELLES MÉDAILLES D'ARGENT.

M. ÉVERAT, à Paris, rue du Cadran, n° 16.

Voici l'un de ces imprimeurs éminemment utiles à la diffusion des lumières, par l'influence qu'ils exercent sur l'abaissement progressif du prix des livres. Il imprime annuellement cinquante millions de feuilles; il occupe 300 ouvriers; il fait marcher trente presses à bras et quatre presses à vapeur, fonctionnant nuit et jour. Il a trouvé le moyen de fournir des livres bien imprimés à des prix extrêmement modiques; il a fait le premier graver de nouveaux caractères pour imprimer en fortes lettres des éditions compactes, et ménager à la fois la vue et la bourse de ses lecteurs. M. Éverat est très-digne de la médaille d'argent.

M. DESROSIERS, à Moulins (Allier).

L'établissement formé par ce typographe, dans la ville de Moulins, rivalise avec les meilleures imprimeries de la capitale. Il a présenté, sous le titre d'*Ancien Bourbonnais*, in-f°, les premières livraisons d'un livre qui réunit tous les genres de mérite : perfection des caractères ordinaires et gothiques, gravés exprès pour cet ouvrage, vignettes d'un goût exquis, beauté du papier, et pureté du tirage. M. Desrosiers est créateur de l'impri-

merie la plus considérable et la plus parfaite que nos départements possèdent : le jury lui décerne la médaille
d'argent. S'il continue à produire des ouvrages remarquables par un semblable degré de supériorité, la récompense du premier ordre couronnera ses travaux à
la prochaine exposition.

Nouvelles
médailles
d'argent.

TYPOGRAPHIE MUSICALE.

M. DUVERGER, à Paris, rue de Verneuil, n° 4.

Jusqu'à ce jour on avait fait beaucoup d'efforts pour
exécuter par les moyens ordinaires de l'imprimerie la composition et le tirage de la musique. Mais, il faut l'avouer,
les plus heureuses tentatives laissaient encore infiniment
à désirer. C'est à M. Duverger qu'était réservé l'honneur de résoudre un tel problème, et la solution, nous
sommes chargés de le déclarer, *est parfaite.* Toutes les
lignes, portées et croisures, tous les caratères des notes,
toutes les indications accidentelles nécessaires à l'intelligence, au mouvement de la musique, sont rendues
avec autant de continuité, de netteté, de pureté que
dans la gravure la plus délicate; néanmoins ils sont
produits par des moyens purement typographiques,
avec des caractères mobiles assemblés dans les formes
ordinaires. Cette composition permet de tirer jusqu'à
vingt-cinq mille épreuves satisfaisantes, tandis que le
procédé par la gravure n'en pouvait donner au plus que
quatre mille; les frais du tirage sont en même temps
plus économiques. Suivant l'ancienne méthode, pour
tirer à mille exemplaires une feuille entière de papier
Jésus, il fallait huit retirations à 15 francs, c'est-à-dire

120 francs; M. Duverger accomplit le même tirage pour la somme de 3 francs.

Une aussi belle découverte contribuera puissamment à répandre en France le goût de la musique, l'un des éléments de civilisation chez les peuples où l'imagination exerce une vive influence.

Lorsque les travaux de M. Duverger auront produit tous leurs effets, il aura droit à la récompense du premier ordre : dès à présent il est très-digne de la médaille d'argent.

M. PANCKOUCKE, à Paris, rue de Poitevins, n° 14.

M. Panckoucke a résolu l'un des problèmes les plus difficiles en industrie, c'est de produire et de vendre des masses énormes de livres, sans les livrer à bas prix. Ce résultat tient à la rare intelligence avec laquelle il sait, pour chaque époque, préparer des ouvrages, dont il commande, c'est le mot, la composition, afin de satisfaire aux idées, aux besoins, aux tendances du moment: telles ont été les *Victoires et conquêtes des Français;* œuvre qui consolait la gloire nationale aux jours de sa disgrâce devant un pouvoir issu de l'étranger. M. Panckoucke, fils de l'éditeur de la *Grande Encyclopédie*, cultive avec succès les lettres et les arts; il publie une traduction des *Classiques latins*, et se place lui-même au nombre des traducteurs.

Il obtint en 1827 la médaille de bronze; il reçoit aujourd'hui la médaille d'argent.

MÉDAILLES DE BRONZE.

M. GALIGNANI, à Paris, rue Vivienne, n° 18.

C'est un des éditeurs d'ouvrages anglais qui ont contribué le plus activement à répandre en France l'usage de cette langue qui partage, avec la langue française, l'honneur de l'universalité chez les peuples policés. Le jury lui décerne la médaille de bronze.

M. AUDOT, à Paris, rue du Paon, n° 8.

Il a produit à l'exposition plusieurs collections d'une belle exécution; par exemple *la Flore des jardiniers amateurs*, *le Jardin fruitier*, par M. Noisette, etc.; les planches de ces ouvrages sont bien gravées et coloriées avec soin. Avec tant d'avantages, ces livres sont d'un prix très-modéré, résultat que le jury ne peut trop encourager : il déclare M. Audot très-digne de la médaille de bronze.

MENTIONS HONORABLES.

M. PERRIN, à Lyon, (Rhône).

Un *Horace* polyglotte exécuté avec le plus grand soin : beaux caractères.

M. PRIGNET, à Valenciennes (Nord).

Impressions bien exécutées.

M. BOUDON CARON, à Amiens (Somme).

Impressions bien exécutées.

Mme v^e CONSTANTIN, à Nancy (Meurthe).

Déjà mentionnée honorablement en 1823.

SECTION II.

LITHOGRAPHIE.

La lithographie présente des progrès très-remarquables depuis 1827. On a trouvé le moyen de transporter sur la pierre, de vieilles gravures, des manuscrits et des imprimés, pour en reproduire un *fac simile* parfait. Ce moyen fait revivre d'anciens documents précieux et rares, sous leur forme primitive, avec les caractères mêmes qu'on employait dans le siècle qui les a produits.

On ne s'est pas contenté d'imprimer sur la pierre, on a fait servir à cet usage des feuilles de zinc, flexibles, légères et portatives : cette innovation est surtout précieuse à la France qui possède peu de carrières de pierres lithographiques.

RAPPEL DE MÉDAILLES D'ARGENT.

MM. ENGELMANN et compagnie, à Paris, Cité-Bergère, n° 1.

Ils partagent, avec M. le comte de Lasteyrie, l'honneur d'avoir introduit en France la lithographie; ils en ont sans relâche amélioré les procédés, depuis 1814. Ils ont publié des collections très-considérables, par exemple : pour le *Voyage pittoresque dans l'ancienne France*, plus de 1,200 planches sont déjà livrées aux souscripteurs; pour l'*Anatomie* de J. Cloquet, 300 planches;

pour les *Cathédrales françaises*, 115 ; pour le *Voyage au Brésil*, 100 ; pour le *Voyage dans l'Arabie Pétrée*, 60, etc. Ils n'ont pas seulement travaillé sur des commandes françaises, ils ont accompli de grandes entreprises, réclamées par l'Allemagne, la Russie et l'Amérique. Ils ont appliqué leur art à la géographie, à la topographie. Ils avaient obtenu dès 1823 une médaille d'argent, rappelée en 1827 : le jury leur confirme de nouveau cette récompense.

Rappel de médailles d'argent.

M. Motte, à Paris, rue Saint-Honoré, n° 290.

M. Motte, inventeur d'une presse lithographique, est un lithographe très-habile ; il a présenté de magnifiques épreuves de ses impressions. Le jury lui confirme la médaille d'argent, accordée en 1823 et rappelée en 1827.

MÉDAILLES DE BRONZE.

Mme veuve DELPECH, à Paris, quai Voltaire n° 3.

Médailles de bronze.

Elle a publié dans un grand format la belle collection de portraits des personnages célèbres qu'offre l'histoire de France ; bientôt après elle a reproduit, sur de moindres dimensions, la même collection, au prix modique de 10 centimes par portrait. Elle a conservé ses pierres lithographiques après des tirages considérables ; au bout de plusieurs années, elle a su leur faire produire des tirages aussi beaux qu'avec des dessins fraîchement apportés sur des pierres nouvelles : résultat fort remarquable. Le jury décerne la médaille de bronze à Mme veuve Delpech.

M. MANTOUX, à Paris, rue du Paon-Saint-André-des-Arts, n° 1.

M. Mantoux a lithographié les batailles d'Alexandre d'après Lebrun; le dessin en est d'une fidélité minutieuse et d'une pureté qu'on trouvera vraiment extraordinaire, si l'on songe à l'immensité de ces compositions. M. Mantoux s'est beaucoup occupé de l'impression autographique, si précieuse pour reproduire à peu de frais et fidèlement une foule d'écrits officiels, commerciaux, etc. On doit au même exposant l'amélioration de l'encre liquide propre à l'autographie, l'emploi des pierres dressées des deux côtés, etc. Il mérite la médaille de bronze.

M. BREGNOT, à Paris, Galerie Colbert, n° 16.

Planches de zinc préparées pour recevoir des dessins et remplacer les pierres graphiques : les épreuves fournies avec ces planches sont très-correctes pour l'écriture, mais le sont moins pour les dessins. Les planches de zinc offrent surtout de l'économie pour les dimensions considérables; elles coûteront cinq ou six fois moins que les pierres; elles ne craindront aucune pression, tandis que les pierres graphiques sont sujettes à se rompre sous l'effort de l'impression; elles pourront se placer comme en portefeuille et remplir très-peu d'espace; elles seront aisément transportables par les officiers militaires, les géographes, les dessinateurs, les voyageurs, etc.; elles se préteront aux travaux nécessaires à la suite des armées, à l'impression rapide d'un grand nombre d'exemplaires, de vues, de plans, d'instructions militaires. Le jury récompense les premiers essais de M. Breugnot par la médaille de bronze. *Médailles de bronze.*

M. Seib (J. Adam), à Strasbourg (Bas-Rhin). *Médaille d'ensemble.*

Lithographie sur toile cirée, mentionnée à l'article des tissus de ce genre.

MENTIONS HONORABLES.

M. Houbloup, à Paris, rue Dauphine, n° 12. *Mentions honorables.*

Successeur de M. Noël, il soutient dignement la renommée de sa maison : ses produits sont remarqués pour la finesse du dessin et la pureté de l'exécution.

M. Audit, à Paris, rue Neuve-des-Petits-Champs, n° 29.

Ses lithographies méritent les mêmes éloges que celles de M. Houbloup.

M. Desrosiers, imprimeur à Moulins (Allier).

Dans son bel ouvrage déjà mentionné, page 422, M. Desrosiers a placé des lithographies exécutées avec un soin très-rare et dessinées avec esprit.

Mentions
morables.
MM. Roissy frères, à Paris, rue Richer, n° 17.

Épreuves de lithographie et de topographie coloriées, d'une très-bonne exécution.

M. Gigault d'Olincourt, à Bar-le-Duc (Meuse).

Plans de machines, bien dessinés et bien lithographiés, à des prix modérés.

MATÉRIEL LITHOGRAPHIQUE. — PRESSES.

Beaucoup de presses lithographiques ont été présentées à l'exposition ; quelques-unes avec des perfectionnements, ce sont les seules que nous indiquerons ici.

MÉDAILLES DE BRONZE.

Médaille
le bronze.
M. Pierron (Antoine), rue Saint - Honoré, n° 123.

A présenté d'excellentes presses lithographiques.

MENTIONS HONORABLES.

Mentions
onorables.
MM. François jeune et Benoist, à Troyes (Aube).

Pour leurs presses lithographiques à cylindre.

M. Brisses (Pierre-Denis), à Paris, rue
des Martyrs, n° 12.

Déjà mentionné honorablement en 1827, pour ses presses.

M. Bénard, à Paris, rue de l'Abbaye,
n° 4.

Pour la bonne exécution de ses presses lithographiques.

CITATION FAVORABLE.

M. Charles Debourges, à Paris, rue de
l'Abbaye, n° 4.

Presses lithographiques.

PIERRES LITHOGRAPHIQUES.

MÉDAILLE DE BRONZE.

M. Dupont (Auguste) et compagnie, à
Périgueux (Dordogne).

L'industrie doit à cette association les pierres graphiques qu'elle a fait extraire des carrières de Coly, de Savignac et de Châteauroux, département de la Dordogne. Le jury lui décerne la médaille de bronze.

MENTION HONORABLE.

Mention
honorable.

M. CHEVALIER et compagnie, à Paris, quai de Valmy, n° 28.

Pour les pierres lithographiques qu'ils extraient du département de l'Yonne, arrondissement de Tonnerre.

TRANSPORT SUR PIERRES GRAPHIQUES.

On a conçu l'avantage de transporter sur pierres graphiques des épreuves toutes récentes, afin d'en extraire de nouvelles épreuves. C'est le moyen de reproduire indéfiniment un même sujet, sans avoir besoin de le dessiner à nouveau chaque fois qu'on ne peut plus continuer l'usage de l'empreinte primitive sur une pierre épuisée par le tirage. On a poussé plus loin des tentatives que le succès a couronnées, pour reproduire les vieux manuscrits, les anciens textes imprimés, et les anciennes gravures.

MÉDAILLE D'ARGENT.

Médaille
d'argent.

M. DAIGUEBELLE, à Paris, rue Neuve-Guillemin, n° 18.

C'est à lui qu'on doit la reproduction, par le transport sur pierres graphiques, des anciennes gravures, des anciennes écritures et des anciens textes imprimés. Il a présenté des épreuves résultant d'un semblable transport d'impressions en caractères romains, allemands, hébraïques et grecs ; elles en reproduisent les formes avec la plus complète fidélité ; le transport des vieux manuscrits n'est pas moins satisfaisant pour la ressemblance et la parfaite exactitude. M. Daiguebelle entreprend maintenant le transport des anciennes gravures. Ses succès sont déjà fort remarquables ; mais il lui reste encore à vaincre de graves difficultés pour arriver au tirage facile de dessins ainsi transposés. Lorsque M. Daiguebelle aura résolu complétement le beau problème qu'il s'est proposé, il aura droit à la récompense du premier ordre. Aujourd'hui le jury lui décerne la médaille d'argent.

Médaille d'argent.

MÉDAILLE DE BRONZE.

M. DELARUE (Théophile), à Paris, rue Notre-Dame-des-Victoires, n° 16.

Médaille de bronze.

Pour l'exécution remarquable de ses transports d'épreuves récentes sur pierres graphiques.

MENTION HONORABLE.

M. MARTENOT et compagnie, rue Richelieu, n° 92.

Mention honorable.

Pour ses transports d'épreuves récentes sur pierres graphiques.

II.

28

CITATION FAVORABLE.

M. Séguin, à Paris, rue Neuve-Saint-Eustache, n° 50.

Transport d'épreuves récentes sur pierres graphiques.

RESTAURATION DES GRAVURES ET DES ÉCRITS.

MÉDAILLE DE BRONZE.

M. Simonin, à Paris, Cloître-Notre-Dame.

Il restaure avec une telle habileté les vieilles gravures et les vieux manuscrits, qu'il en conserve, et souvent même en améliore le papier. Il avait reçu la médaille de bronze en 1827 ; il en reçoit une nouvelle aujourd'hui.

GÉOGRAPHIE.

La savante industrie qui représente en relief ou sur des feuilles planes la surface de la terre s'est présentée à l'exposition avec des produits nombreux et des moyens nouveaux dignes de récompense.

GLOBES GÉOGRAPHIQUES.

MÉDAILLE D'ARGENT.

M. DIEN, à Paris, rue Hautefeuille, n° 15.

Il a perfectionné sensiblement l'ancien montage des globes en carton. Il les a rendus beaucoup moins hygrométriques; il fait exécuter en cuivre le méridien, le grand cercle écliptique et l'horizon, dans lesquels se meut la sphère. Les cercles sont rendus mobiles au moyen d'un engrenage. Le gouvernement fédéral de la Suisse a récemment commandé 300 de ces globes à M. Dien, pour les écoles du pays. Le jury, prenant surtout en considération le bas prix auquel ils sont livrés et leur utilité, décerne à l'auteur une médaille d'argent.

MÉDAILLES DE BRONZE.

MM. MARIN et SCHMIDT, à Strasbourg, (Bas-Rhin).

Globes terrestres et globes célestes aérophyses : leur surface est formée de peaux de chèvre et de baudruche, taillées par sections méridiennes égales entre elles, habilement assemblées et très-flexibles. L'enveloppe intérieure sert à contenir l'air; sur la seconde, en peau de chèvre, sont tracés les contours et les lettres très-bien exécutés par la gravure. Ces globes légers peuvent se serrer dans un étui de petit volume; on peut les gonfler

par la seule insufflation. Un globe suffit pour démontrer la géographie à quinze ou vingt personnes. Le
jury décerne à MM. Marin et Schmidt une médaille
de bronze.

M. WERNER-HOCHSTETTER (Antoine), à Paris.

Globe en relief de trois pieds de diamètre pour en-
seigner la géographie aux jeunes aveugles; il est construit en doubles douves recouvertes d'un coutil enduit
avec plusieurs couches de mastic ferrugineux imperméable. M. Hochstetter, simple ouvrier, a consacré
trois ans de travail et consommé jusqu'à ses dernières
ressources pour achever cet ouvrage remarquable : il
est à désirer qu'on en fasse exécuter de semblables pour
toutes les écoles de jeunes aveugles. Le jury se plaît à
récompenser M. Hochstetter par la médaille de bronze.

MENTION HONORABLE.

MM. BENOIST frères, à Troyes (Aube).

Globes en papier imperméable d'une grande dimension , placés sur un socle cylindrique en zinc, dans lequel est une pompe à air pour gonfler la sphère à volonté. S'agit-il de serrer l'appareil? on dévisse l'ajustage
qui conduit l'air de la pompe dans le globe, on en fait
sortir l'air, puis on plie l'enveloppe comme des feuilles
de papier, pour la placer dans un carton dont le volume
est celui d'un in-4°.

CITATIONS FAVORABLES.

M. Chataing, chef d'institution, à Belle-ville (Seine).

Imitation d'hémisphères sur des plaques de bois bombées.

M. Bastien, à Paris, rue de Bussy, n° 16.

Globes ordinaires en carton, bien exécutés.

CARTES GÉOGRAPHIQUES.

La lithographie s'est appliquée avec succès à la production des cartes; elle a permis de les livrer à très-bas prix. Aujourd'hui la belle lithographie peut rivaliser avec la meilleure gravures des cartes et coûte incomparablement moins cher. Les études géographiques, trop généralement négligées en France, seront beaucoup favorisées par ces progrès de l'industrie.

MÉDAILLES D'ARGENT.

M. Andriveau-Goujon, à Paris, rue du Bac, n° 6.

Il a présenté des cartes gravées sur cuivre avec un soin remarquable. Depuis quelques années, il a publié plusieurs cartes réduites des diverses régions de l'Europe; les Pays-Bas, l'Italie, la Suisse; des plans de

villes et de ports, etc. Il possède un des principaux établissements de la capitale. Le jury lui décerne la médaille
d'argent.

M. Picquet (Charles), à Paris, quai Conti, n° 17.

Il est auteur d'un atlas de Paris, divisé par douze arrondissements et quarante-huit quartiers; les subdivisions sont diversifiées quant aux explications et aux indications, pour donner des cartes spéciales, administratives, judiciaires, électorales, etc. Une autre carte avec
des teintes plus ou moins foncées, représentant les ra-
vages exercés par le choléra en 1832, est imitée en cela
de la carte de M. Charles Dupin, sur l'instruction pri-
maire de la France. M. Picquet, infatigable autant
qu'ingénieux, contribue à la diffusion des connaissances
géographiques par ses nombreuses publications. Le jury
lui décerne la médaille d'argent.

M. Jacoubet, à Paris, quai Malaquais, n° 13.

Il a levé et gravé sur l'échelle d'un deux-millième son
superbe plan de Paris en 54 feuilles. Ce travail d'une
belle exécution, mérite la médaille d'argent.

———————

MENTION D'ENSEMBLE.

MM. Engelmann et compagnie, à Paris, cité Bergère, n° 1.

Ils ont lithographié, pour le ministère de l'instruction publique, des cartes géographiques d'un très-grand format. Ils sont auteurs d'un bel atlas lithographié pareillement, avec une précision, une exactitude, dont on ne croyait pas que leur art fût susceptible. Ils ont obtenu, pour l'ensemble de leurs lithographies, une médaille d'argent.

MÉDAILLES DE BRONZE.

M. LANGLOIS, à Paris, rue de Bussy, n° 16.

Belle carte de France, en 16 feuilles, estimée comme la plus exacte que nous possédions dans ce format : elle est digne de la médaille de bronze.

M. DANTY, à Paris, rue Vivienne, n° 2.

Atlas de France in-folio, gravé et colorié, dont les détails sont exécutés avec précision et netteté. Cet atlas économique a beaucoup de succès dans l'enseignement ; un tel service mérite la médaille de bronze.

M. TARDIEU jeune, à Paris, place de l'Estrapade, n° 34.

On a généralement admiré sa belle carte du comté de Mayo, produite à l'exposition. Il avait mérité, dès 1827, une mention honorable ; il obtient aujourd'hui la méd   de bronze.

MENTIONS HONORABLES.

M. JODOT (Marc), à Paris, rue du Cherche-Midi, n° 43.

Carte industrielle du département du Nord. C'est la première en son genre qui présente d'aussi nombreux renseignements statistiques, indiqués avec intelligence, sur les forces productives, les voies de communication, les richesses minéralogiques et les usines d'un département plus riche à lui seul que certains royaumes d'Europe.

M. LECOQ (A.), à Paris, quai des Orfévres, n° 18.

Cartes muettes, gravées à l'aqua-tinta, d'une retouche facile, d'une exécution prompte et d'un prix très-modéré.

GRAVURE SUR BOIS.

La gravure sur bois nous semble digne du plus haut intérêt par l'importance heureuse qu'elle acquiert tous les jours. Mère de l'imprimerie, elle demeura longtemps l'auxiliaire de l'art puissant qu'elle avait créé; elle parlait aux yeux dans les livres d'église, dans les légendes populaires. Les savants l'employaient à reproduire les plans, les lignes géométrales et les figures d'histoire naturelle : partout répandue en fleurons, en tête de page, garnissant les marges et les titres, elle semblait devoir briller longtemps d'un vif éclat. Cependant, du XVIe

au XIXe siècle, elle n'a fait que décroître. Néanmoins, ce genre ne perdit pas son caractère primitif; il se refugia dans les livres populaires; il y devint, par ses emblèmes parlants, une écriture à l'usage de ceux qui ne savaient pas lire.

La gravure sur bois destinée aux publications de luxe, venue d'Angleterre il y a quinze ans, s'est promptement naturalisée en France; nous sommes maintenant en état de présenter à nos prédécesseurs en cet art des produits qui sont, pour la souplesse et la pureté, comparables à ce qu'ils ont fait de mieux en ce genre.

Cet art deviendra populaire chez nous, comme il le fut en Allemagne, au temps de la bible des pauvres. La gravure en bois tirée d'un seul coup de presse avec la page imprimée, convient merveilleusement à l'instruction des masses qu'il est nécessaire d'attirer par la curiosité des yeux, à celle de l'intelligence.

RAPPEL DE MÉDAILLE D'ARGENT.

M. THOMPSON, à Paris, quai Conti, n° 17.

Rappel de médaille d'argent.

M. Thompson présente un grand nombre d'épreuves de ses gravures; cet artiste coupe le bois avec la plus merveilleuse facilité, mais il ne rend pas assez fidèlement le dessin qu'on lui confie. Le jury le trouve toujours digne de la médaille d'argent qu'il a reçue en 1823, et qui lui fut confirmée en 1827.

MÉDAILLE D'ARGENT.

M. GODARD, à Alençon (Orne).

Médaille d'argent.

M. Godard expose une assez grande quantité de vignettes gravées pour l'ouvrage sur les antiquités du Bourbonnais, ainsi que pour l'imprimerie royale. Cet habile graveur se distingue de ses concurrents par la pureté de son burin et surtout par la fidélité qu'il apporte à conserver tous les sentiments du travail de l'artiste qu'il traduit. Nous signalons surtout une tête de page représentant des ornements gothiques et plusieurs lettres ornées d'un travail remarquable. Le jury décerne à M. Godard la médaille d'argent.

MÉDAILLES DE BRONZE.

MM. ANDREW, BEST et LOIR, à Paris.

Ces artistes se distinguent par la fermeté et l'extrême netteté de leur travail; quelques-unes de leurs vignettes sont aussi pures que si elles résultaient d'une gravure sur acier. Le jury accorde à MM. Andrew, Best et Loir une médaille de bronze.

M. LACOSTE (Louis), à Paris, rue du Coq-Saint-Honoré, n° 13.

Pour ses vignettes d'une belle exécution, M. Lacoste reçoit la médaille de bronze.

MENTIONS HONORABLES.

M. TIÉBAULT, à Lille (Nord).

Parmi le grand nombre d'épreuves exposées par M. Thiébault, nous citerons surtout ses fragments de cartes géographiques.

M. SELVES, à Passy (Seine-et-Marne).

M. Selves présente un atlas destiné pour les colléges et du prix le plus modique, quoique bien exécuté.

CALLIGRAPHIE.

MENTIONS HONORABLES.

M. SPENS, à Paris, rue Neuve-des-Petits-Champs, n° 13.

Ses modèles sont d'une admirable netteté; par la beauté des caractères ils ont contribué sensiblement à l'amélioration de la calligraphie en France. M. Spens était expéditionnaire des titres et brevets, cabinet de Napoléon.

M. TAUPIER, à Paris, rue Saint-Honoré, n° 319.

Auteur d'une ingénieuse méthode d'écriture, adoptée depuis peu par le ministère de la guerre pour l'instruction des troupes. Il produit à très-bon marché des modèles excellents; chaque soldat peut en avoir un avec un cahier de papier pour quelques centimes.

CITATION FAVORABLE.

Mlle WERDET (Élisa), à Paris, rue de Bondi, n° 22.

Elle a publié de beaux modèles de factures, de lettres de change, de bordereaux, etc.

SECTION III.

RELIURE.

— — —

NOUVELLES MÉDAILLES D'ARGENT.

M. SIMIER, à Paris, rue Saint-Honoré, n° 152.

Il y a déjà trente-huit ans que les ateliers de M. Simier fournissent des reliures qui, chaque année, sont d'un travail plus exquis et d'un goût plus remarquable. Lorsque les Chambres des pairs et des députés échangèrent leurs collections avec celles du Parlement britannique, elles chargèrent M. Simier de les embellir par tout ce que son art saurait produire de plus parfait. Le jury central aime à reconnaître avec quel succès est accompli ce travail qui montrera, dans l'Angleterre même, que nous pouvons aujourd'hui soutenir avec avantage une concurrence à peine supposée possible il y a peu d'années. M. Simier a reçu la médaille d'argent dès 1823; elle lui fut confirmée en 1827. Pour récompenser les progrès depuis cette époque, le jury lui décerne une nouvelle médaille d'argent.

M. KŒHLER, à Paris, rue de l'Ancienne-Comédie, n° 12.

Les reliures de M. Kœhler ont été surtout remarquées pour la précision et le talent qu'il apporte à l'application des ornements désignés sous le nom de *petits fers*, ornements qui sont rapportés à la main pour former un dessin complet avec une infinité de parties séparées : c'est un vrai mérite d'artiste. Les reliures de M. Kœhler sont au rang des plus belles que l'on connaisse en Europe; il n'existe pas dix volumes qui puissent disputer le prix aux quatre évangiles dont la couverture est ornée par son art. Ainsi, dès son début, il n'a pas de supérieurs. Ses ateliers sont moins considérables que ceux de M. Simier; mais ils augmenteront promptement. Le jury décerne à M. Kœhler la médaille d'argent.

M. DUPLANIL, à Paris, rue Grenelle-Saint-Germain, n° 59.

M. Duplanil ne se distingue pas seulement par la richesse et l'élégance de ses reliures. Son art lui doit d'heureux perfectionnements, entre autres celui qu'il appelle le *champ levé*, qui consiste à laisser en certaines parties de la couverture, selon les dessins à produire, beaucoup moins d'épaisseur que dans les autres parties, sans nuire à la solidité de la reliure. Il obtient ainsi des effets pittoresques et nouveaux, qui permettent de varier beaucoup les ornements. Ses reliures en satin blanc, à pièces de couleur rapportées, offrent des arabesques d'une légèreté charmante. Sur un exemplaire des Roses de Redouté, M. Duplanil a reproduit, par la dorure et par des pièces de couleur rapportées sur la reliure, les belles fleurs qu'on admire dans l'ouvrage. Cet artiste est digne de la médaille d'argent.

M. Alphonse GIROUX, à Paris, rue du Coq-Saint-Honoré, n° 7.

M. Giroux produit des reliures remarquables pour l'éclat, la richesse et le bon goût des dorures; il a parfaitement exécuté son heureuse idée d'allier sur les tranches la peinture avec la dorure.

Il a pareillement fixé l'attention du public par ses ouvrages d'ébénisterie et de maroquinerie, par sa fabrication de couleurs, de cadres et de toiles pour la peinture. Les objets que ses ateliers ne confectionnent pas sont exécutés sur ses dessins et sous sa direction immédiate : l'élégance et la variété les caractérisent.

Par son influence sur le perfectionnement de beaucoup d'industries accessoires pour lui, mais spéciales pour d'autres fabricants, et par l'importance de ses travaux et de ses ventes, qui ne sont pas moindres d'un million par an, M. Giroux mérite la médaille d'argent.

MÉDAILLES DE BRONZE.

M. MULLER, à Paris, rue Coquenard, nº 24.

Ses reliures sont caractérisées par un grand luxe d'ornements; on lui doit quelques applications nouvelles de dorure sur le satin et le velours, avec des nuances d'or et de couleurs, assorties à la plus grande variété de dessins. Nous engageons cet artiste à ne pas prendre pour une perfection la surabondance des ornements, et nous récompensons son habileté par la médaille de bronze.

M. LESNÉ, professeur de reliure à l'institution royale des sourds-muets, à Paris.

Ses cartonnages dits conservateurs conservent en

effet complétement les livres jusqu'à leur reliure défini- tive, sans que la colle ou le papier d'assemblage des feuillets y laissent de traces, comme il arrive dans les cartonnages ordinaires. Ils sont très-solides : chaque cahier est cousu dans toute sa longueur sur une toile qui tient lieu de ficelle, et qui permet de supprimer la grecque, c'est-à-dire les entailles profondes faites à la scie sur le dos des livres pour y loger la ficelle. Dans la reliure définitive, la grecque est remplacée par la couture des cahiers sur des lacets de soie. Ce perfectionnement mérite la médaille de bronze.

M. JACOTIER, rue Saint-Antoine, n° 178.

Cet habile relieur s'est distingué par la découverte d'un procédé pour décalquer dans le même sens que l'original et sans le détériorer, toute gravure ou lithographie, quelle qu'en soit l'ancienneté. M. Jacotier n'applique ce procédé qu'à la reliure, qui peut en tirer grand parti; mais le jury conçoit des applications bien plus nombreuses et plus importantes qu'on peut en faire à d'autres industries; il décerne la médaille de bronze à cet artiste.

MENTIONS HONORABLES.

MM. MARY et TIREL, à Paris, rue des Vieux-Augustins, n° 61.

Leurs reliures sont élégantes et soignées. Ils ont fait disparaître les défauts qu'on reprochait aux reliures en velours, savoir : de donner trop d'épaisseur aux bords des livres et d'en déformer les coiffes. Par leurs procédés de gaufrage, ils peuvent les embellir de riches orne-ments, ce qu'on ne savait faire avant eux qu'en uni. Leurs gardes en maroquin, malgré l'application de la dorure, restent parfaitement planes. Enfin ils font les reliures ordinaires à meilleur marché que dans beaucoup d'autres ateliers.

M. BERTHE, à Paris, rue du Battoir-Saint-André-des-Arts, n° 2.

Pour ses reliures auxquelles il sait donner l'odeur aromatique du cuir de Russie, et surtout pour avoir enlevé aux Anglais le secret de moirer les tissus em-ployés au cartonnage des livres.

Mme veuve FRICHET, à Paris, rue Saint-Benoît, n° 19.

Reliures mobiles très-remarquables pour leur com-modité et leur simplicité. On peut y placer successive-ment les livraisons d'un ouvrage périodique sans dété-riorer les feuillets qui n'y sont que pressés; cela les rend très-utiles pour les bibliothèques publiques et les cabinets de lecture.

REGISTRES.

Depuis l'introduction en France des registres à dos élastiques et brisés, due à M. Cabany, la confection des registres est devenue un objet important qui fournit du travail à beaucoup d'ateliers.

Avec la couture opérée sur du ruban et par le moyen d'un dos solide qui se détache du volume, quand on ouvre le registre, il s'aplatit et permet d'écrire jusqu'au fond des pages; les dos sont parfois en tôle recouverte de papier et de peau, d'autrefois en carton très-épais moulé sur un mandrin.

MENTIONS HONORABLES.

M. CABANY, à Paris, rue Sainte-Avoie, n° 57.

Afin de réparer l'oubli des expositions précédentes, nous mentionnerons au premier rang M. Cabany, pour avoir, comme on vient de l'indiquer, importé chez nous la reliure à dos élastique et brisé.

M. ROBERT, à Paris, rue Saint-Martin, n° 138.

Il a perfectionné la couture des cahiers du registre sur des rubans préparés et très-rapprochés, qui rendent le point de couture fixe et s'opposent au glissement longitudinal des cahiers. Il a supprimé le point de chaînette qui, serrant les papiers en queue et en tête plus qu'au milieu, tend à déchirer le papier et à le rompre.

CITATIONS FAVORABLES.

M. BRUYER, à Paris, rue Saint-Martin, n° 259.

Il coud en même temps sur rubans piqués deux fois

et sur ficelles qui traversent les cartons comme dans les reliures ordinaires ; de là résulte plus de solidité.

M. MARION, à Paris, Cité-Bergère, n° 14.

Il joint à sa fabrique de registres des papiers glacés qu'il timbre au chiffre de l'acheteur : il fait aussi des cahiets très-élégants.

M. GACHE, à Paris, rue Michel-le-Comte, n° 27.

M. Gache confectionne et vend beaucoup de registres ; il construit aussi des presses.

M. ROUMESTAN, à Paris, rue Montmorency, n° 10.

Il fabrique de bons registres suivant l'ancienne manière.

PORTEFEUILLES ET ALBUMS.

MÉDAILLES DE BRONZE.

MM. HOLZBACHER frères, à Paris, rue Montmorency, n° 13.

Le jury décerne la médaille de bronze à MM. Holzbacher, pour la grande variété, l'élégance et la richesse de leurs albums et de leurs portefeuilles.

M. HUZARD, à Paris, rue de Grenelle-Saint-Honoré, n° 51.

M. Huzard expose des produits comparables en tout à ceux de MM. Holzbacher; il mérite la même récompense.

CITATIONS FAVORABLES.

M. LIOCHE, à Paris, rue Meslay, n° 14.

Pour la bonne confection de ses agendas et porte-feuilles.

M. LAINÉ, à Paris, rue Michel-le-Comte, n° 34.

Cartons de bureau bien exécutés, à des prix très-modérés.

PLUMES À ÉCRIRE.

CITATION FAVORABLE.

M. WEINEN, à Paris, rue Neuve-Saint-Marc, n° 10.

Plumes à écrire bien préparées et de belle apparence.

TAMPONS ÉLASTIQUES POUR TIMBRE.

CITATION FAVORABLE.

M. THIBAUDET, à Paris, rue Saint-Jacques, n° 25.

Ses tampons ne laissent rien à désirer ; le service en est facile. Le vernis qu'il a substitué à l'encre d'imprimerie sèche promptement et ne graisse pas les timbres comme cette encre. M. Thibaudet est chargé de la fourniture et de l'entretien des tampons du ministère de la guerre, où l'on est très-satisfait de leur emploi ; il fournit aussi la banque de France.

TAILLE-CRAYON.

CITATION FAVORABLE.

M. LAHASSUE, à Paris, Faubourg-Poissonnière, n° 1.

Les taille-crayons, dont M. Lahausse est inventeur, donnent beaucoup de facilité à faire la pointe des crayons sans la casser ; ils peuvent se porter dans la poche, leur forme étant celle d'un étui. Un autre avantage de cet instrument, c'est que la personne qui s'en sert ne risque pas de se salir les doigts comme dans la taille ordinaire des crayons. Cette petite invention mérite d'être citée avec éloge.

CADRES IMITANT LE BOIS.

CITATION FAVORABLE.

M. Frérot, à Paris, rue Saint-Honoré, n° 288.

Il a exposé des cadres recouverts de papiers enduits d'un vernis gras, lesquels imitent très-bien les divers bois dont on se sert aujourd'hui pour bordures. L'emploi qu'il fait de la lithographie afin de figurer de jolies incrustations en bois de différentes couleurs, et la modicité des prix, ajoutent encore au mérite de son industrie.

CHAPITRE XL.

ARTS DIVERS.

———

SECTION PREMIÈRE.

ANATOMIE CLASTIQUE (κλαστική), à pièces brisées.

———

MÉDAILLE D'OR.

M. le docteur AUZOU, à Paris, rue du Paon, n° 8.

L'étude de l'anatomie est un objet de dégoût pour la plupart des gens du monde, et le contact des cadavres, malsain pour tous, repousse les hommes que leur profession n'oblige pas à des dissections souvent dangereuses pour la santé de ceux qui les opèrent.

M. Auzou, pour les démonstrations des cours et des études isolées, remplace la nature même par une composition à la fois flexible et solide, qui reçoit et conserve les empreintes les plus délicates; il moule par subdivisions extrêmement nombreuses les diverses parties du

corps humain, qui, rassemblées comme une mosaïque
reproduisent l'homme complet.

Dans son ensemble, il présente le sujet anatomique
dépouillé de la peau et du tissu cellulaire; les muscles,
les cartilages, les nerfs, les vaisseaux sanguins apparais-
sent avec leurs formes, leurs couleurs et leurs positions
naturelles.

Pour l'examen en détail, chaque pièce, retenue par
deux goupilles, peut s'enlever et présenter isolément le
membre, l'organe, le viscère, le muscle que l'on désire
étudier. On ouvre à volonté, par le milieu, le cœur et le
cerveau, qui révèlent alors leur structure intérieure.

Les académies des sciences et de médecine ont donné
les plus grands éloges à cette admirable production, justement appréciée par les étrangers. En Angleterre, l'invention de M. Auzou a suffi pour faire révoquer, comme
inutile désormais, la loi qui défend la vente des cadavres
(*anatomy bill*), loi dont les effets désastreux avaient sus-
cité les crimes les plus atroces.

Le gouvernement français a fait placer de semblables
modèles dans tous les hopitaux militaires d'instruction
de première classe, dans plusieurs écoles de médecine
et jusque aux colonies. M. Auzou en a fabriqué pour
l'Angleterre, l'Égypte et l'Amérique.

Le rare avantage de cette invention, c'est la facilité
de multiplier les pièces par le moulage et de les reproduire constamment les mêmes: ce procédé permettra
de les livrer à des prix très-réduits. Aujourd'hui le modèle complet coûte 3,000 francs; M. Auzou pense pouvoir le livrer un jour à 1,200 francs.

On jugera combien se répandront avec rapidité les
connaissances d'anatomie par ce seul fait; les ouvriers

Médaille
d'or.

de M. Auzou, même les moins lettrés, sont tous en état de professer cette science. Un de ses élèves, pris à la campagne pour travailler à ces préparations, et qui savait à peine lire, est devenu en trois années un savant anatomiste : il réside au Caire et jouit comme tel d'une belle position; il n'a pas encore vingt ans.

Les modèles de M. Auzou permettront de faire entrer dans l'instruction générale les notions de l'anatomie, reléguées jusqu'ici parmi les spécialités de l'art de guérir.

Le jury décerne à M. Auzou la récompense du premier ordre.

YEUX ARTIFICIELS.

MÉDAILLE DE BRONZE.

Médaille
de bronze.

M. NOËL, à Paris, rue du Temple, n° 101.

M. Noël fait des yeux artificiels extrêmement remarquables. Il fournit depuis vingt ans les collections du muséum d'histoire naturelle. Il forme une collection précieuse, qui représentera toutes les maladies des yeux, et qui sera beaucoup plus durable que les imitations en cire, que détériorent la poussière et les variations de la température. Il est inventeur d'yeux en émail qui portent leurs paupières et remplacent les paupières naturelles lorsqu'elles ont été détruites. Cet artiste est digne de la médaille de bronze.

BIBERONS.

MÉDAILLE DE BRONZE.

Mme BRETON, à Paris, rue du Faubourg-Montmartre, n° 24.

Médaille
de bronze.

Elle est toujours digne de la médaille de bronze qu'elle a reçue en 1827, pour ses biberons artificiels qu'elle a perfectionnés depuis cette époque.

MENTION HONORABLE.

M. DARBO, à Paris, passage Choiseul, n° 86.

Mention
honorable.

Dans les biberons de M. Darbo, l'allaitement s'opère à travers une tige de bambou enveloppée d'un mamelon de liége ; l'air extérieur est introduit dans le biberon par une autre tige de bambou, lors de la succion, sans que cela fatigue les poumons de l'enfant. On supprime ici l'ouverture latérale qu'ont les autres biberons, pour accélérer ou retarder par l'application du doigt l'écoulement du liquide.

POMPE LARINGIENNE.

MÉDAILLE DE BRONZE.

Mme veuve RONDET, sage-femme, à Paris, rue Beaubourg, n° 52.

Médaille
de bronze.

On lui doit une pompe pour insuffler l'air dans les

poumons des enfants qui naissent asphyxiés par une cause quelconque. L'académie a jugé cette pompe préférable à celle du docteur Chaussier. Elle a présenté des pessaires en caoutchou de formes très-variées, parfaitement appropriés à leur destination. Ces pessaires sont approuvés par la société de médecine pratique.

Mme veuve Rodet est digne de recevoir la médaille de bronze.

APPAREILS GYMNASTIQUES.

MÉDAILLE DE BRONZE.

M. le colonel AMOROS, à Paris.

L'esprit d'invention qui caractérise les appareils gymnastiques de M. Amoros, si zélé pour ce genre d'exercice qu'il popularise en France, lui fait décerner par le jury central une médaille de bronze.

SECTION II.

OBJETS DE TOILETTE.

COIFFURE.

MENTION HONORABLE.

MM. NORMANDIN frères, à Paris, rue Neuve-des-Petits-Champs, passage des Pavillons.

Le commerce des cheveux destinés à des coiffures

de rapport ou postiches est beaucoup plus considérable qu'on ne le suppose. MM. Normandin ont fait voir dans un mémoire fort intéressant, qu'à Paris seulement la valeur des cheveux ainsi livrés au commerce s'élève à 3 millions de francs. On leur doit des perfectionnements ingénieux dans la préparation des coiffures artificielles.

CITATIONS FAVORABLES.

M. MAILLY, à Paris, rue Saint-Martin,
   n° 149.

Pour un procédé très-habile servant à fabriquer simul-tanément deux faux toupets dits *implantés*.

M REGNIER, à Paris, galerie Véro-Dodat,
   n° 6.

Inventeur d'une coiffe dont le tissu, moins épais qu'à l'ordinaire, permet plus aisément la transpiration et se confectionne en même temps que la perruque.

M. CROIZAT, à Paris, rue de l'Odéon,
   n° 33.

Perruques qu'il appelle *divisibles*, qu'on démonte aisément et qui varient de formes suivant les rôles des artistes dramatiques.

M. PARIS, à Paris, passage Choiseul,
   n° 25.

Pour des perruques dont le tissu fait en crin laisse voir la peau de la tête.

PEIGNES D'ÉCAILLE, DE CORNE ET DE MÉTAL.

Depuis 1827 la fabrication des peignes d'écaille ou de corne a quintuplé, quoiqu'en France leur usage soit devenu beaucoup moins commun. Mais nos envois à l'étranger, et surtout dans l'Amérique méridionale, de peignes d'une énorme dimension s'est considérablement accru. L'Angleterre reconnaît à tel point notre supériorité pour ce genre de produits, qu'on lit fréquemment à Londres sur les façades des boutiques : *French combs' magazine ;* et les mots *french comb* sont imprimés sur les produits anglais, afin de leur donner, s'il se peut, une vogue française.

MÉDAILLE D'ARGENT.

Médaille d'argent.

M. Hénon fils aîné, à Paris, rue Chapon, n° 5.

C'est surtout à M. Hénon qu'on doit la grande extension de cette branche d'industrie. Il doit ses succès à sa rare habileté pour mouler l'écaille et la corne sous mille formes variées; il donne si parfaitement à cette dernière substance l'aspect de l'écaille, qu'elle trompe l'œil même des connaisseurs. Ses dessins, fort élégants, sont variés à l'infini; ses coupures ont une grande délicatesse, et ses incrustations sont d'une précision remarquable. M. Hénon l'aîné vend aujourd'hui pour 600,000 francs de produits.

Il obtint en 1823 la mention honorable, en 1827 la médaille de bronze; il mérite aujourd'hui la médaille d'argent.

MÉDAILLES DE BRONZE.

M. HÉNON jeune, à Paris, rue Saint-Denis, n° 179.

Médailles
de bronze.

Il suit de près les traces de son frère. On doit surtout remarquer ses moyens d'économiser la matière première, en alliant avec adresse l'écaille, la corne, les ergots de bœuf et le sabot du cheval. Avec ces mélanges il fabrique des peignes dont la ressemblance avec ceux d'écaille pure est parfaite, et qu'il vend moitié moins cher. M. Hénon jeune, semble ne le céder à son frère que pour l'importance de son établissement qui est beaucoup moindre. Le jury lui décerne la médaille de bronze.

M. GUILBERT, à Paris, rue Saint-Martin, n° 14.

Ses peignes d'écaille, d'une grande richesse, sont ornés d'incrustations en nacre et de camées très-élégants. Par ses procédés, l'écaille moulée devient moins fragile, et ses reliefs obtiennent plus de variété. Il mérite la même récompense que M. Hénon jeune.

MENTIONS HONORABLES.

M. BRET, à Paris, rue Grénetat, n° 16.

Mentions
honorables.

Ses peignes incrustés d'or et d'ivoire sont faits avec un goût et un talent remarquables.

M. POINSIGNON, à Paris, rue de Bondy, n° 176.

Les imitations de M. Poinsignon surpassent la véritable écaille pour la beauté de la couleur.

CITATIONS FAVORABLES.

M. COIRET, à Paris, rue de la Grande-Truanderie, n° 43.

Peignes de toute espèce, faits en métal de sa composition et recouverts d'un émail imitant assez bien l'écaille.

Ces peignes, de fabrication toute récente, sont si légers et si flexibles, que leur usage ne peut pas être plus dangereux que celui de la corne et de l'écaille. Il en fabrique, à la mécanique, de deux à trois mille par jour.

CORSETS.

La plupart des corsets exposés ont pour objet principal de donner aux femmes ce qu'on est convenu d'appeler une taille élégante. Presque tous les exposants, persuadés qu'il suffisait pour la santé, que la poitrine ne fût pas écrasée sous la pression du lacet, ont attesté le soin qu'ils prennent pour que leurs corsets ne serrent que la taille, sans réfléchir que ce moyen, s'il prédispose moins à la phthisie, provoque infailliblement ces gastrites sous l'atteinte desquelles on voit de nos jours tant de jeunes personnes languir et succomber.

Par exception, quelques fabricants ont sérieusement envisagé la question hygiénique, et si le problème d'un corset sans danger n'est pas définitivement résolu, les inconvénients qu'entraîne d'ordinaire l'usage de ce vêtement sont devenus beaucoup moins graves. Le jury n'accorde ses récompenses qu'aux efforts dirigés vers ce but éminemment utile.

MÉDAILLE DE BRONZE.

MM. Josselin-Pousse et compagnie, à Paris, rue Bourbon-Villeneuve, n° 28.

Médaille
de bronze.

Ils ont présenté plusieurs espèces de corsets, dans l'intention de soustraire instantanément une femme à la pression du lacet, lorsqu'elle se trouve incommodée. Ils obtiennent ce résultat au moyen de trois mécanismes ingénieux pour lesquels ils sont brevetés : leurs corsets, malgré les avantages qu'ils présentent, sont encore à meilleur marché que la plupart de ceux des autres fabricants.

M. Josselin est de plus inventeur d'une boucle qui maintient la ceinture avec beaucoup de force, sans employer d'ardillons et sans fatiguer le tissu. Cette boucle très-simple peut recevoir toutes les formes adoptées par la mode. Le jury décerne à M. Josselin la médaille de bronze pour ses ingénieuses innovations.

MENTIONS HONORABLES.

M. Werly, à Bar-le-Duc (Meuse).

Mentions
honorables.

Il fait à la mécanique des corsets sans couture; son

établissement occupe 25 ouvriers ; ses produits trouvent des débouchés en France, en Angleterre, en Suisse et dans les pays voisins du Rhin.

M. Werly vend ses corsets de 120 à 192 francs la douzaine avec baleines, et de 92 à 132 francs la douzaine sans baleines.

M. BERGERON, à Paris, passage du Grand-Cerf, n°s 44 et 45.

Corsets en tissu de gomme élastique, dont il serait à désirer que l'usage se répandît. La fabrication des corsets n'est qu'une très-petite partie de l'industrie de M. Bergeron, qui se livre avec beaucop de succès à l'orthopédie.

Mlle AIMABLE, à Paris, rue Neuve-des-Petits-Champs, n° 55.

Mlle Aimable a traité la question des corsets sous son véritable point de vue ; elle s'est proposé, elle a résolu le problème difficile d'une juxta-position complète du corset sur le corps avant la moindre traction possible du lacet. Par ce moyen, la pression totale se trouvant également répartie sur tous les points, aucune portion du corps n'est plus comprimée qu'une autre.

Ce genre de mérite, que les médecins apprécieront peut-être plus que les dames, doit être honorablement signalé par le jury.

Mme MOREL, à Paris, rue Neuve-Saint-Roch, n° 20.

Mme Morel prend sa place parmi les fabricants de cor-

sets hygiéniques par son corset pour femmes enceintes.
Au moyen de lacets placés sur les côtés du ventre et sur
la gorge, il peut s'agrandir suivant les progrès de la
grossesse; il se desserre avec facilité dans un moment
d'oppression. Mais c'est une question de savoir si l'usage
d'un corset ne devrait pas être entièrement supprimé
pendant la grossesse?

Mme Morel occupe 14 ouvrières; elle possède une très-
nombreuse clientelle en France et dans l'étranger; ses
ouvrages sont exécutés avec soin, avec intelligence. Voilà
ses titres à la mention honorable.

Mme ROCHE, à Paris, rue Choiseul, n° 8;

Mme RÉGNAULT, à Paris, rue du Marché-Saint-Honoré, n° 4.

Elles rivalisent toutes deux avec madame Morel pour
le fini du travail et l'élégance des formes de leurs
corsets.

COLS.

RAPPEL DE MÉDAILLE D'ARGENT.

M. WALKER, à Paris, rue Richelieu, n° 88.

M. Walker s'est livré avec le plus grand soin à la
fabrication des cols, des bretelles, des jarretières, etc.,

Rappel
de médaille
d'argent. succès qui lui valut en 1823 la médaille d'argent, rappelée en 1827. Il continue de mériter la même récompense.

MENTIONS HONORABLES.

Mentions
honorables. ## M. DEMARNE, à Paris, place des Victoires, n° 3.

Ses coussins de cravates sont d'une excellente confection : par des procédés particuliers, il fait prendre à ses cols brisés la forme du cou. Sa fabrique occupe 80 personnes.

M. TRIBOULET, à Paris, passage Vivienne, n° 44.

Cols-gilet d'une combinaison ingénieuse, cols de toute espèce et de formes très-diverses.

CITATIONS FAVORABLES.

Citations
favorables. ## Mlle LESOÜEF DE PÉTIGNY, à Paris, rue Neuve des Petits-Champs, n° 8.

On lui doit les cols-cravates en poil de sanglier; elle les confectionne très-bien.

M. BRUNE, à Paris, rue de Valois, n° 28;

M. MAYER, à Paris, passage Choiseul, n° 30.

Pour des cols du même genre que ceux Mlle Lesoüef.

BRETELLES ET JARRETIÈRES.

MÉDAILLE DE BRONZE.

M. FLAMET, à Paris, rue des Arcis, n° 25.

M. Flamet a présenté des bretelles et des jarretières élastiques sans coutures, fabriquées au métier, et dont la doublure se fait en même temps que le tissu. La fabrique de M. Flamet est importante et mérite d'être encouragée; le jury lui décerne la médaille de bronze.

Médaille de bronze.

MENTION HONORABLE.

M. VOLAND, à Paris, rue Traversière-Saint-Honoré, n° 33.

Bas lacés faits en tissu de fil de gomme élastique; genouillères applicables aux maladies de la rotule; bas lacés en peau de chien, pour la guérison des varices. M. Voland exécute avec habileté les guêtres ordinaires et les guêtres de luxe.

Mention honorable.

CITATION FAVORABLE.

M. PERNOT, à Paris, rue Neuve-des-Petits-Champs, n° 82.

M. Pernot excelle à confectionner les guêtres pour dames.

Citation favorable.

30.

BOURRELETS.

CITATION FAVORABLE.

Mlle FOURNIER, à Paris, rue Poissonnière, n° 29.

Mlle Fournier fabrique annuellement quatre ou cinq mille bourrelets en baleine, véritable perfectionnement des épais et lourds *fronteaux* d'autrefois.

BOUTONS.

MENTION HONORABLE.

M. J.-B. LAURENT, à Paris, rue Saint-Denis, n° 204.

Boutons à queue flexible dont le dessus est en étoffe dite *lasting*; ils sont d'un excellent usage : l'étoffe et la queue s'assemblent en même temps. M. Laurent occupe 40 ouvriers dans ses ateliers et 50 au dehors; sa production annuelle s'élève à 250,000 francs.

CITATIONS FAVORABLES.

M. JANIN, à Paris, passage de la Trinité, n° 77 et 79.

Clous dorés et boutons en cuir, exécutés par des moyens mécaniques. Les boutons en cuir, pour lesquels

M. Janin a pris un brevet d'invention, se font remarquer par des couleurs très-solides et des dessins variés. Ils ne coûtent que 3 à 9 francs la grosse.

M. Deleuze, à Paris, rue Phelipeaux, n° 11.

Boutons pour chemises, qui se ferment par une simple pression et se placent à la hauteur qu'on désire, sans boutonnière et sans traverser le tissu.

AGRAFES POUR ROBES DE FEMME.

MENTION HONORABLE.

M. Hoyau, à Paris, rue Saint-Martin, n° 120.

On doit à M. Hoyau des agrafes pour robes de femme, exécutées parfaitement à la mécanique (voyez le chapitre XXVIII des machines à vapeur, médailles de bronze).

ŒILLETS MÉTALLIQUES.

MENTION HONORABLE.

M. Daudé, à Paris, rue des Arcis ; n° 22.

Les œillets métalliques de M. Daudé remplacent très-avantageusement pour les corsets et les guêtres lacées, les œillets faits à la main. Les premiers facilitent singulièrement le passage du lacet et ménagent l'étoffe ; on les introduit dans celle-ci sans déchirure au moyen d'un poinçon qui ne fait qu'écarter les fils ; un mécanisme simple les assujettit de chaque côté du tissu. Cette utile invention est aujourd'hui généralement adoptée, quoique l'application en soit souvent déguisée et grossièrement contrefaite.

FILIFÈRES ET LACETS FERRÉS À LA MÉCANIQUE.

CITATIONS FAVORABLES.

Mme veuve PETIT, à Paris, rue Bourbon-Villeneuve, n° 29.

Mme veuve Petit est inventeur d'un petit instrument nommé *filifère*, avec lequel une personne ayant la vue basse peut aisément enfiler les aiguilles les plus fines. Une invention si commode mérite une citation.

M. LAMBERT, à Paris, rue Saint-Denis, n° 144.

La même récompense est due à M. Lambert pour ses lacets ferrés à la mécanique ; ils sont de la plus grande solidité.

ÉVENTAILS.

MÉDAILLE DE BRONZE.

Mme veuve DUPRÉ et compagnie, à Paris, rue Quincampoix, n° 63.

Ses éventails de divers genres sont d'un goût parfait

et se font remarquer par l'extrême délicatesse du travail; Mention honorable. quelques-uns sont recouverts d'une espèce de marqueterie d'écaille, d'ivoire et de nacre dite *burgos*, de manière à former de jolis dessins. Des écrans de formes très-variées et d'un excellent goût faisaient aussi partie de l'exposition de Mme Dupré; on remarquait surtout un paon en fonte de fer, dont la queue faisant écran, se déployait et se reployait à volonté par le moyen d'un mécanisme fort ingénieux.

Les éventails de luxe ne sont pas les seuls que fabrique Mme Dupré; elle en confectionne qui peuvent être livrés au consommateur à *cinq* centimes la pièce. Sa fabrique procure du travail à 400 individus; sa vente annuelle est de 200,000 fr.; elle expédie au Mexique, au Brésil, en Portugal, en Espagne, en Italie, et fournit tout le midi de la France. Le jury lui décerne la médaille de bronze.

SECTION III.

USTENSILES DE MÉNAGE, OBJETS D'UTILITÉ DOMESTIQUE.

GARDE-ROBES ET SIÈGES INODORES.

MENTION D'ENSEMBLE.

M. Ch. DEROSNE, à Paris, rue des Batailles, n° 7.

Mention d'ensemble.

M. Derosne est inventeur d'un procédé qui ne tendrait pas moins qu'à supprimer toute espèce de garderobes et même les fosses d'aisance.

Ce célèbre industriel reçoit la médaille d'or pour l'engrais qu'il prépare. Son engrais n'est autre chose que la partie solide des déjections humaines, concretées, et désinfectées instantanément au moyen d'un peu de charbon de Ménat en poudre, qu'on jette dessus.

Son procédé nécessite la séparation immédiate des deux matières, l'une liquide et l'autre solide. Pour cet effet, M. Derosne propose une nouvelle forme de siège qui n'est au surplus qu'un accessoire de son système.

La simplicité et la réussite infaillible de ce moyen de désinfection devant déterminer tôt ou tard l'abandon des appareils déjectoires actuels, on pourrait en conclure qu'il est inutile de penser à l'amélioration de ces derniers. Mais attendu qu'une innovation, quelques avantages qu'elle assure, n'est jamais immédiatement adoptée, et qu'on sera longtemps encore obligé de suivre d'anciennes routines, nous allons indiquer ce qu'il y avait de plus remarquable en ce genre à l'exposition.

MENTIONS HONORABLES.

M. TIREMARCHE, à Paris, rue Saint-Honoré, n° 357.

Pour sa garde-robe à réservoir latéral, une mention honorable lui fut décerné par le jury de 1827.

M. DALMONT, architecte, à Paris, rue Neuve-des-Mathurins, n° 44.

Garde-robe très-ingénieusement construite et d'un prix modéré, dans laquelle les matières liquides et solides sont immédiatement séparées et se rendent dans deux réservoirs distincts; il en résulte que la vidange des fosses est bien moins souvent nécessaire. Un robinet d'injection qui fonctionne en temps utile, et dont l'eau descend dans le réservoir aux liquides, donne le moyen d'entretenir l'appareil constamment propre.

Mentions honorables.

M. Durand, à Paris, rue Saint-Nicolas d'Antin, n° 24.

La simplicité, la solidité sont un avantage très-désirable pour les garde-robes. Celles de M. Durand possèdent ces qualités. Elles ont une seconde fermeture, opérée par un tuyau légèrement coudé, qui retient de l'eau d'injection en quantité suffisante pour fermer tout passage de retour aux gaz méphitiques.

M. Pechinai, à Paris, rue des Messageries, n° 21.

Garde-robe qui fonctionne d'elle-même, par le poids du corps, soit pour l'ouverture de la cuvette, soit pour l'injection de l'eau de lavage. Cet appareil, qu'on pourrait croire compliqué, est aussi simple que solide ; c'est le moins cher de tous ceux du même genre qui figurent à l'exposition.

CITATION FAVORABLE.

M. Averty, à Paris, rue Neuve-des-Mathurins, n° 10.

Citation favorable.

Pour ses garde-robes à réservoir latéral, dont l'eau est projetée dans la cuvette par un mécanisme ingénieux.

CUVETTES INODORES.

MENTION HONORABLE.

M. PARBIZOT, à Paris, rue Neuve-des-Poirées, n° 4.

Modèle de cuvette pour la descente des eaux ménagères, destinée à remplacer les plombs dont l'effet est si désagréable à la vue et plus encore à l'odorat.

Cette cuvette est mobile; elle se loge dans l'épaisseur du mur et n'offre aucune saillie; on peut sans inconvénient l'établir dans une cuisine ou même dans une chambre. Elle est si bien disposée qu'elle intercepte les mauvaises odeurs qui pourraient se répandre dans l'appartement, lorsqu'on a vidé des eaux sales.

FONTAINES FILTRANTES.

MENTION HONORABLE.

M. DUCOMMUN, à Paris, boulevart Poissonnière, n° 6.

Divers filtres-charbon, qui présentent de bonnes dispositions; et dont l'effet est constaté. Son établissement est fort considérable.

CITATION FAVORABLE.

M. LELOGEAY, à Paris, rue Neuve-Saint-Étienne, n° 16.

Fontaine où la filtration se fait de bas en haut. Par ce moyen le dépôt des eaux filtrées ne peut encrasser la pierre filtrante, inconvénient du système ordinaire. Le nettoyage de ces fontaines se fait fort aisément.

GLACIÈRE PORTATIVE, CONSERVATEUR DE COMESTIBLES, FONTAINE À RAFRAÎCHIR.

CITATION FAVORABLE.

Mme CARRÉ D'HAROUVILLE, à Paris, Faubourg-Montmartre, n° 13.

De ces trois appareils, deux ont été mis près d'un mois en expérience dans les plus fortes chaleurs du mois de juin. La glacière a parfaitement conservé sa glace, et des aliments de diverses espèces se sont maintenus sans altération dans le *conservateur des aliments* pendant plus de huit jours. C'est rendre service au public que de lui signaler les produits de Mme Carré d'Harouville.

CHAUFFE-PIEDS, BASSINOIRES ET BAINS DE PIEDS.

CITATIONS FAVORABLES.

M. FAYARD, à Paris, rue Montholon,
n° 18.

Bassinoire à l'eau bouillante, dont le manche rentre
dans le corps de l'appareil, et qui peut alors servir de
chaufferette ou de moine. Cette invention était trop utile
pour n'être pas copiée; aussi l'a-t-elle été presque immédiatement, malgré le brevet dont l'auteur s'était pourvu.

M. PETIT, à Paris, rue de la Juiverie,
n° 3.

Thermopode ou bain de pieds; il présente cet avantage que les pieds n'y sont jamais saisis, attendu que l'eau
chaude qu'on verse par le côté, ne se mêle à l'eau tiède
qu'après avoir en remontant passé par un double fond
qui la subdivise et la répartit également dans toute la
masse du liquide.

M. CHEVALIER, à Paris, rue Montmartre,
n° 140.

Bassinoires cylindriques; calorifère portatif pour salle
à manger.

OBJETS EN CUIR IMPERMÉABLE.

CITATION FAVORABLE.

M. MICOUD, à Paris, rue Saint-Martin, n° 291.

Il a présenté divers objets en cuir imperméable, entre autres des bouteilles dans lesquelles étaient renfermés de l'alcool, de l'eau et de l'huile. Ces vases avaient une odeur forte que M. Micoud prétend pouvoir enlever, mais ce n'est qu'une assertion dont nous ne pouvons apporter la preuve. Ce qui nous a paru réellement utile dans les produits de M. Micoud, c'est une chaufferette en cuir imperméable qu'il nomme *hydrocalorique;* elle a soutenu des épreuves répétées pendant plus de 15 jours. L'eau bouillante introduite dans cette chaufferette y conserve très-longtemps sa chaleur; c'est un meuble fort commode pour les voyageurs; en le reployant il peut se placer dans la poche.

CAPSULES POUR BOUCHER LES BOUTEILLES.

MENTION HONORABLE.

M. DUPRÉ, à Paris, rue Cassette, n° 22.

Capsules en plomb pour remplacer le goudron, la ficelle et le fil de fer, dans le bouchage des bouteilles; appareils pour assujettir ces capsules.

Quelques doutes s'étant élevés sur la résistance qu'opposeraient les capsules à la pression des gaz contenus, soit dans le vin de Champagne, soit dans les eaux gazeuses, des épreuves opérées par le jury central ont constaté qu'elles peuvent supporter une pression de sept atmosphères.

MM. Planche-Boullay et Boudet, directeurs de la fabrique d'eaux minérales du Gros-Caillou, font usage des capsules de M. Dupré; jamais ils ne les ont vues céder à la pression du gaz qui très-souvent brise les bouteilles sans que la capsule soit dérangée. L'économie de temps que procure l'emploi de ce procédé l'a fait adopter dans beaucoup de contrées.

VIDE-CHAMPAGNE.

CITATION FAVORABLE

M. Deleuze, à Paris, rue Phelipeaux, n° 11.

Appareil ingénieux qu'il nomme *vide-champagne*, pour servir le vin de Champagne et les eaux gazeuses sans en rien perdre. C'est une espèce de tire-bouchon, dont la tige creuse communique avec le manche également creux, au moyen d'un robinet facile à ouvrir et à fermer de la même main qui tient la bouteille.

PRÉPARATION DU CAFÉ.

MENTION HONORABLE.

La compagnie des Iles, à Paris, allée des Veuves, n° 13.

Elle a présenté : 1° des échantillons de café préparé

et qu'il suffit de chauffer pour qu'il soit bon à prendre ; 2° des échantillons d'essence de Moka dont une fort-petite quantité unie à l'eau bouillante produit de très-bon café ; 3° du sirop de Moka qui donne un excellent café tout sucré. Ses procédés de préparation dont nous avons pris connaissance garantissent la bonne qualité de ses produits, ainsi que la conservation de l'arôme du café, même pendant la torréfaction qui s'exécute par des procédés particuliers. Déjà beaucoup de limonadiers et de particuliers se fournissent à cet établissement, dont les produits se recommandent par leur excellente qualité jointe à des prix modérés.

COFFRERIE ET SELLERIE.

MÉDAILLE DE BRONZE.

M. BATTANDIER, à Paris, quai Voltaire, n° 5.

Cité dès 1827 pour sa malle à soufflet, il a présenté plusieurs malles confectionnées soigneusement avec des dispositions très-commodes pour les voyageurs dont les effets se trouvent répartis dans plusieurs cavités distinctes, et sont toujours à la disposition du propriétaire, sans qu'il ait besoin de rien déranger. Les objets de sellerie et de harnais qu'il a présentés sont parfaitement exécutés, et son établissement prend de jour en jour plus d'importance. Le jury lui décerne la médaille de bronze.

CITATIONS FAVORABLES.

M. FANON, à Paris, rue Montmartre, n° 172.

Boîtes d'emballage à champignon mécanique pour chapeaux de femmes ; ces boîtes remplissent parfaitement leur objet.

M. BOUTROUX, à Paris, rue de la Harpe, n° 58.

Boîtes à chapeaux et à shakos pour officiers, servant en même temps de nécessaires ; rouleau de sac pour la garde nationale, fermant à secret et pouvant tenir un flacon et un verre !

CRIBLES.

CITATION FAVORABLE.

M. FONTENELLE, à Avon (Seine-et-Marne).

Voici le résultat de l'essai comparatif que le jury de Seine-et-Marne a fait des cribles en laiton avec ceux de peau. Avec chaque espèce de crible on a criblé dix hectolitres de blé.

1° Avec le crible métallique, il a fallu deux heures trois quarts ; déchet, 50 litres.

2° Avec le crible ordinaire, trois heures ; déchet, 60 litres.

Par un temps très-sec, la différence est peu sensible, mais elle l'est davantage par un temps humide. Le crible métallique est toujours le même ; au contraire celui de peau s'amollit, la poussière s'y attache et le grain se nettoie moins bien. Le premier se conserve lorsqu'il ne sert pas, l'autre se casse dans les temps secs et se pourrit à l'humidité. Prix des cribles métalliques, 12 fr. en fer, et 15 fr. en laiton. M. Fontenelle a monté un métier pour faire les tissus métalliques avec lesquels il confectionne ses cribles. Le jury le cite favorablement.

PLUMEAUX.

CITATION FAVORABLE.

M. LODDÉ, à Paris, rue Sainte-Avoie, n° 40.

Les plumeaux qu'il a présentés et pour lesquels il est breveté d'invention se démontent en trois pièces : ils conservent toujours leur forme.

En 1833, M. Loddé a fabriqué et livré 5,760 douzaines de plumeaux de toute espèce ; le produit de ses ventes varie de 90 à 100 mille francs par an.

PARAPLUIES.

On porte à 200,000 le nombre de parapluies qui se fabriquent annuellement à Paris ; à 15 fr. pièce, valeur moyenne, c'est un produit de trois millions.

MENTIONS HONORABLES.

MM. CIRMINÉ et CUVAROC, à Paris, rue Damiette, n° 2.

Ils ont amélioré beaucoup le mécanisme des parapluies. Leur production annuelle est considérable ; ils occupent quatre-vingts ouvriers.

M. MAROT, à Paris, rue Saint-Denis, n° 331.

Les parapluies de M. Marot offrent aussi plusieurs perfectionnements remarquables ; ils sont d'une construction élégante et solide.

CITATION FAVORABLE.

M. ROBOUAM, à Paris, rue de Grenelle-Saint-Honoré, n° 33.

Parapluie-canne qu'il nomme *polybranche*, et dont le taffetas s'enlève à volonté pour transformer en canne le parapluie.

INSTRUMENTS DE PÊCHE ET DE CHASSE.

MENTIONS HONORABLES.

M. KRESZ, à Paris, quai de la Mégisserie, n° 34.

Il n'est aucune fabrique en France où l'on exécute

mieux ces instruments; aucun magasin où l'on trouve un assortiment plus complet d'ustensiles pour la pêche. Les prix de M. Kresz sont de 40 pour cent au-dessous des tarifs anglais. La moitié de ses produits s'écoule en Amérique. M. Kresz, honorablement mentionné dès 1827, mérite de l'être une nouvelle fois.

M. JOLY, fils aîné, à Saint-Servan (Ille-et-Vilaine).

Ce fabricant d'instruments de pêche mérite la même distinction. Son établissement occupe cent soixante-dix ouvriers, dont soixante-dix pour faire les cordages et cent pour tisser les filets. Il fournit beaucoup aux armateurs, pour la pêche de la morue à Terre-Neuve, et pour celle de la baleine dans les mers du Nord.

CITATION FAVORABLE.

M. DÉLOGE-MONTIGNAC, à Paris, rue Saint-Honoré, n° 414.

Établi depuis dix-huit mois, il s'est déjà fait connaître avec avantage par l'exécution soignée de ses ustensiles de pêche.

SECTION IV.

CUIVRES ESTAMPÉS ET VERNIS.

Un art qu'on peut appeler nouveau, puisqu'il ne date que de trois ou quatre ans, apparaît cette année à l'exposition : c'est l'imitation de l'or bruni ou mat, au moyen d'un vernis plus solide même que la dorure.

En 1818, M. Mérimée rapporta d'Angleterre une patère en cuivre verni, avec des ornements d'un grand relief. M. Darcet analysa le cuivre de la patère que l'on croyait dorée; cette analyse n'indiqua pas la présence d'un seul atome d'or. Persuadé que la couleur d'or n'était due qu'à un vernis appliqué sur du laiton bien décapé, le savant chimiste entreprit de l'imiter et réussit. La composition de vernis, donnée par M. Gillet de Laumont, est décrite dans le Bulletin de la société d'encouragement. Il est possible que la publication de ces expériences ait fructifié dans quelques ateliers, mais c'était à l'insu du public.

La difficulté n'est pas dans la composition du vernis; elle est dans la préparation à donner au métal pour le recevoir, et dans la qualité du cuivre ou de l'alliage propre à cet emploi. L'art d'imiter la dorure est important par l'application qu'on en a fait, depuis trois ou quatre années, aux ornements en cuivre estampé pour appartements. Ce qu'on doit remarquer, c'est le perfectionnement de l'estampage même, c'est enfin la possibilité de remplacer par la réunion de ces deux moyens, la dorure sur bois. Il en résulte un triple avantage, de solidité, d'économie et de fini dans les ornements. On fait maintenant par le procédé de l'estampage, et d'une seule pièce, des objets pour décors ayant les plus grandes dimensions. Il est facile d'entrevoir l'extension considérable que pourra prendre cette industrie, secondée par le talent et le bon goût de nos artistes.

Le nombre des fabricants d'estampés est doublé depuis 1830. Quatre d'entre eux se sont présentés à l'exposition.

MÉDAILLES D'ARGENT.

M. LECOQ, à Paris, rue Saint-Antoine, n° 65.

M. Lecoq est chef d'une fabrique dont les moyens de production se composent de quatre moutons, de cinq cents modèles différents, estimés environ 70,000 fr., et de soixante-dix à soixante-quinze ouvriers, recevant par année 85,000 fr. Sa vente annuelle est de 150,000 fr. M. Lecoq a beaucoup de goût; on en voit la preuve dans les collections d'estampés qu'il a présentées à l'exposition. Au témoignage de ses rivaux mêmes, sa fabrication est la plus considérable, et cette branche d'industrie lui doit ses principaux progrès. Le jury lui donne la médaille d'argent.

M. BUGNOT, à Paris, rue de la Perle, n° 14.

Patères, rosaces, agrafes de rideaux, etc., ornements de plafond d'une dimension considérable et d'un relief très-prononcé. M. Bugnot est réputé le plus habile de nos ouvriers en ce genre; il possède un établissement déjà ancien, assez important, et qu'il dirige avec une grande intelligence. Le montant annuel de ses ventes est de 90 à 100,000 fr.

MÉDAILLE DE BRONZE.

M. PINSONNIÈRE, à Paris, rue Vivienne n° 4.

Ornements en cuivre estampé, en cuivre fondu et en

Médaille de bronze.

bois doré. Ses estampés sont remarquables par l'éclat du vernis qui les recouvre. Il mérite la médaille de bronze.

MENTION HONORABLE.

Mention honorable.

M. Blève, à Paris, rue du Temple, n° 59.

Il a présenté, 1° divers objets estampés et vernis; une porte à glaces en bronze florentin, embellie par cette sorte d'ornements; 2° elle produit un très-bon effet.

TABATIÈRES EN CARTON ET TÔLES VERNIES.

Les tabatières sont en France l'objet d'un commerce et d'une industrie considérables. Mais jusqu'à présent nos fabricants s'étaient bornés à fabriquer les tabatières communes, laissant le monopole des tabatières fines aux villes de l'Allemagne, à Brunswick surtout, dont la manufacture prend le titre de royale, et tirait annuellement de notre pays de très-fortes sommes, par l'importation de cette dernière sorte de tabatières.

L'exposition de 1834 a révélé qu'à cet égard nous ne craignons plus la rivalité des étrangers. Loin de là, par le bon marché, par l'excellente qualité de nos produits, nous avons pris la place de nos anciens rivaux, qui maintenant se fournissent chez nous des articles que nous leurs achetions autrefois.

MÉDAILLE DE BRONZE.

M. FONTAINE-PERRIER, à Paris, rue Grenétat, n° 2.

Les résultats que nous venons de signaler sont dus en grande partie aux efforts constants de M. Fontaine-Perrier, qui dirigeait en 1827 la maison Devalois, mentionnée honorablement à cette époque. Depuis, il a singulièrement amélioré ses procédés de fabrication ; ses cartons vernis offrent un degré de perfection inconnu jusqu'à lui. En 1827 la maison Devalois n'exposait que des tabatières. Aujourd'hui M. Fontaine-Perrier fabrique une foule d'objets auxquels le carton ne semblait nullement applicable : des tasses, des gobelets, des encriers, des manches de couteaux, des nécessaires d'hommes et de femmes, des services de dessert, etc. Ses produits sont enrichis par des ornements de bon goût.

Le carton qu'il emploie résiste sans se gercer à toutes les influences atmosphériques, à l'épreuve réitérée de l'eau bouillante, du café bouillant, etc. Dans ces épreuves répétées par le jury, le vernis a conservé son éclat. De tous les vernis présentés à l'exposition, celui de M. Fontaine a paru le plus solide. Plusieurs objets assez lourds que nous avons jetés sur le pavé avec une certaine force, ont résisté parfaitement au choc.

Un autre article dont la fabrication appartient exclusivement à M. Fontaine mériterait seul une récompense : nous voulons parler des cartons vernis destinés à remplacer les toiles préparées pour la peinture à l'huile. Par des expériences faites avec soin, le jury s'est assuré que ces cartons sont bien supérieurs aux toiles ; le pinceau les parcourt avec plus de facilité, et surtout la couleur appliquée ne s'y emboit pas; le peintre a toujours sous les yeux les effets déjà produits, n'étant plus obligé de les faire renaître en mouillant les parties embues de son tableau; enfin ces cartons reviennent à meilleur marché que les toiles. Le jury décerne à M. Fontaine-Perrier une médaille de bronze

MENTIONS HONORABLES.

M. BICHELBERGER, à Sarable (Moselle).

Tabatières moulées de toutes les qualités, dont cette maison fait depuis plusieurs années un commerce considérable, justifié par le bas prix et la qualité des produits.

M. AUGER, à Paris, rue du Monceau-Saint-Gervais, n° 8.

Plateaux peints en or et argent, sur tôle; nous signalons la bonté de son vernis que nous avons soumis à des épreuves décisives sans qu'il se soit détérioré.

CITATION FAVORABLE.

M. CUENOT, à Paris, rue Meslay, n° 2.

Petits meubles, éventails en bois et carton vernis imitant très-bien la laque de Chine : son établissement présente une certaine importance.

CASQUES EN LAITON.

MENTION HONORABLE.

M. DIDA, à Paris, rue Vieille-du-Temple, n° 123.

Il obtint en 1827 une citation pour ses casques en laiton. Les perfectionnements apportés dans les procédés de sa fabrication, les diminutions de prix qui s'en sont suivis, enfin le plus grand développement des travaux de cet habile industriel, le rendent très-digne de la mention honorable.

CUIRS À RASOIRS ET AFFILOIRS.

La fabrication des cuirs à rasoirs n'est plus comme autrefois resserrée dans un petit nombre de mains. Chaque bon coutelier sait aujourd'hui les fabriquer; chacun d'eux compose une pâte propre à donner du tranchant au rasoir, pâte dont la base est le rouge d'Angleterre, ou la potée d'étain, ou l'émeri, etc. Toutes ces compositions ont leur mérite; mais la bonté d'un cuir à rasoir ne dépend pas seulement de sa forme et de l'enduit qu'on y applique, il dépend surtout de l'habitude et de l'adresse de celui qui s'en sert.

MENTIONS HONORABLES.

Mlle LEMAIRE, à Paris, rue du Roule, n° 8.

Sa maison, la plus anciennement connue à Paris,

était mentionnée honorablement dès 1827 ; elle mérite encore cette distinction.

M. BARREAU, à Paris, rue Saint-Honoré, n° 263.

Pour ses beaux cuirs à rasoirs et ses affiloirs de table en forme de couteaux, très-bien travaillés.

CITATIONS FAVORABLES.

M. ARMAND-CLERC, à Paris, rue du Buisson-Saint-Louis, n° 16.

Pour ses affiloirs cylindriques.

M. PHELIPPON, à Vaugirard, rue de Sèvres, n° 14 (Seine).

Pour la bonne composition de ses cuirs à rasoirs.

M. MAILLY, à Paris, rue Saint-Martin, n° 149.

Pour son cuir tranchant.

M. Charles GERVAIS, à Paris, rue Rochechouart, n° 66.

Pour ses pierres factices qu'il appelle *pilophiles*.

M. LEFEBVRE, à Paris, impasse Sourdis, n° 3.

Pour sa pâte dite *Augustine*.

BILLARDS.

MENTIONS HONORABLES.

M. Cosson, à Paris, rue Grange-aux-Belles, n° 20.

Les amateurs préfèrent ses billards, à cause de la bonne confection des bandes, qui ne sont ni trop souples ni trop dures.

M. Chereau, à Paris, rue des Marais, n° 47.

Les explications qu'il a données sur la construction de sa table l'ont fait juger d'une grande solidité. Cependant on a trouvé qu'elle était trop dure et qu'elle avait l'inconvénient de faire relever la bille. Ce défaut n'empêche pas que les billards de M. Chereau ne soutiennent la concurrence dans le commerce avec ceux de M. Cosson.

CITATIONS FAVORABLES.

M. Bouchardet, à Paris, rue de Bondy, n° 66.

Artiste intelligent et qui fera bien ; mais ses ateliers sont nouveaux et l'on ne peut pas encore juger ses produits aussi sûrement que ceux des anciens fabricants.

M. HIOLE, à **Paris**, rue **Meslay**, n° 37.

Pour ses queues de billard, dont les connaisseurs font le plus grand cas; elles sont exécutées dans la perfection.

BROSSES ET PINCEAUX À L'USAGE DES PEINTRES.

MÉDAILLE DE BRONZE.

MM. SAUNIER et compagnie, à **Paris**, rue **Salle-au-Comte**, n° 16.

M. Saunier fournit des brosses et des pinceaux à nos peintres les plus célèbres. Le jury voulant encourager cette branche d'industrie, qui n'est point arrivée en France à la perfection désirée, accorde une médaille de bronze à M. Saunier.

MENTIONS HONORABLES.

M. DRAINS, à **Paris**, place du **Louvre**, n° 24.

M. Drains fabrique des pinceaux pour l'aquarelle; ils sont de très-bonne qualité.

M. COCHERY, rue **Dauphine**, n° 12.

Brosses pour la peinture à l'huile, d'une bonne exécution.

CITATION FAVORABLE.

M. Babeuf-Gaillard, à Paris, rue de la Harpe, n° 4.

Citation
favorable.

Pinceaux et brosses dites de Lyon, pour tous les genres de peinture, bien fabriqués.

CHAPITRE XLI.

RÉCOMPENSES DÉCERNÉES PAR LE JURY CENTRAL AUX ARTISTES QUI NE SONT PAS EXPOSANTS, EN EXÉCUTION DE L'ORDONNANCE DU 4 OCTOBRE 1833.

RAPPEL DE MÉDAILLE D'OR.

M. HOLKER, à Paris.

M. Holker a dignement poursuivi les travaux de son aïeul auquel la France doit l'emploi des chambres de plomb pour fabriquer l'acide sulfurique; lui-même, d'après le témoignage de M. Darcet, a porté dans cette fabrication les perfectionnements qui pouvaient l'élever au niveau de la théorie. Il a coopéré très-habilement au progrès des manufactures de produits chimiques où cet acide entre comme matière première. Il est actuellement occupé d'introduire ses procédés pour la production des acides sulfuriques, hydro-chloriques et nitriques, dans trois grandes manufactures de produits chimiques du midi de la France. Il a perfectionné la fabrication de la colle tirée des os.

En 1819, M. Holker, ex-associé de MM. Darcet et

Chaptal fils, pour la fabrication des produits chimiques, dans leur grande manufacture des Thernes, près Paris, obtint collectivement avec eux la médaille d'or : la même récompense fut confirmée en 1823.

Rappel de médaille d'or.

Aujourd'hui le jury rappelle en propre à M. Holker cette médaille d'or, afin d'honorer, par la récompense du premier ordre, les services qu'il a rendus et ceux qu'il continue de rendre à l'industrie française.

MÉDAILLES D'OR.

M. ABADIE, à Toulouse (Haute-Garonne).

Médailles d'or.

Dans le midi de la France, le nom de M. Abadie se rattache à la création de toutes les grandes entreprises industrielles où l'on doit employer des mécanismes ingénieux et de puissants moteurs. Il possède, à Toulouse, un atelier considérable pour la construction des machines, et pour la grosse horlogerie.

On doit à M. Abadie les projets et l'exécution parfaite des belles machines hydrauliques, construites pour alimenter les fontaines de Toulouse et de Carcassonne; on lui doit les projets et l'exécution de la vaste usine du Saut du Tarn, qui compte trente-deux moteurs hydrauliques et dont nous avons décrit les travaux, ch. XXI; on lui doit dix nouvelles meules, ajoutées aux moulins du Basacle, et dix autres pour le moulin du Château, pareillement alimenté par une prise d'eau de la Garonne à Toulouse; on lui doit tout le nouveau système de forerie construit pour l'arsenal de Toulouse; on lui doit tous les mécanismes de la plus importante faïencerie du

Midi, celle de M. Fouque, à Valentine, où l'on a tiré parti d'une force hydraulique de cent chevaux · on lui doit l'exécution de tous les mécanismes pour les plus grandes filatures de laine de cette partie du royaume, celle de l'Ile , auprès de Carcassonne ; celle de Salvages, près Castres, et celle des Moulins, à la porte de cette ville ; celle de Chalabre qui, la première , fut établie dans le midi de la France, et celle de Cozères, la première établie dans la Haute-Garonne : enfin on lui doit une machine à mouvement de conversion , pour élever les eaux, ma-chine justement récompensée par la société d'agriculture de Toulouse.

Des titres aussi nombreux et d'une telle importance justifient hautement la médaille d'or accordée à M. Abadie, comme à l'artiste le plus ingénieux, le plus laborieux et le plus utile que possèdent aujourd'hui nos départements méridionaux.

M. GRIMPÉ (Émile), à Paris, rue des Magasins, n° 14.

En 1824 on produisait des papiers peints à nuances dégradées, dans le genre dit *des fondus ;* la variété, l'élégance et la grâce des effets de ce genre en firent souhaiter l'imitation sur les toiles peintes. Mais les moyens qu'on employa d'abord étaient si longs, qu'un ouvrier ne pouvait imprimer par jour plus de vingt-cinq aunes d'indiennes. M. Grimpé, par une gravure de pointillés dont la profondeur décroissait systématiquement, parvint à varier à l'infini des dessins fondus, sous les formes de carreaux, de losanges ondulés, obliques, etc. Par ce moyen, l'ouvrier qui n'imprimait que vingt-cinq aunes put en imprimer cinq mille par jour : l'économie du

temps était accrue dans le rapport de *deux cents* à l'u-
nité. Ce beau succès conduisit l'auteur à deviner un
procédé tenu très-secret en Angleterre, pour graver sur
les cylindres des dessins variés, à fonds légers et à ré-
serves blanches, qui présentaient des nuances graduées
avec une telle perfection que nos plus habiles graveurs
ne pouvaient les imiter. Par le procédé de M. Grimpé,
l'on put graver indifféremment sur un cylindre depuis
2,000 jusqu'à deux cents millions de petits cônes, gradués par leur profondeur soit en creux, soit en relief,
avec une exactitude mathématique. Nous lui devons également d'avoir deviné le secret des Anglais pour graver
les cylindres par l'emploi des acides.

Médailles
d'or.

La supériorité des procédés que nous venons d'indiquer a suffi pour procurer à leur auteur une fortune in-
dépendante. Il a formé lui-même un nombre considérable
d'élèves en gravure d'impression, qui sont souvent appelés à diriger les ateliers des fabriques pour lesquelles il
confectionne des machines. Plusieurs manufacturiers
comptent tellement sur son génie inventif, qu'ils ont pris
des engagements avec lui pour recevoir, en échange d'une
rétribution annuelle, communication des perfectionnements qu'il pourra graduellement apporter dans l'art
d'imprimer les étoffes.

Les services rendus à l'industrie par M. Grimpé ne
se bornent pas à cette spécialité. Diverses branches de
fabrication lui doivent des machines ingénieuses, dont
l'utilité réelle est démontrée par la pratique; telles sont
les machines à gauffrer les étoffes et le papier; des ca-
landres, des presses lithographiques, etc.

L'atelier de ce constructeur présente une série de
machines qui furent inventées et mises en pratique

pour confectionner par des mouvements continus 80,000 bois destinés aux fusils que MM. Pihet eurent à fabriquer après la révolution de juillet. La façon de ces bois était de 4 fr. 50 cent. la pièce; une première invention pour refendre et profiler ces bois réduisit immédiatement de 33 pour cent cette façon. De nouveaux mécanismes complètent ce système et permettent d'obtenir une économie plus grande encore. Il fallait autrefois, pour travailler des bois de fusil, d'habiles ouvriers ayant au moins deux ans de pratique; il suffit aujourd'hui de dix jours d'apprentissage à des hommes d'une intelligence ordinaire.

Avec vingt machines coordonnées systématiquement, réparties en dix spécialités, et suivies par dix ouvriers gagnant 2 fr. 40 cent. par jour, on fabrique en douze heures 248 bois de fusil; ce qui ne porte cette main-d'œuvre qu'à 10 centimes la pièce. Une heure de travail manuel et très-facile suffit pour achever chaque bois, et coûte 20 cent. En réunissant ces dépenses aux 5 centimes que coûte la force motrice d'une machine à vapeur, on n'a finalement à dépenser que 35 centimes pour façon d'un bois de fusil qui coûtait auparavant jusqu'à 4 fr. 50 cent., et qui coûte encore aujourd'hui 2 fr. 50 cent. suivant les anciennes routines.

Ces beaux résultats acquerraient une immense importance, s'il survenait une guerre générale qui nécessiterait des efforts comparables à ceux de 1793 et 1794.

De pareils titres justifient la récompense du premier ordre accordée aux inventions mécaniques de M. Émile Grimpé.

MÉDAILLES D'ARGENT.

M. Dessoye, à Toulouse (Haute-Ga-ronne).

En 1832 M. Dessoye fut le créateur et continue d'être le directeur de la grande fabrication métallurgique récompensée par la médaille d'or, sous la raison Talabot et compagnie : c'est à lui qu'en est dû le succès. Avant cette époque, il avait fondé la belle manufacture de limes de Brévannes, dans la Haute-Marne : les limes et les burins présentés en 1823 par cette fabrique, laquelle n'avait alors que vingt ouvriers, lui valurent deux mentions honorables. En 1827, il avait quadruplé l'importance de cet établissement et recevait une médaille d'argent pour ses produits et pour les notions importantes exposées dans un mémoire dont il est auteur. Quatre ans plus tard, il doublait encore les travaux de cette usine. Un grand nombre de fabriques françaises ont profité des perfectionnements apportés par M. Dessoye dans ce genre d'industrie : c'est à ce titre qu'aujourd'hui, bien qu'il ne soit pas exposant, le jury lui décerne une nouvelle médaille d'argent.

M. Turion, à Nîmes (Gard).

M. Turion, simple ouvrier en châles, a fait au montage des métiers à la Jacquart la modification la plus heureuse.

Lorsqu'un fabricant veut changer le dessin des châles qu'il fait confectionner, on est obligé de démonter le métier, de couper les cordes qui servent pour abaisser et soulever les fils de cachemire suivant les combinaisons

32.

voulues par le premier dessin. Il faut huit jours au moins pour ce seul travail, dont la dépense s'élève, dans la fabrique de Nîmes, jusqu'à 30 francs, et dans celle de Paris, jusqu'à 48 francs. Ce n'est pas tout : le pauvre tisserand est obligé de chômer jusqu'à la fin de ces combinaisons préparatoires opérées sur son métier. Si le fabricant n'a pas de dessin tout prêt à marcher, s'il faut en faire un nouveau, et le donner à lire, au lieu de huit jours, le tisserand en restera quinze sans emploi. De là même sont nés des procès fâcheux et trop fréquents entre les ouvriers et les chefs de fabrique.

Par le procédé qu'on doit à l'ouvrier Turion, le tisserand n'a plus besoin de démonter son métier, quel que soit le dessin nouveau qu'on lui donne à reproduire. Les cordes sont disposées de telle manière qu'il peut facilement en changer les divisions : huit heures lui suffisent pour les adapter à l'exécution d'un dessin quelconque. Voilà donc avec ces huit ou dix heures de travail et cinq à six francs de dépense, un résultat obtenu qui naguère coûtait, suivant les cas, de 25 à 80 francs, et qui faisait perdre de huit à quinze jours, souvent même davantage.

Dès qu'un fabricant s'apercevra qu'il est temps de cesser la production du même châle d'après un dessin que le commerce cesse d'accueillir, il n'aura plus besoin d'attendre l'invention d'un nouveau dessin; il en possède toujours quelque ancien dont le succès est certain et qu'on montera provisoirement, sans dépense et sans perte de temps. Les fabricants les plus habiles ont calculé qu'il en résultera, pour chacun d'eux, une économie de deux à trois cents francs.

Ce qui donne encore un plus grand prix au perfectionnement imaginé par l'ouvrier Turion, c'est qu'il s'applique, non pas seulement à la confection des châles,

mais à tous les genres de tissus brochés, en duvet de
chèvre, en laine, en soie, en coton, etc. Enfin, ce qui
relève le prix de cette invention, c'est son extrême simplicité, c'est la facilité de l'adapter à tous les métiers tels
qu'ils existent.

M. Turion a pris un brevet d'invention pour cinq
années. Il serait à désirer que le Gouvernement ou les
manufacturiers s'empressassent de désintéresser cet ingénieux ouvrier, en lui payant sur une base équitable la
valeur de sa découverte; en peu de temps ce sacrifice
serait plus que compensé par les avantages que nous
venons d'expliquer, et l'avenir d'un artisan si recommandable serait complétement assuré. C'est un vœu
que le jury central se fait honneur d'exprimer. En attendant ces gages d'une reconnaissance matérielle et pécuniaire, les juges de l'industrie nationale, appréciant tout
le mérite de l'invention que je viens d'expliquer, la ré-
compensent par la médaille d'argent, qu'aucun ouvrier
français, *resté simple ouvrier*, n'avait encore obtenue.

M. GUILLEMIN, à Besançon (Doubs).

M. Guillemin, artiste d'un grand mérite, a construit
les belles machines faites à neuf pour la tréfilerie de
Chenecey, canton d'Ornans, récompensée par la médaille
d'argent en 1823, 1827 et 1834. Il a suffi d'un voyage
en Angleterre, pour que M. Guillemin retînt dans sa
mémoire les combinaisons et les proportions principales
des mécanismes le plus compliqués, et pût les exécuter.
Il a monté des machines soufflantes, des feux d'affinerie
sur un principe économique, et surtout une grande
roue hydraulique ayant la force de *cent chevaux*, pour
faire mouvoir des cylindres ébaucheurs et finisseurs, des

laminoirs à tôle, des tireries puissantes, etc.; ses cylindres amènent le fer au n° 23, avant de passer aux filières; il épargne ainsi trois recuites et toute la main-d'œuvre de trois opérations. A Chenecey, le moteur, fort de cent vingt chevaux, donne l'impulsion à des jeux de cylindres pour étirer le fer marchand et pour laminer la tôle et les fers-blancs. M. Guillemin a mis une intelligence remarquable à tirer parti de la chaleur perdue dans les feux d'affinerie, soit pour recuire les fils de fer à vase clos ainsi que les tôles, soit pour échauffer l'air soufflant de ces mêmes feux, sans dépense additionnelle. Il est au rang des mécaniciens qui ont secondé le plus puissamment les progrès de l'industrie dans la Franche-Comté.

M. JOSUÉ-HEILMANN, à Mulhouse (Haut-Rhin).

Pour justifier la médaille d'argent accordée par le jury central à M. Heilmann, il nous suffit d'attester qu'on doit à cet ingénieux mécanicien la machine à broder et la machine à auner, exposées sous le nom de MM. A. Kœchlin et compagnie. Il a perfectionné d'une manière remarquable le métier mécanique à tisser, emprunté des Anglais.

MM. PAYEN et PERSOZ, à Paris (Seine).

M. Payen, récompensé plusieurs fois comme exposant, ne pourrait pas l'être comme non exposant. Il n'en est pas de même de M. Persoz avec lequel il a fait une belle découverte scientifique, précieuse pour l'industrie. Ces deux chimistes renoncent à l'emploi de l'acide sulfurique pour convertir en sirop, de la fécule ou de l'amidon; ils reprennent et pratiquent avec un grand succès le procédé longtemps employé dans les distilleries. Ils ont prouvé que la conversion de l'amidon en matière gommeuse et sucrée, est due à la nouvelle substance qu'ils appellent *diastase*, laquelle agit à très-petite dose, comme un véritable ferment, au lieu de l'orge germée qu'on employait dans l'ancien procédé vulgaire.

Déjà le nouveau sirop est très-répandu dans les brasseries; nul doute que les distilleries n'en retirent un alcool plus pur que celui qu'on prépare avec le sirop fabriqué par l'acide sulfurique. Il est d'une saveur beaucoup plus agréable, et vraisemblablement l'emploi s'en étendra dans beaucoup d'usages domestiques. Le jury récompense par la médaille d'argent le service rendu par MM. Payen et Persoz à diverses industries.

M. Eastwood, à Essonne (Seine-et-Oise).

M. Eastwood est l'ingénieur qui dirige les ateliers de mécanique de MM. Féray et compagnie. Il a depuis longtemps quitté l'Angleterre, pour importer en France, sa patrie adoptive, d'ingénieux mécanismes. Il a contribué beaucoup au succès des ateliers de M. Féray. Il a rendu les plus grands services à l'industrie de la mouture, par les constructions de moulins à l'anglaise; on lui doit, entre autre perfectionnements, un récipient mobile qu'on emploie avec un succès remarquable dans les nouveaux moulins, pour conduire de suite la farine aux bluteries. Ces titres méritent la médaille d'argent.

Médailles d'argent.

M. DUMONT, rue Martelle, n° 11, à Paris.

M. Dumont est auteur d'un filtre fort utile pour raffiner le sucre. Le charbon animal s'y trouve employé réduit en grains ; par là son effet est singulièrement augmenté. Malheureusement M. Dumont n'a retiré nul bénéfice d'un procédé qui procure le plus grand avantage aux raffineurs. Il recevra du moins la médaille d'argent, au nom du jury central, comme un des artistes bienfaiteurs de l'industrie nationale.

M. CAVELIER, dessinateur, à Paris, rue d'Orléans, n° 5.

Depuis vingt ans M. Cavelier consacre son talent aux dessins des modèles pour les fabriques de bronze. Il est l'auteur de tous les dessins d'après lesquels ont été moulées et fondues les pièces les plus remarquables présentées et récompensées, sous des noms divers, aux expositions de l'industrie. Tous les bronzes que M. Denière offre cette année, tous ceux qui depuis un temps considérable ajoutent aux décorations intérieures imaginées pour les châteaux des Tuileries et de Neuilly, sont exécutés d'après les dessins de cet habile artiste. Il est très-digne de la médaille d'argent.

M. COUDER, dessinateur, à Paris, rue Cadet, n° 24.

M. Couder, artiste plein d'intelligence et d'activité, s'adonne avec succès aux dessins pour les tissus, châles, chalis, indiennes, etc. Ses compositions, extrêmement variées, sont fort estimées par les fabricants. Il est au premier rang dans son genre. Il dirige un grand établissement où Médailles
d'argent. les dessins mêmes s'exécutent pour ainsi dire en fabrique, et par là peuvent être livrés à bas prix, en masses considérables. Il occupe habituellement près de cent ouvriers. Comme chef d'une pareille industrie, et pour les services qu'il rend aux manufactures, M. Couder est digne de la médaille d'argent.

M. A. RIDER, à Mulhausen (Haut-Rhin).

M. Rider est l'ingénieur mécanicien de la maison Zuber et compagnie, récompensée par la médaille d'or pour ses magnifiques papiers peints. Depuis longtemps l'industrie   avait un moyen mécanique de fabriquer sans discontinuité le papier blanc pour tentures, papier dont l'achat annuel s'élève de 8 à 9 millions par an. On est assujetti, suivant l'ancienne méthode, à coller bout à bout vingt-quatre feuilles de papier pour former un seul rouleau de neuf mètres, sur lequel on opère ensuite l'impression. Pendant quinze ans, la maison Zuber essaya, mais en vain, d'obtenir des feuilles d'une pièce ayant cette longueur de neuf mètres, soit avec les machines de MM. Berthe et Grevenich, soit avec celles de MM. Canson et de M. Didot-Saint-Léger. Les rouleaux obtenus n'étaient pas également ni suffisamment apprêtés dans toute la longueur du papier; au lieu d'être droits, ils se développaient à bords inégaux ou curvilignes; au lieu d'être plans, ils godaient et présentaient des boursufflures.

M. Rider, sans s'effrayer de ces difficultés, s'efforça de les résoudre. Dès 1830, il y réussit complétement, dans la manufacture de M. Zuber où ses mécanismes fonctionnent. Ces mécanismes offrent déjà, même pour la production des papiers propres à d'autres usages que les tentures, des avantages notables sur ceux de M. Didot-Saint-Léger. Les frais d'établissement et d'entretien sont moindres; on produit plus aisément toutes les variétés jadis fabriquées à la main; au sortir de la machine on livre le papier tout apprêté. Moins d'une heure suffit pour convertir ainsi la pâte en papier parfait, tandis que le papier sortant de la machine à la Didot doit subir les mêmes apprêts que s'il était fait à la main.

Depuis le petit nombre d'années que M. Rider a créé son système, cinq grands appareils du même genre ont été fondés en diverses parties de l'Europe. Ce mécanicien est très-digne de recevoir la médaille d'argent; si, comme tout l'annonce, sa machine se propage généralement en France, lors de la prochaine exposition il aura droit à la médaille d'or.

MÉDAILLES DE BRONZE.

M. LEBLANC, ouvrier en châles, à Paris.

M. Leblanc est employé par M. Denneirousse au tissage des cachemires. Cet ingénieux ouvrier a trouvé le moyen de réduire d'un tiers la main-d'œuvre nécessaire pour confectionner les châles à fond plein et à rosace. L'ouvrier Leblanc fait usage d'un double équipage de cordes parallèles destinées à soulever les fils de la chaîne. Son système est si bien combiné qu'il permet d'appliquer sur un dessin quelconque un autre dessin sans analogie avec le premier, et qu'on peut néanmoins disposer celui-ci de manière à l'exécuter simultanément avec le premier et par le même coup de navette.

Suivant le système ancien, lorsqu'un châle est en même temps à rosace et à fond décoré, l'on fait le fond à part et la rosace à part. Si, par exemple, le châle a douze couleurs, il faut douze navettes pour le fond et douze pour la rosace. M. Leblanc n'emploie en totalité que douze navettes; il économise une grande partie du fil broché et toute la main-d'œuvre qu'eût exigé le jeu de douze autres navettes. C'est avec un esprit de combinaison soutenu par deux années de persévérance opiniâtre que cet ingénieux ouvrier a fini par obtenir un succès complet, après avoir sacrifié, pour arriver à son but, toutes les économies qu'il avait faites jusqu'alors sur ses travaux journaliers. Le jury central, en attestant ces faits, décerne la médaille de bronze à M. Leblanc.

Médailles de bronze.

M. Descat-Crouzet, à Roubaix (Nord).

M. Descat, apprêteur et teinturier, a l'un des premiers, dans la ville de Roubaix, monté en grand des appareils de teinture et d'apprêt. Il a de la sorte affranchi cette fabrique de la nécessité d'envoyer ses tissus pour être apprêtés et teints, soit à Paris, soit à Reims. Dans les deux établissements qu'il a créés avec l'aide de ses fils, pour teindre en laine et en pièce, il occupe 300 ouvriers en hiver et 200 en été. Là, trois appareils à vapeur fonctionnent comme moteurs ou moyens de chauffage, d'apprêts et de teinture. M. Descat mérite une médaille de bronze.

M. Beyer (Jacques), à Fresnay (Sarthe).

C'est l'ouvrier auquel on doit l'exécution des deux toiles magnifiques exposées par M. le comte de Perrochel, l'une en lin, l'autre en chanvre écru du pays. Elles sont également remarquables pour leur excessive finesse et pour l'égalité parfaite du tissu. M. Jacques Beyer est aussi recommandé comme ayant le premier employé des rots à lame d'acier, fournis par M. de Perrochel. Il est à souhaiter que la médaille de bronze accordée au tisserand Beyer encourage tous les ouvriers de la même industrie, à l'emploi de moyens perfectionnés et leur donne cette attention intelligente qui seconde et double la dextérité naturelle, afin de multiplier la production des chefs-d'œuvre manuels. M. de Perrochel, maire de sa commune, a fait de la remise de cette médaille une fête industrielle et municipale, non moins honorable pour lui-même que pour la classe ouvrière.

M. HENRY (Claude-François), contremaître, à Mulhausen (Haut-Rhin).

M. Henry, successivement employé depuis 1820 comme chauffeur et conservateur d'une machine à vapeur, chez MM. Kœchlin frères, a trouvé ou perfectionné plusieurs appareils applicables à cette machine: 1° pour maintenir la vapeur à une pression à peu près constante et limitée d'avance; 2° pour avertir au moyen d'un timbre, lorsque cette pression est dépassée de la moindre quantité; 3° pour fermer à l'instant même de l'avertissement, le registre de la cheminée, et pour arrêter le ventilateur afin de diminuer le tirage du feu aussi longtemps que la pression de la vapeur n'est pas redescendue au-dessous de la limite fixée; 4° pour faire partir une détente et donner issue à la vapeur renfermée dans la chaudière, aussitôt que la pression dépasse la limite, d'une quantité représentée par deux décimètres de la colonne mercurielle du manomètre ; 5° pour indiquer au chauffeur, sans qu'il ait besoin de quitter son foyer, la quantité d'eau contenue dans la chaudière, et la vitesse dont la machine est animée : si les yeux du chauffeur négligeaient ces avertissements, un timbre réveillerait à point nommé son attention. M. Henry fait honneur aux ouvriers de sa classe, il prouve que des perfectionnements remarquables peuvent venir de tous les degrés de l'échelle industrielle ; il est très-digne de la médaille de bronze.

M. Déon, ciseleur, à Paris.

M. Déon est l'ouvrier ciseleur employé par M. Willemsens pour donner la dernière touche à la belle imitation en bronze florentin, du casque, du bouclier et de la poignée d'épée de François Ier : armes conservées à la Bibliothèque royale. Le jury décerne la médaille de bronze à ce très-habile ouvrier.

M. Chaussenot, à Neuilly (Seine).

M. Chaussenot a construit et dirige avec succès la fabrique de dextrine, établie à Neuilly. Il a trouvé plusieurs perfectionnements industriels, entre autres un appareil de distillation dans le vide : il mérite la médaille de bronze.

M. Jaccoud, de Lyon, à Mulhausen (Haut-Rhin).

On doit à M. Jaccoud des appareils très-bien combinés pour le graissage des machines. L'huile est prise dans un petit réservoir, pour être dirigée sur les parties frottantes des machines, à mesure du besoin, et par quantités extrêmement petites : ce qui produit beaucoup d'économie et de propreté. Un grand nombre de fabriques du Haut-Rhin font usage de ces moyens, pour lesquels nous décernons à M. Jaccoud la médaille de bronze.

M. DROUARD, directeur de la fabrique de papier de MM. Dufour et Leroy, à Paris, rue de Beauveau, n° 10.

On doit à M. Drouard l'application à divers ferrements de la peinture hydrofuge dont il est inventeur; une économie nouvelle apportée dans l'éclairage des ateliers et le chauffage des fourneaux de la fabrique de MM. Dufour et Leroy; une application de la vapeur à la teinture des laines, plus économique et plus simple que les moyens ordinairement employés; un perfectionnnement du fonçage à teintes perdues; l'emploi de la dextrine, en remplacement de la gomme, dans toutes les opérations où cette dernière substance, beaucoup plus chère, était employée pour fixer les couleurs et rehausser les tons. Tels sont les titres nombreux de M. Drouard à la médaille de bronze. MM. Dufour et Leroy les ont fait valoir avec un désintéressement que nous citons comme exemple à tous les autres fabricants.

MENTIONS HONORABLES.

Mᵐᵉ veuve FROMENT, à Paris.

Elle rend de grand services à la confection des tissus de cachemire et de mérinos, ainsi qu'à celle des tissus de laine pure ou mélangée avec la soie, par la perfection de son blanchiment et de ses apprêts.

M. Castéra, à Paris, rue Marie-Stuart, n° 6.

Appareils de secours contre l'incendie, appareils de sauvetage, bateaux rendus insubmersibles, planche de salut, etc. Ces recherches philanthropiques sont dignes d'éloges. Sur la recommandation du jury central, le Gouvernement a fait parvenir à leur auteur une honorable récompense pécuniaire, justifiée par la vie pure, les travaux désintéressés, et la modique fortune de cet ancien et vénérable magistrat.

M. Gides (Xavier), à Marseille (Bouches-du-Rhône).

Il a sensiblement modifié la fabrication des pâtes, façon d'Italie, en remplaçant le travail de l'homme par celui des chevaux. Un nouveau perfectionnement sera de substituer la force de la vapeur à celle des chevaux, pour accomplir le même labeur.

FIN.

TABLE

DES MATIÈRES.

CHAPITRE XXI.

CHAPITRE XXII.

OUTILS, INSTRUMENTS, OBJETS DIVERS EN FER ET EN ACIER.   69

CHAPITRE XXIII.

CHAPITRE XXIV.

33.

CHAPITRE XXV.

CHAPITRE XXVI.

CHAPITRE XXVII.

CHAPITRE XXXIII.

CHAPITRE XL.

CHAPITRE XLI.

RÉCOMPENSES décernées par le jury central aux
artistes qui ne sont pas exposants.

FIN.